IT時代を支える光ファイバ技術

Optical Fiber Technologies toward IT Era

佐藤　登 監修

社団法人 電子情報通信学会編

監修者
　佐藤　　登　　NTTアクセスサービスシステム研究所

執筆者
　小山田弥平　　茨城大学　　　　　（1.1〜1.4節，7.1節，7.2節，7.4節）
　堀口　常雄　　NTTアクセスサービスシステム研究所
　　　　　　　　　　　　　　　　　　（1.5〜1.7節，第6章）
　宮島　義昭　　NTTアクセスサービスシステム研究所
　　　　　　　　　　　　　　　　　　（第2章，第3章）
　三川　　泉　　NTTアクセスサービスシステム研究所
　　　　　　　　　　　　　　　　　　（第4章，第5章，7.3節）

まえがき

　近年，インターネットの普及により，様々な情報流通サービスが台頭し，通信ネットワークの大容量化，高性能化が求められるようになってきた．インターネット技術は単に情報通信の延長としてのみならず，身近な生活の中でも，メール，チャット，情報検索，各種チケット予約，書籍などの各種販売，音楽配信，写真・映像の配信など，様々なところで応用され，ライフスタイルを変化させるまで影響をもたらし始めている．また，2000年末に衛星放送がディジタル化され，2003年には地上波放送もディジタル化の予定であり，放送と通信の融合による多様なサービスが家庭に入ってくることが予想される．家庭内では更にゲーム，家電製品がネットワークとつながる方向にある．このような動向を踏まえると，一般家庭内でも近い将来にはこれまでのISDN回線とは比べものにならない超高速回線を引き込む必要性が出てくるものと思われる．

　回線の高速化への需要は大きく，既にxDSLやワイヤレス技術をベースにISDN（64 kbit/s）を上回る通信速度でインターネットの定額・常時接続サービスが登場している．しかしながら，これらのサービスメニューによる通信速度は最大でも1.5 Mbit/s程度であり，ストリーム情報を即座にダウンロードするために必要とされる10～100 Mbit/sの高速通信を実現できるのは，光ファイバ以外にない．

　光ファイバの歴史は古く，1970年代に日，米，英，仏を中心に研究開発が本格化し，わずか10年で実用化レベルまで達したのは特筆に値する．我が国では1980年代から，公衆通信ネットワークに導入が開始された．導入は，まず，長距離，大容量伝送に有利な基幹中継系ネットワークや国際海底光ケーブルから始まった．この理由は，光ファイバのメリットを最大限に活用でき

る長距離系で用いれば，同軸ケーブルのfigure of merit（性能/コスト）を容易にクリアできたからである．光ファイバの優位性は，1990年代に開発された光ファイバ増幅技術によりいっそう鮮明になり，今や実験室レベルではあるが，波長多重技術を駆使してファイバ1本で5〜6 Tbit/sの大容量伝送が実証されている．

　一方，光ファイバのアクセス系への適用については，1980年代の後半よりいわゆるFTTH（fiber to the home）が提唱されたものの，光ファイバをメタルケーブルに置き換える必然性のあるサービスが登場しなかったこともあり，その普及は今一歩であった．しかしながら，はじめにも述べたとおり，近年のインターネットの普及による多様なサービスメニューの出現はブロードバンドなアクセス系ネットワーク構築を求めており，FTTHも現実のものとなってきた．事実，2001年になって，100 Mbit/s程度のFTTHサービスが開始される見込みである．このことは，各家庭へのファイバ配線が今後増加するとともに，バックボーン系についても更なる大容量化が必要となり，WDM技術を駆使した極限的な大容量化が求められることを意味する．

　本書は，このようなIT時代を支える光ファイバ技術について，系統的にまとめたものである．21世紀の初頭にあたり，光ファイバが今後ますます活用されるとともに，本書が，ファイバ関連の研究開発に携わる方々の一助になれば幸いである．

2001年6月

佐　藤　　　登

目　　次

第 1 章　光ファイバ通信概説

1.1　光ファイバ通信の歴史 ……………………………………………… 1
1.2　光ファイバの特徴 ……………………………………………………… 3
1.3　通信ネットワークの構成 ……………………………………………… 5
1.4　光ファイバ通信システム ……………………………………………… 7
1.5　発光部品 ……………………………………………………………… 15
1.6　受光部品 ……………………………………………………………… 23
1.7　その他の光部品 ……………………………………………………… 28

第 2 章　光ファイバ

2.1　光ファイバ中の光波の線形伝搬 …………………………………… 52
　2.1.1　基本的事項 ……………………………………………………… 52
　2.1.2　単一モードファイバ …………………………………………… 56
　2.1.3　多モードファイバ ……………………………………………… 61
　2.1.4　分散特性と伝送可能距離への制限 ……………………………… 62
2.2　光ファイバ中の光波の非線形伝搬 ………………………………… 63
　2.2.1　光ファイバ中で起きる非線形光学現象の特徴 ………………… 63
　2.2.2　自己位相変調 …………………………………………………… 65
　2.2.3　光ソリトン ……………………………………………………… 68
　2.2.4　相互位相変調 …………………………………………………… 69
　2.2.5　四光波混合 ……………………………………………………… 71
　2.2.6　ラマン散乱とブリユアン散乱 ………………………………… 72
　2.2.7　光ファイバにおける非線形抑制の工夫 ………………………… 77

2.2.8　非線形現象の応用例 ………………………………………… 82
2.3　光ファイバの特性 …………………………………………………… 85
　　2.3.1　石英系ガラスファイバ ……………………………………… 87
　　2.3.2　非石英系ガラスファイバ …………………………………… 88
　　2.3.3　プラスチックファイバ ……………………………………… 88

第3章　光ファイバ増幅器

3.1　希土類添加光ファイバの構造と特徴 ……………………………… 92
3.2　Er添加光ファイバ増幅器 …………………………………………… 94
3.3　光増幅特性向上に向けた取組み …………………………………… 106
3.4　その他の光ファイバ増幅器 ………………………………………… 111

第4章　光ファイバケーブル

4.1　光ファイバケーブルの基本構造 …………………………………… 124
4.2　光ファイバの強度保証 ……………………………………………… 125
4.3　光ファイバ心線 ……………………………………………………… 129
4.4　光ファイバケーブル ………………………………………………… 131
4.5　最新の光ファイバケーブル ………………………………………… 132

第5章　光ファイバの接続

5.1　接続損失 ……………………………………………………………… 138
5.2　反　射 ………………………………………………………………… 140
5.3　光ファイバ接続技術の代表例 ……………………………………… 144
5.4　最新の光ファイバ接続 ……………………………………………… 146

第6章　光ファイバの測定

6.1　光ファイバの測定項目 ……………………………………………… 150
6.2　構造パラメータの測定 ……………………………………………… 151
6.3　伝送特性の測定 ……………………………………………………… 160
6.4　非線形特性関連パラメータの測定 ………………………………… 179

第7章　光ファイバ通信システムの実際

7.1　中継系光ファイバ通信システム …………………………… 188
7.2　アクセス系光ファイバ通信システム ………………………… 193
7.3　光CATVと光LAN ……………………………………………… 196
7.4　光ファイバ通信技術の将来展望 ……………………………… 201

索　　引………………………………………………………………… 217

第 1 章

光ファイバ通信概説

1.1　光ファイバ通信の歴史 [1], [2]

　まず最初に，光ファイバ通信技術に関するこれまでの研究開発と実用化の流れを説明しておこう．簡単な年表を表 1.1 に示す．1960 年にレーザが発明されてコヒーレントな光を発生できるようになり，これを通信に応用しようとする試みが始まった．光の周波数はマイクロ波よりも 4～5 桁高いので，光波を搬送波として使えば信号を乗せ得る周波数帯域も 4～5 桁広くとれると期待された．しかし，最初の 10 年間は優れた光伝送路が出現しなかったために，光通信の研究は一部の基礎研究者に限られていた．1970 年に米国のコーニング社が従来のガラス製造法とは異なる CVD（chemical vapor deposition）法によって損失 20 dB/km のファイバを作製して壁を破り[3]，それ以後，光ファイバの低損失化は急速に進んだ．同年，米国のベル研究所が二重ヘテロ構造の半導体レーザを発明し，安定した発振が難しかった半導体レーザの室温連続発振に成功した[4]．

　この二つの基本技術のブレークスルーによって光通信の実現性が一気に高まり，光ファイバ通信システムの研究開発が本格的に始まった．約 10 年かけてシステムが開発され，1981 年から公衆通信ネットワークに導入された．最初のシステムは多モードファイバを使用した 32 Mbit/s と 100 Mbit/s のディジタル伝送システムで，市内の局間中継に使用された[5]．その後，単一モード

表 1.1 光ファイバ通信の歴史

年	基本技術	システムイベント	研究開発と事業導入の流れ
1960	60 ルビーレーザ発振 62 半導体レーザ発振 64 アバランシホトダイオード (APD) 実現 66 低損失光ファイバの可能性示唆		伝送媒体模索 半導体レーザ研究
1970	70 低損失光ファイバ実現 (20dB/km) 70 半導体レーザ室温連続発振 71 DFB レーザ発振 76 ファイバ損失 0.47dB/km (1.3μm) 達成 79 ファイバ損失 0.2dB/km (1.55μm) 達成	78 Hi-OVIS 実験 (光ファイバ映像分配) 78 中継系光通信システムのフィールド実験	光通信システムの開発 (電気処理ベース)
1980	89 高性能光ファイバ増幅器実現	81 中継系光通信システムの実用化 (100 Mbit/s) 83 INS モデルシステム実験 (光ファイバ映像分配) 85 日本縦貫ルート完成 (400 Mbit/s) 89 太平洋横断ルート完成 (296 Mbit/s)	光通信システムの高度化 (電気処理ベース) — 通信ネットワーク中継系の光化
1990		95 光増幅中継システム実用化 (10 Gbit/s) 96 WDM による数十 Gbit/s システムの導入開始 97 光ファイバによる CATV 映像など分配システムの実用化	光処理ベース通信システムの研究開発 — 通信ネットワークアクセス系の光化
2000			

ファイバを使用した 400 Mbit/s [6], 1.6 Gbit/s [7] など高速システムが開発されて, 公衆通信ネットワークの中継系に全面的に導入されるようになった. 光ファイバは, CATV (cable television), ITV (industrial TV), データリンク, LAN (local area network) など, 公衆通信以外のネットワークへも早い時期から導入された[8]~[10].

その後も光ファイバ通信システムの高度化が進められたが, 1980年代の後半になると研究者の間に行き詰まり感が出始めていた. 1970年以降大きな技術的ブレークスルーは出現せず, 同年に創出された技術の応用と改良 (その中には多数の創意工夫が盛り込まれているが) で可能なシステムは限界に達しつつあった.

そのような中, 1989年に優れた性能をもつ光ファイバ増幅器が発表されて[11],[12], 光ファイバ通信技術の新たな展開が始まった. それまでの光通信システムでは信号処理をすべて電子回路で行っていたが, 光増幅器を使用す

ることによって一部の信号処理を光領域で行うことが可能になり，システム構成上の自由度が増えて，光ファイバのもつ潜在的な伝送能力をより有効に活用できるようになった．以来，光ファイバ増幅器を利用した多様な通信システムの研究開発が進められており，光信号処理をベースとする超広帯域な光波ネットワーク（ホトニックネットワークと呼ぶこともある）の研究に大きなリソースが注がれている[13]～[15]．1995年には光ファイバ増幅器を線形中継器として利用するビットレートフリー（最高速度 10 Gbit/s）な中継伝送システムが実用化された[16]．更に，1996年以降，波長多重技術（WDM：wavelength division multiplexing）を用いた伝送速度数 10 Gbit/s 以上のシステムが実用化され，インターネットの普及に伴う通信需要の急激な増加と相まって，猛烈な勢いで導入が進められている[17]．

　ここで，マルチメディア時代に向けた課題に言及しておこう．21世紀に入ってマルチメディアが各家庭に行き渡るようになると，通信ネットワークを流れる情報量は現在の 100～1,000 倍になると予想される．現在のネットワークにおいては，交換及びクロスコネクトといった信号処理はすべて電子回路で行っているが，電子回路の動作速度の限界によって，現在の技術の延長で 100～1,000 倍のトラヒックに対応するのは不可能である．光信号処理を取り入れてネットワークを抜本的に再構築する必要があり，光波ネットワーク技術に対する期待が大きい．一方，公衆通信ネットワークの中継系は全面的な光化が進みつつあるが，電話局と各家庭を結ぶアクセス系は銅ペア線を使った「電話線」のままである．マルチメディアサービスを行う場合には電話線では不十分であるので，アクセス系の光化が計画されている．ただし，アクセス系にかかるコストはそのまま各家庭の負担につながるので，経済的な光化技術の模索が続いている[18], [19]．

1.2　光ファイバの特徴

　光ファイバの特徴としては，低損失，広帯域，無漏話，無誘導，細径，軽量といったことがあげられる[1], [2], [20]．ただし，損失と帯域については，ファイバの材料，屈折率分布，波長などによって大きく異なる．通信に広く使用されている石英系光ファイバのベースバンド周波数特性を銅ペアケーブル

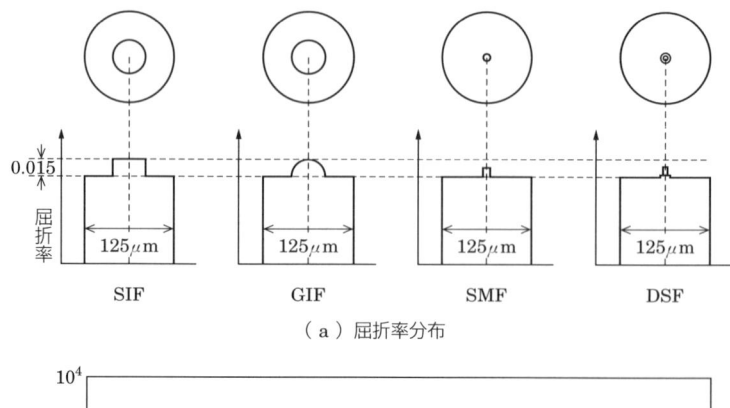

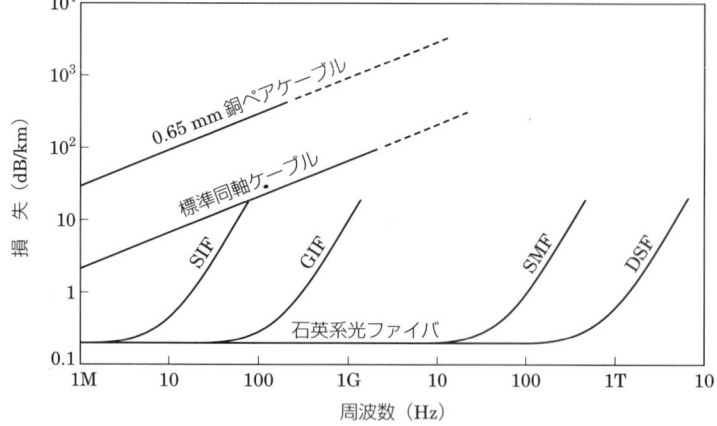

図 1.1　石英系ファイバの屈折率分布とベースバンド周波数特性．
SIF: (multi-mode) step-index fiber: (多モード) ステップ形ファイバ, GIF: (multi-mode) graded-index fiber: (多モード) グレーデッド形ファイバ, SMF: single-mode fiber: 単一モードファイバ, DSF: (single-mode) dispersion shifted fiber: (単一モード) 分散シフトファイバ

及び同軸ケーブルと比較して図1.1に示す．光ファイバのベースバンド周波数特性は，光波をsin関数で強度変調して伝搬させたときの変調成分の減衰を表している．光ファイバの広帯域性は図1.1だけでも十分分かるが，それだけに止まらない．図1.2に単一モードファイバの損失波長特性を示す．これは無変調光の損失の波長依存性を表している．損失0.2 dB/km前後で伝送できる帯域は1.5μmから1.6μmにかけて10 THz以上あり，波長多重技術を使

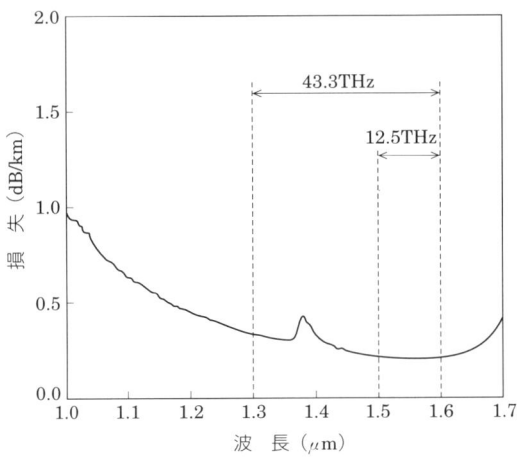

図 1.2　単一モードファイバの損失波長特性

用することによって1本の光ファイバの中に広帯域なチャネルを多数設定することが可能である．

　光ファイバの低損失性にカバーされるために目立たないが，信号を光に変換すると，伝送路に許容される損失は小さくなる．この理由は，(電流) ∝ (光電力) の関係で電気と光の変換が行われるために，光信号電力が低下したときの信号対雑音比の劣化の割合が電気信号電力が低下した場合に比べて大きいこと，及び信号を電気→光→電気と変換する過程で雑音が混入することによる．光ファイバの損失が非常に小さいために，許容損失が小さくても伝送距離を大幅に延ばすことができるが，CATVやLANのように伝送路で分岐する場合には，光ファイバ伝送が不利になることもある．したがって，システムを構築するに当たっては，光ファイバ伝送と同軸ケーブルなどを使用する電気伝送との役割分担をよく検討する必要がある．

1.3　通信ネットワークの構成

　光ファイバ通信に関してよりよく理解して頂くために，ここで，通信ネットワークの構成を説明しておこう．インターネットを含む公衆通信ネットワークの基本的な構成を図1.3に示す．

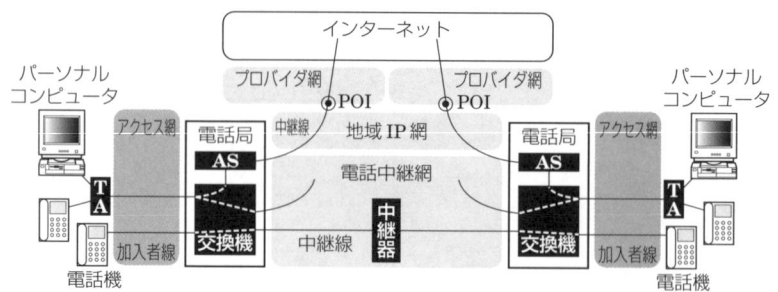

図 1.3 通信ネットワークの構成

　各家庭の電話器は，加入者線を介して最寄りの電話局に設置されている交換機に接続されている．電話機から発出された信号は，交換機によって目的地別に分類され，同一方面向けの多数の信号が1本の高速信号に多重化されて中継線に送出される．中継網においては，中継線を伝搬することによって劣化した信号波形を中継器で回復させながら，相手の電話局まで信号を伝送する．相手の電話局では，多重化を解き，交換機によって個々の信号を相手先に向けた加入者線に振り分ける．音声はアナログ情報であり，昔の電話ネットワークでは全区間をアナログ信号の形態で伝送していた．最近のネットワークでは，交換機に付随する装置によってアナログとディジタルの変換を行い，加入者網はアナログ，中継網はディジタルの形態で伝送する．ISDN (integrated services digital network) では，全区間をディジタルの形態で伝送する．

　パソコンをインターネットに接続する仕方はいくつかあるが，図1.3は一般家庭からダイヤルアップ接続する仕方の一例を示している．パソコンから出た信号はターミナルアダプタ（TA），加入者線を経て交換機に送られ，交換機からアクセスサーバ（AS）に転送される．そして，地域IP網，プロバイダ網（インターネットプロバイダが独自に構成する網）を経由してインターネットに送信される．コンピュータ間でやり取りする情報は基本的にバースト的なディジタル情報であり，このような情報を効率良く転送できるパケッ

ト交換方式がコンピュータ用の通信ネットワークには適している．図1.3中のインターネット，プロバイダ網，地域IP網は，パケット交換網である．なお，電話網は回線交換網である．

図1.3の例では，加入者線，中継線ともに有線になっているが，これらを無線にする場合もあり，携帯電話は加入者線を無線にした方式である．

光ファイバは，電話中継網，インターネット，プロバイダ網，地域網における中継線，局内における装置間の伝送線，高速通信サービスの加入者線，などに適用されている．しかし，一般家庭の電話を対象とした加入者線としては，銅ペア線が現在も使用されている．

1.4 光ファイバ通信システム [20], [21]

（1） システムの構成

光通信システムの構成について**表1.2**を参照しながら説明しよう．光通信と称しても，従来のシステムでは使用する光技術は伝送媒体（光ファイバ）だけであり，信号処理はすべて電気系で行っていた．しかし，光技術の進歩，特に光増幅器の出現に伴い，光系で一部の信号処理を行うシステムも盛んに研究されるようになった．このような観点から，表1.2では光の領域で行う信号処理のレベルに応じてA，B，Cにシステムを分類している．

表1.2Aは，光ファイバを使用して単に二点間を信号伝送するシステムであり，現在実用化されている光通信システムのほとんどがこのタイプである．光ファイバの一方の端に電気・光変換器（E/O），他端に光・電気変換器（O/E）が付く．E/OとO/Eの基本的な構成を図**1.4**に示す．表中の適用例に示すような構成で，通信ネットワークの中継網とアクセス網，CATV網，LANなどに使用されている．信号処理はすべて電気系で行う．

表1.2Bは，ファイバ伝送のほか，光合分波器，光カップラなどを使用して光系で多重・分離または（空間的な）流合・分岐を行うシステムである．二波長を使う（a）波長多重通信システムは比較的早い時期から中継系で実用化されており，スターカップラ（SC）を使用して流合・分岐する（b）1対n通信システムはアクセス系に適用されている[22], [23]．また，カップラ（C）を分散配置する（c）1対n通信システムは電力設備の監視網などへの適用が検

表 1.2 光ファイバ通信システムの構成

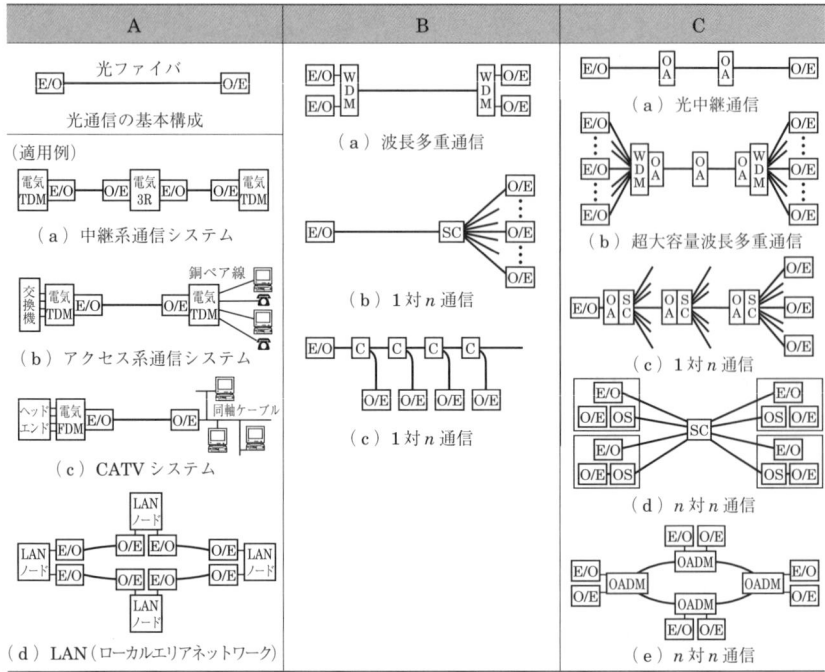

E/O: electrical to optical converter, O/E: optical to electrical converter, C: coupler, SC: star coupler, OA: optical amplifier, OS: optical switch, TDM: time division multiplexer, DMW: wavelength division multiplexer, OADM: optical add drop multiplexer, 3R: reshaping, retiming and regenerating

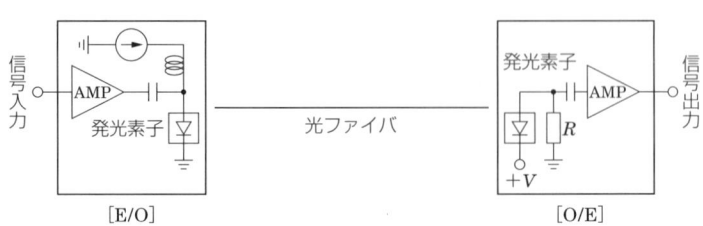

図 1.4 E/O と O/E の基本構成

討されている．

　表1.2Cは，更に，光増幅技術をベースにより高度な信号処理を光系で行うシステムである．光ファイバ増幅器（OA）を線形中継器として使用する（a）光中継通信システムや，これに波長多重技術を加味した（b）超大容量波長多

重通信システムは，通信ネットワークの中継系に既に導入されており[16],[17]，増幅と分岐の繰返しで情報を多数（$n>1,000$）に分岐する（c）1対n通信システムは，アクセス系におけるCATV映像などの分配用として実用化されている[23],[24]．また，光交換，光ADM（add drop multiplexer），光クロスコネクトなども可能になってきた．これらの技術を使用することにより超高速のn対n通信が可能であり，高スループットLANや，高速リングネットワークなどの実験も行われている[25],[26]．光信号処理をベースにする通信ネットワークは光波ネットワーク（またはホトニックネットワーク）と呼ばれ，21世紀のマルチメディアを支えるバックボーンとして世界の主要国で研究開発が進められている[13]～[15]．

（2） 変調方式と多重方式

光ファイバ通信で使用される変調方式と多重方式について表**1.3**を参照しながら説明する．伝送する情報の種別としては，文字，数字，記号などのディジタル情報と，音声や画像などのアナログ情報がある．前者は当然ディジタル信号として伝送するが，後者はアナログ信号のままで伝送する場合とディジタル信号に変換して伝送する場合がある．光ファイバ通信システムでは，

表**1.3** 光ファイバ通信における変調方式と多重方式

情報種別			ディジタル情報 （文字，数字，記号）		アナログ情報 （音声，画像）		
信号種別			ディジタル信号		アナログ信号		
電気系		伝送帯域	基底帯域	搬送波帯域	基底帯域	基底帯域	搬送波帯域
		変調方式	—	ASK, PSK FSK, QAM	—	PAM, PWM PPM, PFM	AM, FM PM
光学系		多重方式	TDM	TDM, FDM	—	TDM	FDM
変調方式	検波方式	多重方式					
IM （ディジタル）	直接検波	WDM OTDM	（適用例） 通信全般				
IM （アナログ）				（適用例） D-CATV, VOD		（適用例） テレビ中継	（適用例） A-CATV
ASK, PSK FSK	ヘテロダイン （ホモダイン） 検波		実用システムなし 研究報告多数				
AM, PM, FM			実用システムなし，研究報告少数				

IM: intensity modulation, AM: amplitude modulation, PM: phase modulation, FM: frequency modulation, ASK: amplitude shift keying, PSK: phase shift keying, FSK: frequency shift keying, QAM: quadrature amplitude modulation, PAM: pulse amplitude modulation, PWM: pulse width modulation, PPM: pulse position modulation, PFM: pulse frequency modulation, TDM: time division multiplexing, FDM: frequency division multiplexing, WDM: wavelength division multiplexing, OTDM: optical time division multiphexing, A-CATV: analog cable television, D-CATV: digital cable television, VOD: video on demand

情報をまず電気信号で表し，更に光信号に変換して伝送する．したがって，電気系で行う変調，多重方式と，光系で行う変調，多重方式の両方を考える必要がある．

公衆通信ネットワークでは，光通信システムはディジタル伝送区間に専ら適用されており，電気系で時分割多重（TDM）されたディジタル信号を光の強度変調（IM）・直接検波方式で伝送する方式が一般に使用されている．CATV網では，数十のテレビチャネルを周波数多重（FDM）して同軸ケーブルを通して各家庭に伝送しているが，最近は表1.2のA（c）に示したような構成で網の幹線に光ファイバを使用するケースが増えている[8]．この場合，電気的に周波数多重された信号で光の強度変調を行って伝送するが，アナログ変調になるので光伝送系には優れた線形性が求められる．この例のように，まず信号を電気的な搬送波（サブキャリヤ）に乗せて周波数多重し，更に光（メインキャリヤ）に乗せて伝送する方式をサブキャリヤ多重（SCM: subcarrier multiplex）と呼んでいる[27]．

波長多重（WDM）は将来の光波ネットワークの基盤となる技術である．電気系では不可能な超高速信号の時分割多重（TDM）を光系で行う研究も行われている[28]．光の周波数や位相といった波としての性質を制御して利用するコヒーレント光通信方式は，ヘテロダイン検波やホモダイン検波によって高感度な受光が可能である[29],[30]．しかし，光デバイスに対する要求条件が厳しく，まだ実用化された実績がない．

（3） 光ファイバ通信における雑音と波形ひずみ

通信路を流れる信号の品質は雑音の混入と波形ひずみを受けて劣化するが，これが通信システムの性能を制限する．ここでは，光ファイバ通信システムにおける雑音と波形ひずみについて説明する．波形ひずみには線形ひずみと非線形ひずみがある．

（a） 雑 音 光ファイバ通信における雑音の要因を**表1.4**に示す．大別して3種類の要因があり，このうちのショット雑音と熱雑音は他の通信システムと共通であるが，光の干渉による雑音は光ファイバ通信特有である．雑音による信号品質の劣化は信号対雑音比（SNR: signal to noise ratio）で評価される．またサブキャリヤ方式においては搬送波対雑音比（CNR:

表 1.4　光ファイバ通信における雑音の要因

ショット雑音	光子，電子など信号を運ぶキャリヤの粒子性に起因する光電力及び電流の揺らぎ
熱雑音	抵抗性回路素子の中の電子の熱運動によって，素子の両端に現れる電圧の揺らぎ
光の干渉による雑音	干渉による光電力の揺らぎ．レーザの雑音（レーザ光と自然放出光の干渉），伝送路の反射による雑音（多重反射光と直通光の干渉），光増幅器の自然放出光によるビート雑音（自然放出光と信号光の干渉，自然放出光どうしの干渉），モード分配雑音（多重モード発振レーザの出力モード間の競合干渉），スペックル雑音（多モードファイバの伝搬モード間の干渉）など

carrier to noise ratio）で搬送波の品質を評価する．雑音源が同じであっても，SNR，CNRは通信方式によって異なる．各種方式におけるSNRとCNRの計算式を表1.5に示す．

通常の直接検波方式〔表1.5（a）〕においては，ショット雑音（式（1）の分母第1項）と熱雑音（同第2項）が支配的である[31]．式（1）において，$M \to \infty$，$x \to 0$，$\eta \to 1$，$I_D \to 0$とした場合，すなわち受光素子として理想的なAPD（avalanche photo diode）を想定した場合には，$SNR = P_S/(2Bh\nu)$となる．これは信号光に付随するショット雑音が熱雑音を覆い隠した状態に対応し，SNRの理論限界（ショット雑音限界）を与える．SNRをショット雑音限界に近づけるために，APDの高性能化，受光回路の高インピーダンス化（R_Lを大きくすると熱雑音を小さくできるが，広い受信帯域を維持することが難しい）などの検討が行われてきた．

ヘテロダイン検波方式〔表1.5（b）〕はショット雑音限界に近づく有効な方式である[29],[30]．式（2）において，$\eta \to 1$，$R_L \to \infty$，すなわち量子効率が100％のPD（photo diode）を使用し，局発光電力を十分大きくすると，$SNR = P_S/(2Bh\nu)$となってショット雑音限界が達成される．なお，ηの値は通常0.8程度である．ヘテロダイン検波を実現するためには光源周波数を精度良く制御する技術が必要である．

光増幅器で前置増幅する方式〔表1.5（c）〕においては，光増幅器から出る自然放出光（ASE: amplified spontaneous emission）に起因する雑音N_Aが支配的になる[32]．N_Aの1項目はASEによるショット雑音，2項目は信号とASE

表 1.5　各種光通信方式における SNR と CNR [27],[30],[32]

伝送帯域	光検波器構成		SNR, CNR
基底帯域	(a) 直接検波	$P_S \to$ APD	$\text{SNR} = \dfrac{(I_S M)^2}{\{2e(I_S+I_D)M^{2+x}+H\}B}$ (1) $I_S=(\eta e/h\nu)P_S,\ H=4FkT/R_L$
	(b) ヘテロダイン検波	P_S, P_L PD, LD	$\text{SNR} = \dfrac{I_L I_S}{\{2e(I_L+I_S+I_D)+H\}B}$ (2) $I_L=(\eta e/h\nu)P_L$
	(c) 前置増幅＋直接検波	$P_S \to$ G PD	$\text{SNR} = \dfrac{(GI_S)^2}{\{2e(GI_S+I_D)+H+N_A\}B}$ (3) $N_A=4\{e(G-1)i_A\Delta\nu+G(G-1)I_S i_A+(G-1)^2 i_A^2 \Delta\nu\}$ $i_A=\eta e n_{sp}$ $G \gg 1$ のとき $\text{SNR} = \dfrac{(GI_S)^2}{4\{G(G-1)I_S i_A+(G-1)^2 i_A^2 \Delta\nu\}B}$ (3)′
	(d) 光中継＋直接検波	1/G, 1/G, 1/G, $P_S \to$ PD	$G \gg 1$ のとき $\text{SNR} = \dfrac{(GI_S)^2}{4\{nG(G-1)I_S i_A+n^2(G-1)^2 i_A^2 \Delta\nu\}B}$ (4)
搬送帯域	(e) 直接検波	$P_S \to$ APD	$\text{CNR} = \dfrac{(1/2)m^2(I_S M)^2}{\{\text{RIN}\cdot(I_S M)^2+2e(I_S+I_D)M^{2+x}+H+IM\}B}$ (5) $IM=(\sigma_{IM})^2(1/2)m^2(I_S M)^2$

P_S：入力光信号電力，B：信号帯域幅，R_L：受光回路の負荷抵抗，F：（電気）増幅器の雑音指数，η：APD または PD の量子効率，M：APD のなだれ電流増幅率（PD の場合 $M=1$），x：APD の過剰雑音指数（PD の場合 $x=0$），I_D：APD または PD の暗電流，ν：光周波数，T：絶対温度，P_L：PD に入射する局発光電力，e：電子電荷（1.602×10^{-19} C），h：プランク定数（6.626×10^{-34} J·s），k：ボルツマン定数（1.381×10^{-23} J/deg），G：光増幅器の利得，n_{sp}：光増幅器の反転分布パラメータ，$\Delta\nu$：PD に入射する自然放出光のスペクトル幅，n：光増幅器の数，m：搬送波による光強度の変調度，RIN：光源の相対強度雑音，σ_{IM}：相互変調ひずみ雑音

間のビート雑音，3 項目は ASE 相互間のビート雑音である．増幅器利得 G が十分大きい場合には，N_A の 2 項目と 3 項目が他の雑音を覆い隠し，式 (3) は (3)′ で近似される．更に光信号電力が大きい場合，または十分狭い光フィルタで ASE を切り出した場合（$\Delta\nu \to B$）には，信号と ASE 間のビート雑音が主になって，$\text{SNR}=\eta P_S/(4n_{sp}Bh\nu)$ となる．$\eta\to 1$，$n_{sp}\to 1$，すなわち量子

効率が100%のPDと,すべての活性分子が上位準位に励起された理想的な光増幅器を使用した場合には,ショット雑音限界より3 dB低いSNRが達成される.なお,よく使用されるエルビウム添加光ファイバ増幅器のn_{sp}は1.5〜2.5程度である.伝送路損失を周期的に光増幅器で補償する光中継方式〔表1.5（d）〕においては,増幅器の数nに比例してASEが増大しSNRの計算式は（4）となる.

直接検波のサブキャリヤ方式〔表1.5（e）〕におけるCNRは式（5）で与えられる[27].サブキャリヤ方式で送られる信号は,CATV映像のように高いCNRを必要とするものが多いので,式（5）には式（1）〜（3）で無視していた光源の相対強度雑音（RIN: relative intensity noise）と相互変調ひずみ雑音を加えている.

表1.5の各計算式では,伝送路の反射による雑音や,モード分配雑音,スペックル雑音などが考慮されていないが,これらは,伝送路構成の工夫や,光部品の選択などによってシステム性能に影響を与えないレベルまで抑圧することが可能であり,実際のシステムにおいてもそのような策が施されている.

表1.5の各式から分かるように,信号光電力P_sが小さくなるとSNR及びCNRは劣化するが,信号品質を所定のレベルに維持するためにはこれらを一定以上に保つ必要がある.例えば,データの符号誤りを10^{-12}以下に維持するためにはSNR>23 dB,CATV基幹幹線の映像品質を維持するためにはCNR>52 dBが必要である[20],[32].したがって,信号の伝送距離はこれら条件を満たす範囲に制限される.

（**b**）　**波形の線形ひずみ**　　線形ひずみは伝送路の帯域制限によって起こり,ディジタル伝送においては信号パルスの広がりによる隣接符号間の干渉を生じさせて受信感度を劣化させる（符号誤りを抑えるために必要な信号光電力が上昇する）.したがって,光ファイバのベースバンド周波数特性が平たんな範囲で信号を伝送する必要があり,B（bit/s）のディジタル伝送にはB（Hz）の3 dB低下帯域幅が概略必要である.石英系の各種光ファイバの1 km伝搬後の3 dB低下帯域幅B_1は図1.1に示したベースバンド周波数特性から読み取ることができる.ファイバ長L（km）と3 dB低下帯域幅B_Lの間には次の関係がある.

$$B_L \times L^\gamma = B_1 \quad (\gamma = 0.5 \sim 1) \tag{1.1}$$

ここでγの値は，SIFとGIFの場合には伝搬モード間の結合度に依存し，結合が小さい場合には$\gamma \to 1$，大きい場合には$\gamma \to 0.5$となる[2]．SMFとDSFの場合には使用する光源のスペクトル幅に依存し，スペクトル幅の広い光源を使用する場合には$\gamma \to 1$，十分狭い光源を使用する場合には$\gamma \to 0.5$（第2章，式（2.35）参照）となる．なお，スペクトル幅の広い光源を使用すると，SMFとDSFの帯域幅は図1.1で示したものよりも狭くなる．式（1.1）は帯域制限による伝送距離の制限を与える．

（c） 波形の非線形ひずみ　従来のシステムでは，非線形ひずみが問題になることは少なかった．ところが，半導体レーザの高出力化が進み，また光増幅器が開発されたことによって，光ファイバへの入射光電力の増大，線形光中継の適用による再生中継間隔の飛躍的拡張，WDMやOTDMによる超大容量伝送などが可能になり，これに伴って，光ファイバ中で起きる非線形光学効果がシステムの性能を制限する主要因として浮上してきた．非線形光学効果は，自己位相変調による信号スペクトルの広がりとそれに基づく波形のひずみ，相互位相変調や四光波混合によるチャネル間のクロストークなど，通信方式に応じて種々の現象として現れる[33]．一方，非線形光学効果の強さは光ファイバの分散に依存し，例えば，WDM方式において問題となる四光波混合はファイバ分散が小さいほど顕著に現れる．このため，伝送路を構成する個々のファイバの分散（絶対値）を一定値以上に保ちつつ，伝送路トータルの分散を一定値以下にするいわゆる分散マネージメントが伝送路の設計技術として研究されており，今後の超大容量システムや光波ネットワークの実現に向けて重要視されている．光ファイバ中の非線形光学効果については，第2章において詳しく説明する．

一方，サブキャリヤ多重伝送においては，半導体レーザの非線形な変調特性や，直接変調による光周波数のチャーピングと光ファイバの分散との複合効果による非線形ひずみがチャネル間のクロストークを引き起こす．CATVの基幹伝送などにおいては，これらを十分抑圧する必要がある[34]．

1.5 発光部品 [1],[35],[36]

(1) 発 光

原子が高い準位から低い準位に遷移することにより，光が発生する．この光の発生機構には，自然放出と誘導放出の2種類がある．自然放出は，外部からの光の入射とは無関係に起こり，その発生光はインコヒーレントである．誘導放出は，外部から入射された光と一定の位相相関をもった光が発生するものであり，その光はコヒーレントである．光通信で使用する発光ダイオードとレーザダイオードはそれぞれ自然放出と誘導放出を利用している．

(2) 発光ダイオード

半導体のpn接合に順方向電圧をかけることにより，p形半導体領域に少数キャリヤである電子を，n形半導体領域に正孔をそれぞれ注入し，伝導帯の電子と価電子帯の正孔を再結合させることができる．発光ダイオード (LED: light emitting diode) の光は，この再結合によって発生する自然放出光である〔図1.5 (a)〕．その発光スペクトルは，伝導帯と価電子帯のエネルギー差E_gでほぼ決まる．伝導帯の電子や価電子帯の正孔のエネルギーは，kT程度の幅をもって分布していることを考慮すると，LEDの発光中心波長λとスペクトル幅$\Delta\lambda$は次式で与えられる．

$$\lambda(\mu m) = \frac{1.24}{E_{ph}(eV)} \tag{1.2}$$

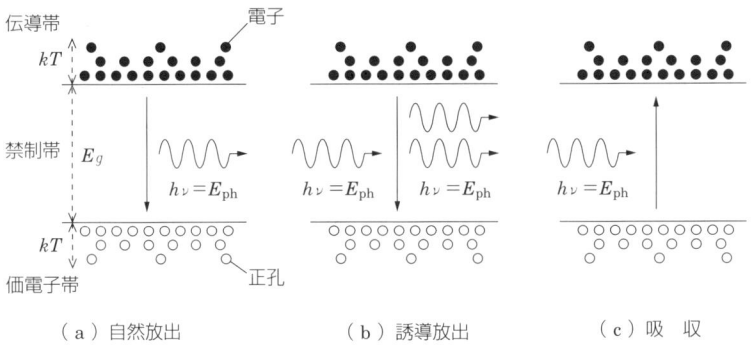

図1.5 半導体中のキャリヤの再結合と光の放出，吸収 ($E_{ph} \sim E_g + kT$ (J))

$$\Delta\lambda = \lambda\left(\frac{\Delta E_{\mathrm{ph}}}{E_{\mathrm{ph}}}\right) \tag{1.3}$$

ここで，$E_{\mathrm{ph}} \sim E_g + kT\,(\mathrm{J})$，$\Delta E_{\mathrm{ph}} = 3 \sim 4kT\,(\mathrm{J})$ である．また k はボルツマン定数，T は絶対温度を示す．

半導体材料を変えることにより，可視から赤外にわたる広い波長帯での発光が実現されている．しかし，式 (1.3) が示すように，その発光スペクトルは広いため，光ファイバの分散による信号の波形ひずみが生じやすく，高速光通信には向かない．また空間的コヒーレンスも悪いため，光ファイバ（特にコア径が小さい単一モードファイバ）への結合効率も悪い．

（3） レーザダイオード

レーザダイオード（LD: laser diode）は，半導体の伝導帯の電子と価電子帯の正孔の再結合によって発生する光のうち，主に誘導放出光を利用したものである．外部から，$E_{\mathrm{ph}} \sim E_g + kT$ に相当する波長の光が入射されたとき，図 1.5 (b) に示すように，同じ波長の光が誘導放出される．それと同時に光が吸収され，価電子帯の電子が伝導帯に遷移することも起こる〔図 1.5 (c)〕．誘導放出が光の吸収を上回ると，増幅作用が得られる．このような状態を実現するためには，pn 接合の活性領域にキャリヤを高密度に注入し，伝導帯のエネルギー準位に存在する電子数が，価電子帯のエネルギー準位に存在する電子数よりも多い状態（反転分布）にする必要がある．反転分布は，E_g/q（q は素電荷）以上の順方向電圧を，pn 接合に印加するとにより実現できる．LD の発振のためには，更に注入電流密度を増し，誘導放出による利得が，光共振器の損失（帰還光学系の反射ミラーから光が外に放射されることによる損失と，媒質の吸収損失などを合わせた全損失）を上回らなければならない．

同一材料からなる pn 接合を利用したホモ接合 LD の活性領域は，キャリヤ（電子，正孔）の拡散距離で決まり，図 1.6 (a) に示すように通常 3 μm 以上の厚さとなる．また活性領域とクラッド層の間には，不純物とキャリヤ濃度差による屈折率段差が生ずるが，その値は非常にわずかである．したがってホモ接合 LD ではキャリヤと光の閉込めは何れも弱く，発振効率は極めて悪い．そこで効率的に反転分布を実現するために，現在の室温連続発振 LD の

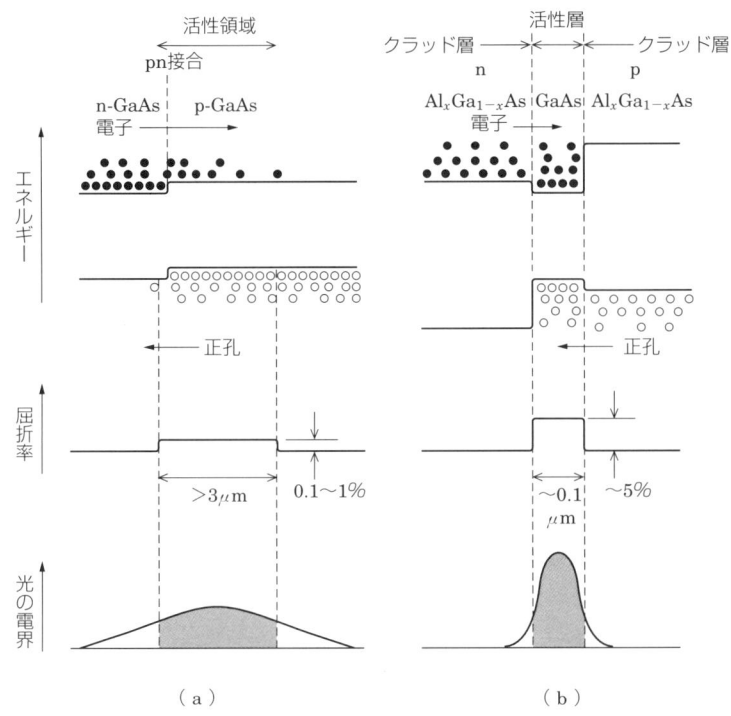

図 1.6 ホモ接合（a）とダブルヘテロ接合半導体レーザ（b）のエネルギー状態図，屈折率分布，光電界分布

基本となっているダブルヘテロ接合形 LD が考案された．GaAs の活性層を，n 形 $Al_xGa_{1-x}As$ と p 形 $Al_xGa_{1-x}As$ のクラッド層で挟んだダブルヘテロ接合形 LD に順方向バイアスをかけたときのバンド構造を，図 1.6（b）に示す．クラッド層の伝導帯と価電子帯のエネルギー差 E_g を，活性層のそれよりも大きくすることにより，図に示すような高いエネルギー障壁をつくる．このため，クラッド層から活性層に注入された電子及び正孔は，それぞれ，p 形及び n 形 $Al_xGa_{1-x}As$ に更に拡散することができず，0.1 μm 程度の厚さの活性層に閉じ込められる．更に，GaAs の屈折率は，$Al_xGa_{1-x}As$ よりも数％高いため，光ファイバと同様に光も活性層に閉じ込められる．以上の，電子，正孔と光の閉込め効果により，高効率なレーザ発振が可能となる．発光波長は，LED と同様に，式（1.2）で与えられる．光通信の主な波長である，0.8 μm 帯及び 1

μm 帯（1.3 μm，1.55 μm）のLDは，それぞれ，上記2種類の閉込めが可能な，GaAsを基板としたAl$_x$Ga$_{1-x}$As（活性層）/Al$_y$Ga$_{1-y}$As（クラッド層），及びInPを基板としたInGaAsP/InPのダブルヘテロ接合により製造される．

また，pn接合面に垂直な方向だけでなく，平行な方向（慣習上，以上の2方向を横方向と呼ぶ），及び，縦方向（二つの反射ミラーを結ぶ方向）にも，キャリヤを制限する方法や，光を閉じ込めるための方法がとられる．図**1.7**には，電極ストライプ形，活性層埋込み形を示す．光の閉込めには，屈折率に分布をもたせ，導波路化する手法をとる．

（**a**）**ファブリペローLD**　レーザの帰還光学系の基本は，2枚の反射ミラーを対向させて構成するファブリペロー共振器である．この反射ミラーに，半導体結晶のへき開面を利用したものが，ファブリペロー（FP）LDである．結晶の屈折率nは約3.6であるから，このようなミラーの反射率は32％程度である．長さL，屈折率nの共振器の共振条件は，

$$\lambda_m = \frac{2L}{nm} \quad (m = 1, 2, \cdots) \tag{1.4}$$

で与えられる．したがって，LDの場合，波長依存性のある利得分布の中で，最大利得に最も近いm次の波長λ_mが選択されるため，LEDのような幅広いスペクトルと異なり，鋭いスペクトルを有するレーザ発振が得られる．

通常，ダブルヘテロ接合LDの出力光は，TE波に偏光しており，TM波の強度はTE波の1/100以下である．これも，出力光が無偏光化しているLEDと

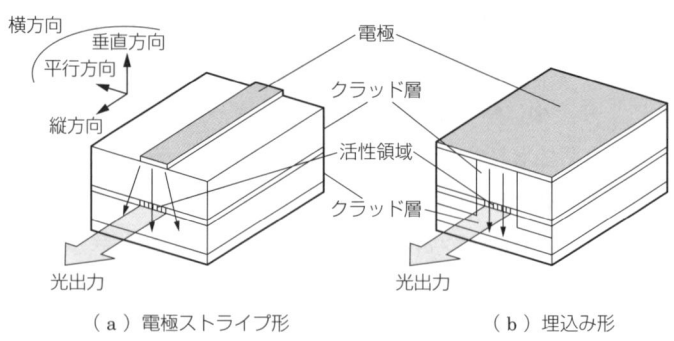

（a）電極ストライプ形　　　（b）埋込み形

図 **1.7**　電極ストライプ形レーザと活性層埋込み形レーザ

大きく異なる点である．LD出力が偏光しているのは，結晶端面におけるTE波の反射率が，TM波よりも大きいので，TE波はTM波に比べ，小さな利得で発振可能なためである．なお，TE波とTM波の光閉込め率の差は一般に小さく無視できる．

　LDの出力光強度は，駆動電流を変えることにより直接変調可能であり，数GHz以上の高速変調も可能である．しかし，このような高速変調時には，通常，LDは多モードで発振するようになり，発振スペクトルが数nmに広がってしまう．このスペクトル広がりは光ファイバの分散特性と結びつき，ディジタル通信の伝送距離を制限する要因となる．また，モード間の競合によるモード分配雑音，発振モードが遷移するときに発生するモードホッピング雑音などは，SN比に関する要求条件が厳しいアナログ通信で特に問題となる．

（**b**）**単一波長LD**　　ファブリペロー共振器に加えて，更に別の波長選択機構をLDの内部に作製した，DFB（distributed feedback）-LD及びDBR（distributed Bragg reflector）-LDは，高速変調時にも単一モードで発振しやすいLDである．DFB及びDBR-LDの構造を図**1.8**に示す．

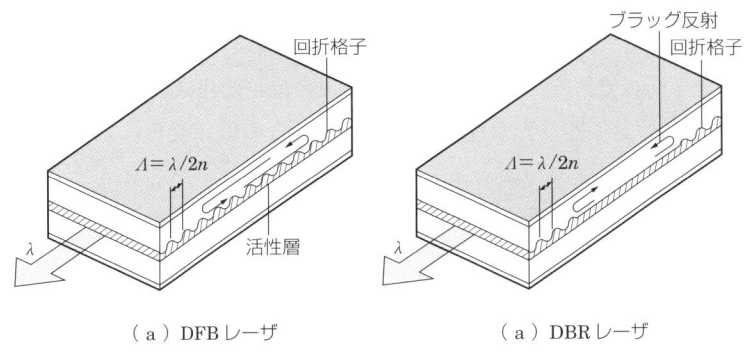

（a）DFBレーザ　　　　　　　（a）DBRレーザ

図**1.8**　DFBレーザとDBRレーザの構造

　DFB-LDは，活性層に沿って回折格子を形成し，この部分で増幅も波長選択も行う．回折格子のピッチをΛ，活性層の実効的屈折率をnとすると，ブラッグ回折条件は

$$\Lambda = \frac{\lambda}{2n} \tag{1.5}$$

で与えられる．ただし，一次の回折を利用するとした．

簡単のために，活性層に沿って進行する光の振幅は一定と仮定すると，回折格子の伝達関数は

$$T(\Delta f) = T_0 \frac{\sin^2(\pi \Delta f n L / c)}{(\pi \Delta f n L / c)^2} \tag{1.6}$$

で与えられる．ここで，T_0 は定数，$\Delta f = f - f_0$，$f_0 = c/(2n\Lambda)$ である．したがって，発振可能な波長は式（1.4）と式（1.6）の積で与えられるので，DFB-LDはFP-LDよりもモード選択性に優れ，単一モードで発振しやすくなる．

しかし，図 **1.9**（a）の回折格子をもつ通常のDFB-LDの場合，発振のしきい利得が最低となる波長はブラッグ波長に一致せず，発振波長は図 **1.10** に示すように，ブラッグ波長から両側にわずかに同じ量だけずれたもののうちの一方の波長となる[35]．この原因は，以下のとおりである．図1.9（a）において，A点から左方向に入射したブラッグ波長の光は，回折格子により再びA点に戻る．そのときの位相遅延は，多層膜反射ミラーの場合から推定されるようにπである（式（1.13）も参照せよ）．B点から右方向に入射したブラッグ波長の光も同様である．しかし，AB間往復の位相変化はπであるため，通常のDFB-LDの共振器を光が往復したときの総合の位相変化は2πの整数倍に

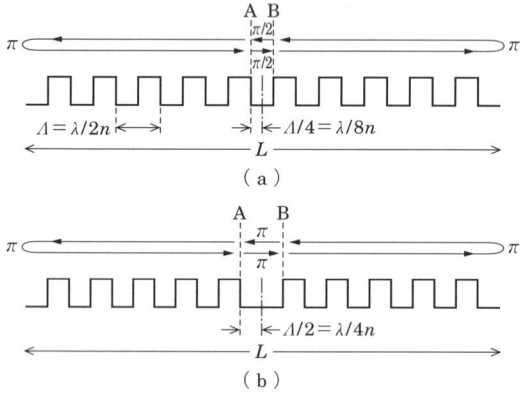

図 **1.9** 通常のDFBレーザ（a）と1/4波長シフトDFBレーザ（b）の回折格子

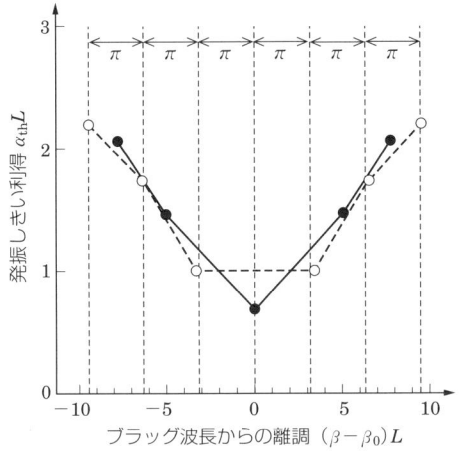

図1.10 通常のDFBレーザ（○）と1/4波長シフトDFBレーザ（●）の発振しきい利得α_{th}．
β_0はブラッグ波長における伝搬定数

はならない．そのため発振波長は，ブラッグ波長からわずかにずれたものとなる．これに対し，図1.9（a）の回折格子を2分割し，一方を導波路内の波長の長さ（λ/n）の1/4ずらした図1.9（b）の光帰還構造の場合には，総合の位相変化は2πの整数倍となり，発振波長は，ブラッグ波長に一致する．このレーザは1/4波長シフトDFB-LDと呼ばれ，通常のDFB-LDに比べ，安定な単一モード発振をする．このように，DFB-LDは回折格子を共振器とすることによる特有の縦モード特性を示し，モード間隔$\Delta\beta L$は回折格子の反射率が高いほど広くなる．しかし，波長がブラッグ共振条件から外れるに従ってその特徴は薄れ，図1.10に示すように，FP-LDと同様にπに近づく．

DBR-LDは，活性層の片側または両側に回折格子を形成し，その回折格子に反射ミラーの役割をもたせたものである．図1.11に示すように，回折格子領域にも端子を設けて電流を注入することにより，回折格子領域の実効的な屈折率を変化させ，発振波長を変化させることが可能である（二電極DBR-LD）．しかし，ブラッグ波長可変幅は，ファブリペローモード間隔以下であるため，FP-LDと同様な発振モードの飛びが生ずる．そこで，更に位相調整領域を設けることにより，連続的波長制御を可能としている（三電極DBR-

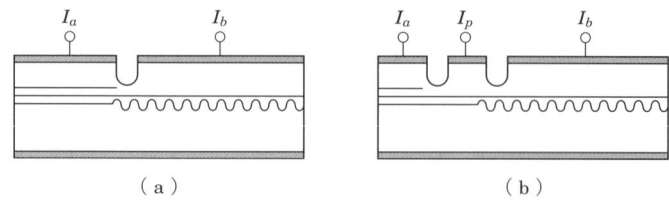

I_a：活性層領域電流，I_b：ブラッグ格子領域電流，I_p：位相シフト領域電流

図 **1.11** 二電極 DBR レーザ（a）と三電極 DBR レーザ（b）

LD）．ただし，この方法では，屈折率の変化が 0.7％程度しか得られないため，波長可変幅は約 10 nm に制限される．より広い帯域で波長可変な LD として数種類の構造が提案されている．その代表例である SSG（super structure grating）-DBR-LD [37] の構造を**図 1.12** に示す．活性領域の両側に，回折格子が形成された SSG 領域を有している．回折格子のピッチは周期的に変調されているため，その反射伝達関数は，くし形のピークを有する．変調周期を

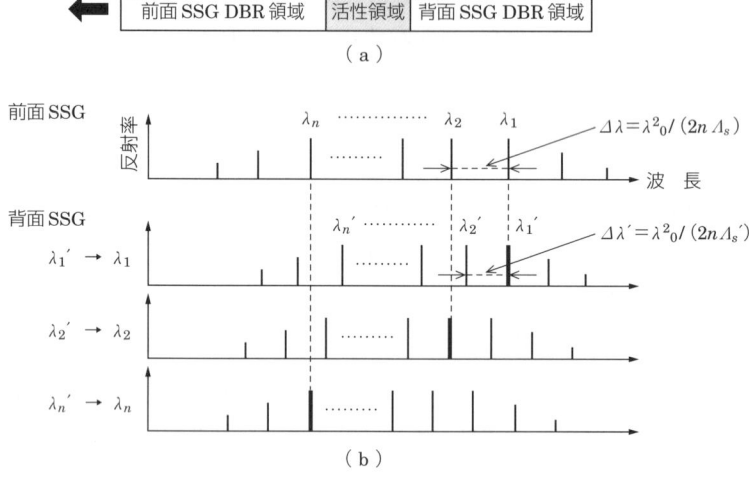

図 **1.12** SSG レーザの構造（a）と波長チューニング原理（b）

Λ_s,ブラッグ波長をλ_0とすると反射ピークの間隔$\Delta\lambda$は,

$$\Delta\lambda = \frac{\lambda_0^2}{2n\Lambda_s} \tag{1.7}$$

で与えられる.このように,一つの回折格子は複数の反射ピークを有するが,変調周期Λ_sを,活性領域の両側の回折格子でわずかに変えることにより,両回折格子の反射ピークが一致する波長は一つに制限され,その波長近傍のみでレーザ発振が得られるようになる.SSG領域に電流を注入すると,バーニア効果により,反射ピークの一致する波長を大きく変化させることが可能である.更に位相調整領域を設けることにより,広い帯域で連続的に波長を変化させることも可能となる.離散的には,LDの利得帯域幅にせまる約100 nm,連続的には約60 nmの波長可変幅が達成されている.

1.6 受光部品 [1],[36]

光を検出するデバイスには,入射光による抵抗変化を利用する光導電検波器や,外部光電効果を利用した光電管,光電子増倍管などがある.しかし,それらは,応答速度,適用波長帯,経済性,寸法などに問題がある.ここでは,現在の光通信システムに広く使われている,ホトダイオード及びアバランシホトダイオードなどの半導体光検出器について説明する.

(1) ホトダイオード

半導体のpn接合を利用したホトダイオード(PD: photo diode)のエネルギー帯図を図**1.13**に示す.拡散により自由キャリヤがなくなった空乏層のp領域とn領域には,それぞれ束縛されたアクセプタ(A)原子の負電荷とドナー(D)原子の正電荷が残るため,空乏層には電界が発生する.そのため,入射光が空乏層で吸収され,伝導帯と価電子帯にそれぞれ電子と正孔が励起されると,それらは電界により反対方向に加速されて走行(ドリフト)し,光電流として外部の回路に取り出される.一方,空乏層以外のp領域及びn領域で光が吸収されることにより発生した電子・正孔対は,そこに電界が存在しないため,拡散長だけ移動した後,再び結合し,光電流には寄与しない.PDの応答速度を高めるためには,空乏層を広げることにより静電容量を小さくする必要がある.また,空乏層を広げることは,空乏層での光の吸収によ

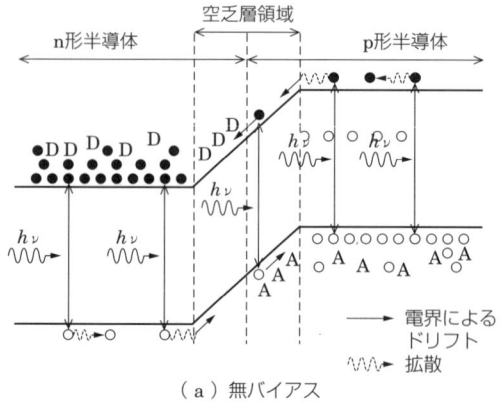

（a）無バイアス

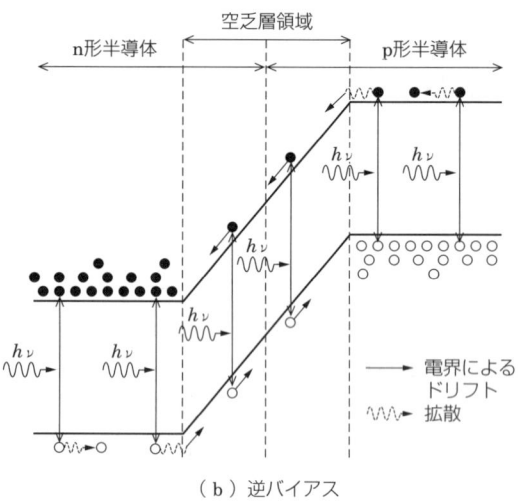

（b）逆バイアス

図 1.13　pn接合PDのエネルギー帯図

る電子・正孔対の発生を増加させるため，量子効率を高める効果もある．空乏層を広げるには，図1.13（b）に示すように逆バイアスをかければよい．しかし，より有効な方法は，p層とn層の間に不純物濃度の低い高抵抗層（i層）をはさみ，i層を完全な空乏領域とする方法である．このようなPDはpin-PDと呼ばれ，n^+-πのpn接合を主に利用したn^+-π-p^+構造と，p^+-νのpn接合を主に利用したp^+-ν-n^+構造の2種類の基本構造がある（p形の超低不純物半導

体をπ形，n形の超低不純物半導体をν形と呼ぶ．また両者を総称したものをi形と呼ぶ）．n^+-π-p^+構造のpin-PDのキャリヤ濃度分布，エネルギー状態図及び構造を図1.14に示す．このpin-PDに加える逆バイアスを上げていくと，

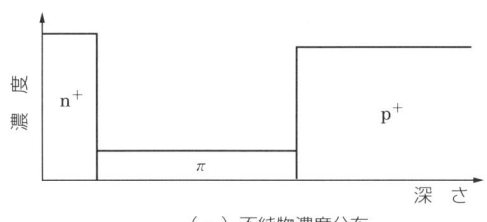

（a）不純物濃度分布

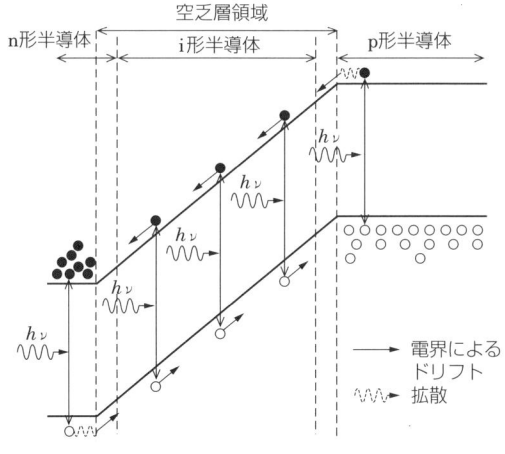

（b）エネルギー状態図

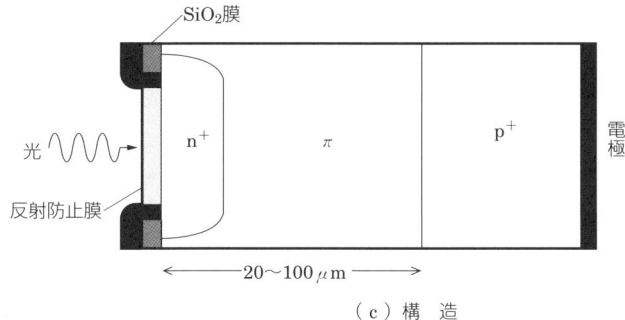

（c）構造

図1.14　pin-PD

空乏層領域はn^+層側からp^+層側に向けて増加していき,ついにp^+層に到達する.この状態はリーチスルー状態と呼ばれる.このときの値以上に逆バイアスを上げた状態では,空乏層での光の吸収により発生した電子正孔対は,すべて光電流に寄与し,かつ電界による加速を受けるため,効率及び応答速度が向上する.なお,実際の構造では,できる限り入射光を空乏層に到達させるため,図1.14 (c) に示すように,入射側のn層は薄くしている.このように,pin-PDはpn接合形に比べ非常に優れた特性を有するため,ホトダイオードはpin構造のものが広く使用されている.

以上の説明から分かるように,PDで検出可能な光のエネルギー$h\nu$は,半導体の禁制帯エネルギーE_g以上である必要がある.一方半導体材料の吸収係数は一般に短波長で大きくなる.したがって,PDの感度の波長特性は図 **1.15**に示すように凸形となる.1μm以下の波長域では,Si-pin-PDが,また1μm以上では,Ge-またはInGaAs-pin-PDが使われる.

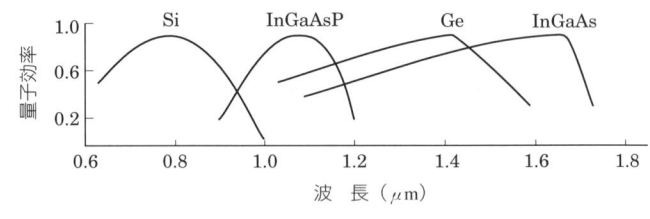

図 **1.15** PDの分光感度

(2) アバランシホトダイード

入射光子をキャリヤに変換するだけでなく,電子なだれ現象を利用して,PDの内部で電流増幅も行うのがアバランシホトダイード(APD: avalanche photo diode)である.電子なだれ現象とは,電界により加速されたキャリヤが半導体結晶格子と衝突することにより,電子と正孔を生成し,それらが更に運動エネルギーを得ることによって,衝突によるイオン化を促進し,自由キャリヤの数が指数関数的に増大することをいう.

図1.14に示した構造のpin-PDにおいても逆バイアス電圧を高くしていくと,i層で電子なだれ現象が発生しはじめるが,電圧が高すぎて使いにくくなる.また,後に述べるように,雑音を低減するためには,なだれ領域に注入

されるキャリヤは電子か正孔の一方であることが望ましい．そこでAPDの構造は図**1.16**に示すように，pin-PDを基本としながらも，光吸収領域であるi層の端になだれ領域を別に設けたものが一般的である．厚いπ(i) 層で発生したキャリヤの一方（図1.16では電子）はドリフトによりなだれ領域であるp層に入り，なだれ増倍を起こす．

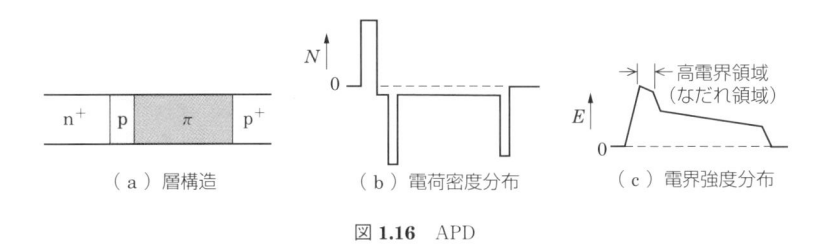

図 **1.16** APD

APDではこのように電子なだれ現象により大きな光電流を得ることができるが，同時に電流増倍過程であるイオン化の変動による雑音も生ずる．このようなAPDの過剰雑音は，平均的にM倍された光電流のショット雑音，$\langle i_{sh}^2 \rangle M^2$，の$F$倍として，以下の式で表す．

$$\langle i_N^2 \rangle = \langle i_{sh}^2 \rangle M^2 F = 2qI_s BM^2 F \tag{1.8}$$

ここで，qは電荷素量，I_sは増倍率$M=1$のときの光電流，Bは受信帯域である．Fは過剰雑音指数と呼ばれる．イオン化係数が大きいほうのキャリヤをなだれ増倍領域に注入したほうが，また，電子と正孔のイオン化係数の差があるほど，初期のイオン化過程の変動が出力光電流に及ぼす影響は少なく，APDの過剰雑音は小さくなる．これを解析的に表したものが次式である．

$$F = M\left[1-(1-k)\left(\frac{M-1}{M}\right)^2\right] \quad （電子注入） \tag{1.9}$$

$$F = M\left[1-\left(1-\frac{1}{k}\right)\left(\frac{M-1}{M}\right)^2\right] \quad （正孔注入） \tag{1.10}$$

ここで，kは電子のイオン化係数αと正孔のイオン化係数βの比（$k=\beta/\alpha$）である．式（1.9），（1.10）は実用的には，$F=M^x$で近似されることが多い．

Si, InGaAs, Ge の場合, それぞれ $x = 0.3, 0.9, 1.0$ である. 通常, APD の過剰雑音は, 受信電気回路の熱雑音よりも小さいため, APD の使用により高感度化が図られる.

なお, APD の応答速度は, PD の場合と同一の制限要因に加えて, なだれ増倍を起こす速度までキャリヤを加速するために必要な時間にも制限される. そのため, 一般に APD の応答速度は PD よりも遅くなる.

1.7 その他の光部品

（1） 受動部品

（a） カップラ　　光信号を合流あるいは分岐するための基本素子がカップラである. バルク形, ファイバ形, プレーナ光波回路（PLC: planar lightwave circuit）形がある. 入力ポートから出力ポートに信号が進むとき, 入力ポート間及び出力ポート間の結合は少ないため, 方向性結合器と呼ぶこともある.

バルク形カップラは, 図**1.17**に示すように, レンズ, ミラーなどより構成される. 安定性, 寸法などの点で, ファイバ形や PLC 形に劣るが, フィルタなどの光部品を挿入し, 高機能化を図ることは容易である.

ファイバ形カップラ[38]には, 研磨形カップラと融着延伸形カップラがある. ともに, 2本のファイバのコアを近接させ, コアを伝搬する光波の電界の結合を利用して, 光信号を結合・分岐する. 研磨形はコアの間隔を調節することにより結合比を可変とすることが可能である. 融着延伸形は, 結合比は固定だが, 生産性, 信頼性に優れ, 小形である. 2×2（2入力2出力）のファイバ形カップラを図1.17に示す. ポート1からポート2に光が結合する割合は,

$$\eta = \sin^2 \frac{(\beta_e - \beta_o)L}{2} \tag{1.11}$$

で与えられる. ここで β_e, β_o は, 近接した2本のファイバを一体化した導波路とみなしたときの最低次の偶モード（even mode）と奇モード（odd mode）の伝搬定数である. また L は結合部の長さである. L を変えることにより, 種々の結合比が実現できる. また, 結合係数 $(\beta_e - \beta_o)/2$ の分散特性を利用して, 異なる波長の信号を多重・分波する合分波器も作製可能である.

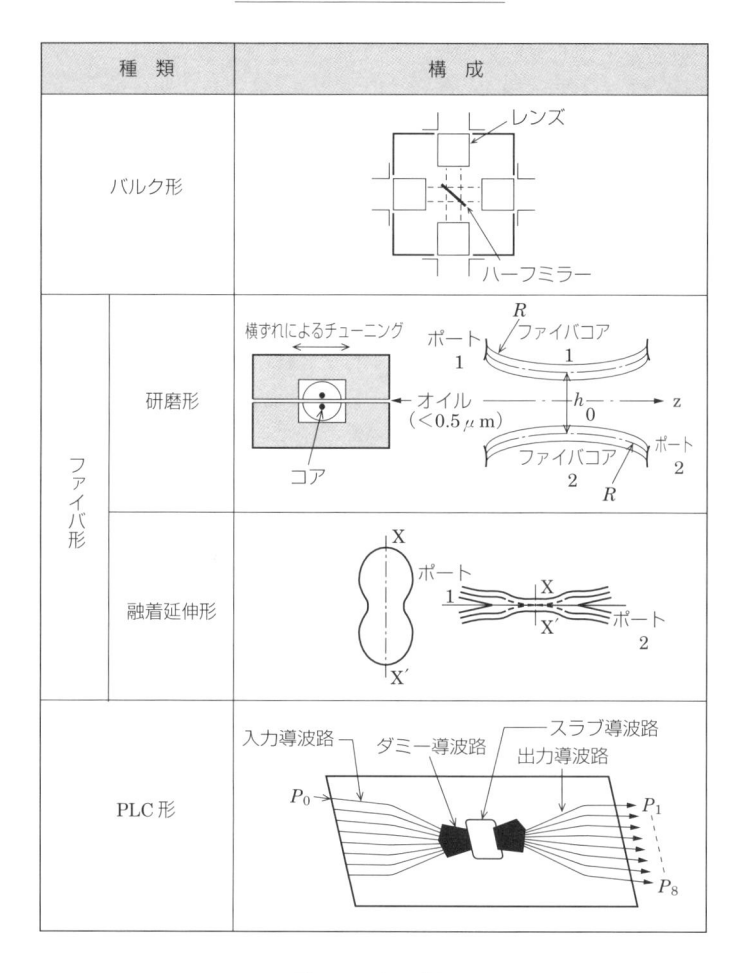

種　類	構　成
バルク形	レンズ／ハーフミラー
ファイバ形　研磨形	横ずれによるチューニング，ポート1，ファイバコア1，オイル($<0.5\mu\mathrm{m}$)，コア，h，z，0，ファイバコア2，ポート2，R
ファイバ形　融着延伸形	X, X', ポート1, ポート2
PLC形	入力導波路，ダミー導波路，スラブ導波路，出力導波路，P_0，P_1，P_8

図 1.17　カップラ

　入出力ポート数を更に増やすためには，2×2カップラを多数組み合わせて接続すればよいが，バルク形やファイバ形では大形化する．基板上に作製した導波路で構成されるPLC形カップラ[39],[40]は，このような大規模化に適している．図1.17にPLC形8×8スターカップラの構成を示す．8個の入力導波路のいずれかに入射した光信号はスラブ導波路領域に放射され，横方向に広がりながら出力導波路アレーに達する．入力導波路間で意図的に生じさせたモード結合と，スラブ導波路における回折効果により，出力導波路で均一

なパワー分布を実現している．

（b）フィルタ・合分波器（図 **1.18**）　分波器は，複数の波長成分を含む光を各波長ごとに空間的に分離するデバイスであり，フィルタもこれに含まれる．合波器は，分波器の逆の作用をするものである．相反性の原理から，入出力を逆転させることにより，同一の素子で分波器と合波器の両方に動作する．以上の説明から分かるように，フィルタ・合分波器は，波長多重通信のキーデバイスである．

フィルタ・合分波器の多くのものは干渉を利用している．ファブリペロー形フィルタは，対向した2枚の反射ミラー間での多重反射光どうしの干渉によりフィルタリングを行う．多層膜形フィルタは，屈折率の異なる2種類の薄膜を交互に多数回積層し，各薄膜を透過反射する光の干渉により所望の波長特性を実現したものであり，反射形，透過形の双方に使われる．また，波長特性の温度安定性，透過特性の平たん性などに優れる．特性の異なる多層膜形フィルタを複数枚組み合わせて使用することにより，$N \times N$ 合分波器とすることも可能である．

回折格子形，ファイバブラッググレーティング（FBG: fiber Bragg grating）形，アレー導波路格子（AWG: arrayed waveguide grating）形のフィルタ・合分波器は，回折光を利用する．

回折格子形は，回折格子に入射した光がブラッグの条件を満足する方向に強く回折されることを利用する．回折角が分散性を有するため，フィルタとしてだけでなく，分波器として使用される．

FBG形フィルタ[41],[42]は，光ファイバのコア上に屈折率を周期的に変動させた回折格子を形成したものである．この回折格子のブラッグ波長にほぼ等しい波長をもつ光が選択的に反射されることを利用して，フィルタや分波器が作製可能である．回折格子の形成は，GeO_2 添加石英ガラスに波長240 nm付近の紫外光を照射すると屈折率が増加する現象を利用している．紫外光による屈折率変化のメカニズムは現段階では十分に解明されていないが，ガラス中に酸素欠乏欠陥として存在するGe-Si結合から，光化学的にGe-E′センタと呼ばれる欠陥が生成され，吸収スペクトルが変化することなどが原因とされている．通常の通信用石英ガラス光ファイバの場合，導波機構形成の

第1章 光ファイバ通信概説

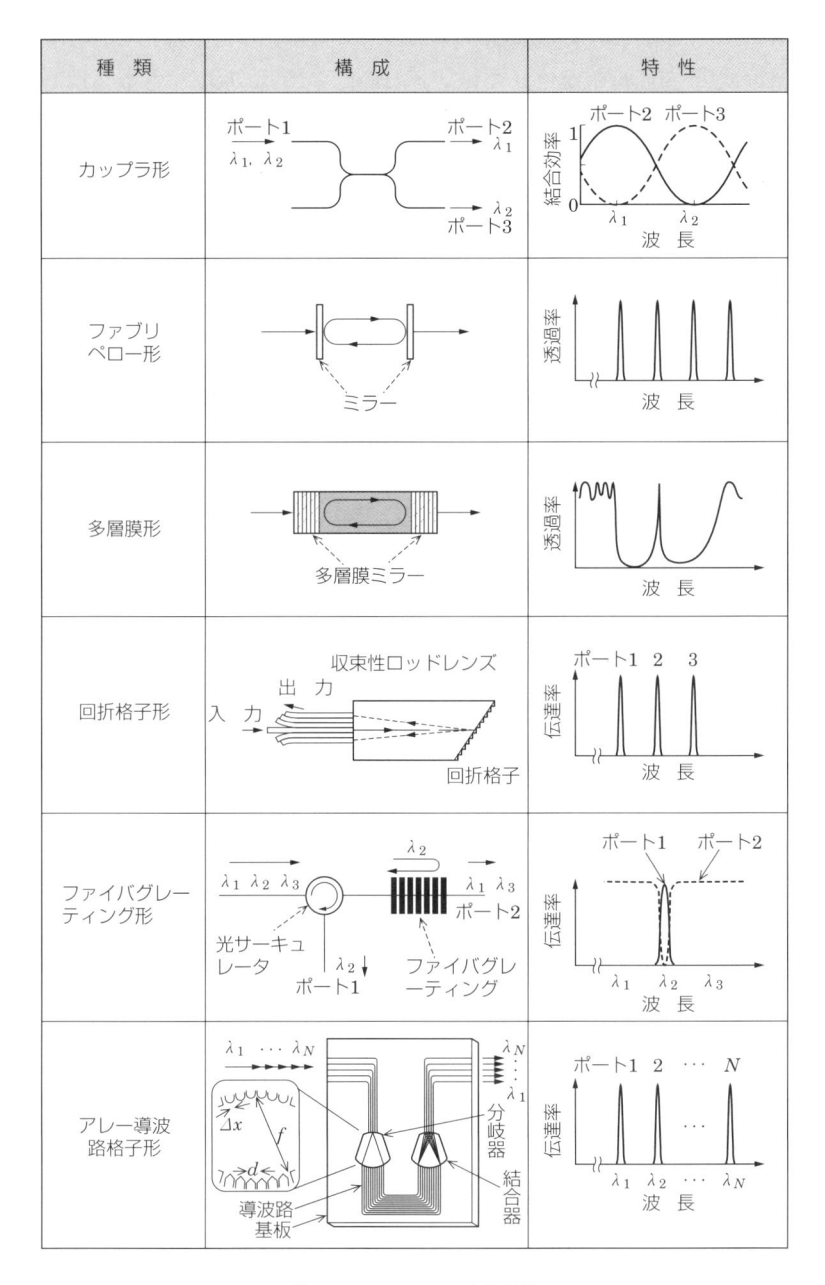

種 類	構 成	特 性
カップラ形		
ファブリペロー形		
多層膜形		
回折格子形		
ファイバグレーティング形		
アレー導波路格子形		

図 1.18　フィルタ・合分波器

ためにコアに添加されているGeの量は少ないため,単に紫外光を照射するだけではわずかな屈折率変化（＜10^{-4}）しか得られず，反射率も数％以下にとどまる．しかし，光ファイバに水素を高圧充填させ，紫外光に対する感光性を増加させる方法などにより，10^{-3}以上の屈折率変化が得られている．

FBGの作製には，光ファイバの側面から紫外光の干渉パターンを投影する，二光束干渉法や位相マスク法などが広く使われている（図**1.19**）．二光束干渉法は，二光束のなす角度を制御することにより，任意の周期の回折格子を形成できる利点がある．位相マスク法は，石英基板の表面に凹凸を形成した位相格子からの回折光どうしの干渉じまを利用する方法であり，簡便かつ再現性に優れている．位相マスク法においては，格子表面の凹凸の深さdを調節し，その位相差をπとすることにより，0次透過光成分を抑制するとともに，±1次の回折効率を向上させている．また，±1次の回折光の干渉じまの周期は，照射紫外線の波長に関係なく，位相格子の周期の半分となる．

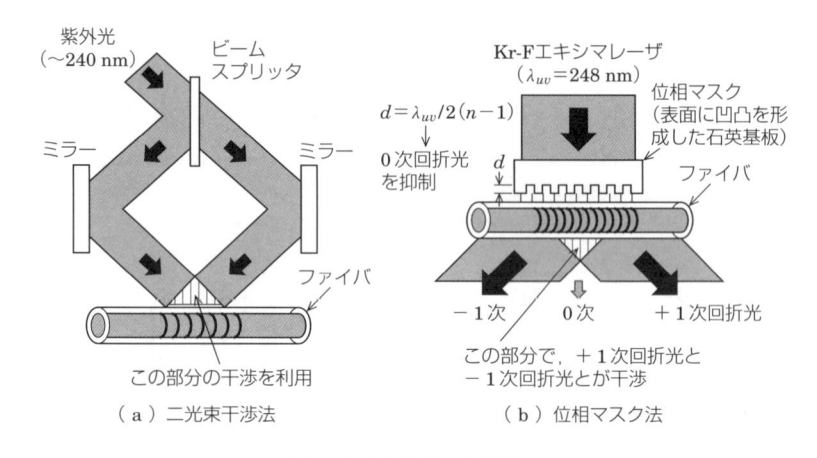

図**1.19** 回折格子の作製法

光ファイバコアの屈折率が$0 \leq z \leq L$で正弦波状，$n(z) = n_g + (\Delta n_g) \times \sin(2\pi z/\Lambda)$，に変調されているとき，FBGの中心反射波長（ブラッグ波長）λ_0と$Z=0$フィールドの反射係数rは，結合波理論から次式で与えられる[35]．

$$\lambda_0 = 2n_g\Lambda \tag{1.12}$$

$$r = \frac{-\kappa L \sinh(\gamma L)}{j\delta\beta L \sinh(\gamma L) + \gamma L \cosh(\gamma L)} \tag{1.13}$$

$$\gamma L = \sqrt{(\kappa L)^2 - (\delta\beta L)^2} \tag{1.14}$$

ここで，$\delta\beta = \beta - \beta_0$ は λ_0 からの離調量（伝搬定数）である．$\kappa = (\pi\Delta n_g/\lambda_0)\Gamma$ は結合係数と呼ばれ，前進波が単位長さを伝搬するときに，後進波に結合する割合を表す．また Γ は，結合する波どうし及び回折格子との重なり積分である．上述のように回折格子をコアに形成した場合，Γ はコアへの光閉込め率，$\Gamma = P_{\text{core}}/(P_{\text{core}} + P_{\text{clad}})$，となる．式（1.13）から計算した FBG の反射率 $R(\delta\beta L) = |r|^2$ の波長特性を図 **1.20** に示す．κL が1程度までは，sinc 関数に近い特性だが，κL が3程度になると λ_0 付近で比較的平たんな反射特性となることが分かる．

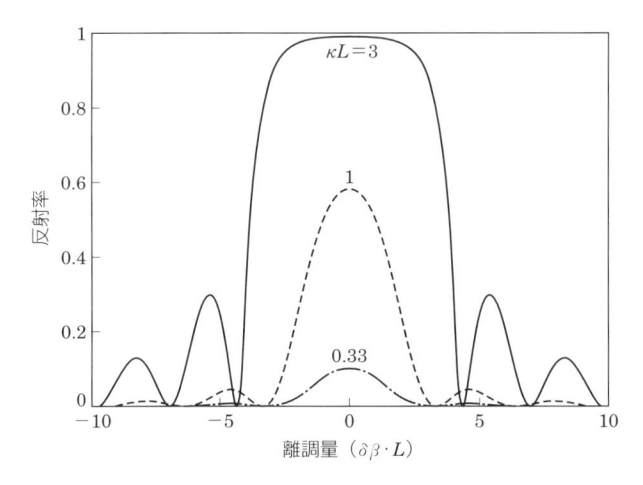

図 **1.20** FBG の反射特性

反射波長幅 $\Delta\lambda_0$（ここでは，入射光の波長を λ_0 から離調したとき，最初に反射率が0となる，λ_0 の両側の波長の間隔で定義）及び，λ_0 における反射率 R_0 は次式で与えられる．

$$\Delta\lambda_0 = \left\{\frac{\lambda_0^2}{\pi n_g L}\right\}\sqrt{\pi^2 + (\kappa L)^2} \tag{1.15}$$

$$R_0 = \tanh^2(\kappa L) \tag{1.16}$$

　式 (1.15) 右辺の$\sqrt{}$内第1項は，前進波が減衰せずに伝搬したときの反射波長幅に対応している．このとき，FBGのインパルス応答は方形波となり，そのフーリエ変換であるFBGの反射スペクトルは，式 (1.6) と同様にsinc関数に比例する．一方，結合係数が大きくなると，前進波がFBGを伝搬するとともに回折により減衰する効果が無視できず，FBGのインパルス応答は減衰波形となる．式 (1.15) 右辺の$\sqrt{}$内第2項は，その減衰波のフーリエ変換であるFBGの反射スペクトルの幅が，結合係数の増加とともに広がる効果を表している．

　式 (1.15)，(1.16) から，$\kappa L \ll 1$のとき，FBGを長くするとL^{-1}特性に従い$\Delta\lambda_0$は狭くなるが，反射率は小さいことが分かる．一方，$\kappa L \gg 1$のときは，FBGが長くなるにつれ，Lの増加による$\Delta\lambda_0$の狭さく効果は小さくなり，$\Delta\lambda_0$及び反射率R_0はそれぞれ$\lambda_0(\Delta n_g/n_g)\Gamma$，及び1に漸近する．

　FBGの特性を改善，変更する手法として，アポタイゼーション，チャーピング，長周期グレーティングなどがある．アポタイゼーションは，グレーティングの屈折率変化の大きさを，窓関数を用いて，光ファイバの長さ方向に連続的に変化させることにより，反射スペクトルのサイドモードを抑圧するものである．このようなFBGは，厳しいチャネル間遮断特性が要求されるWDM用フィルタに適する．チャーピングは，任意のスペクトル特性を得るために，光ファイバ長さ方向に回折格子の周期を変化させる手法である．その一つとして，階段的に回折格子の周期を増加させ，広帯域化を図ったFBGが作製されている．これは，EDFAの波長1,530 nm付近のASE光阻止用光フィルタなどに応用可能である．長周期グレーティングは，回折格子の周期を波長の数十～数百倍とすることにより，伝搬光を放射モードに結合させるものである．通常の短周期のものに比べ，帯域が広く，EDFAの利得等化のための透過形フィルタなどへの応用がある．

FBGをバンドパスフィルタとして利用するときは，一般に図1.18に示すように，反射光の取出しのために光サーキュレータ，あるいは，光パワーに余裕のある場合には3 dBカップラを使用する．FBGは，光伝送路との接続の容易性，反射率，遮断特性などに優れ，狭帯域光フィルタが容易に作製可能であるため，WDM通信における光フィルタ，ADM用回路，波長ルータ，光源の共振器用ミラーなどに応用されている．

AWG[40],[43]は，等間隔で並べた長さの異なる複数の導波路を，上述したPLC形スターカップラである，分岐器と結合器で挟むことにより構成している．AWGに入力された光は分岐器により分配されて，複数の導波路を伝搬する．導波路間には，導波路間隔に比例した光路差を設けているため，回折格子と同様に，導波路からの出射光は回折角分散性を有し，また，結合器により，各波長ごとに異なる出力導波路に結合される．

AWG合分波器の波長間隔$\Delta\lambda$は次式で与えられる．

$$\Delta\lambda = \frac{\Delta x}{(f \cdot m)/(n_s \cdot d)} \tag{1.17}$$

$$m = \frac{n_c \Delta L}{\lambda_0} \tag{1.18}$$

ここで，Δxは入出力導波路間の間隔，fはスラブ導波路（分岐器，結合器）の焦点距離（＝曲率半径），n_sはスラブ導波路の実効屈折率，dはAWGのピッチ，n_cは導波路の実効屈折率，ΔLは隣り合う導波路の長さの差，λ_0はAWGの中心波長で中央の出力導波路から得られる信号の波長である．

AWGの複数の導波路を伝搬する光波は，それを一体として捉えたとき，波長が$\Delta\lambda$変化するごとに，波面の傾きが$n_c \Delta L (\Delta\lambda/\lambda_0)/d$だけ増加することを考慮すると，式（1.17），（1.18）は容易に理解できよう．

mはAWGの回折次数を示す．mを大きくすることにより，狭い波長間隔で信号を合分波可能である．通常の回折格子では，次数を高くすると回折効率が低下する，あるいは，回折溝の加工精度に限界があるなどの問題により，波長分解能を上げることは容易ではない．それに対しAWGでは，PLCの低損失性を生かし，導波路の長さの差を大きくして回折次数を上げることにより，効率を損なうことなく高波長分解能を達成可能である．そのため，AWG

は高密度波長多重（DWDM: dense wavelength division multiplexing）通信における合分波，ADM，波長ルーチングなどへ応用されている．

（c）**分散補償器** 光ファイバ伝搬による信号の位相項の変化である $\exp[-i\phi(\omega)]$ を補償することにより，信号の波形劣化を防ぐ技術が分散補償技術である．分散補償技術には，非線形効果を利用して位相共役波[44]やソリトン[45]などを発生させる，あるいは，外部位相変調器を利用してプリチャーピング[46]を行うなどの能動形のものと，分散補償ファイバ[47]，PLC[39],[40]，あるいは，FBG[41],[42]などの線形素子を利用する受動形のものがある．ここでは後者のタイプを紹介する．

ファイバによる分散補償は，伝送路として使われている光ファイバの前あるいは後に，それと絶対値がほぼ等しく符号が逆の分散（遅延時間の波長に対する変化率）をもつファイバを接続することにより行う．この追加して接続するファイバを分散補償ファイバと呼ぶ．分散補償ファイバの主要な目的の一つは，波長 1.3 μm で分散が0の標準形の単一モードファイバ（SMF）を，EDFA が使用可能な 1.55 μm で高速信号の伝送路として使用可能とすることである．SMF は 1.55 μm において約 17 ps/(km·nm) という大きな分散を有するため，分散補償ファイバには，短い長さでこの値をキャンセルするために必要な，絶対値が大きくかつ負の分散値をもつことが要求される．そのため，コアとクラッドの屈折率差を大きくしコア径を小さくすることにより，1.55 μm 帯において材料よりも導波路構造が分散に及ぼす影響を大きくしている．

代表的な分散補償ファイバの屈折率分布を図 **1.21** に示す．マッチドクラッド形ファイバは，構造が単純なゆえに，低損失性，製造性に優れる．しかし，

（a）マッチドクラッド形　　（b）W 形　　（c）セグメントコア形

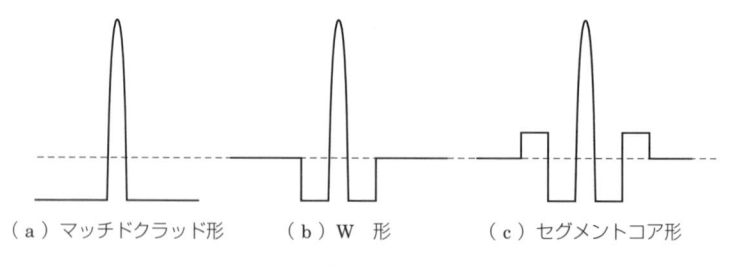

図 **1.21** 代表的な分散補償ファイバの屈折率分布

その分散スロープ（波長に対する分散の変化率）はSMFと同様に正値であるため，伝送路全体の分散が小さな値に抑えられる波長の範囲は狭い．

　W形ファイバ及びセグメントコア形ファイバは，マッチドクラッド形に比べて損失が大きくなるが，構造パラメータを工夫することにより，分散と分散スロープをともに負とし，かつ，その比をSMFとほぼ同じ値にすることが可能である．その結果，補償された伝送路の分散を広い波長範囲にわたり小さな値とすることが可能である．この特徴ゆえに，W形及びセグメントコア形の分散補償ファイバは，特に分散スロープが性能制限要因となる超高速伝送や，広い波長範囲を使用する多チャネル波長多重伝送において有効である．

　最近は，SMFだけでなく，NZ-DSFや波長1.58m帯におけるDSFの数ps/(km・nm) の分散及び約0.07 ps/(km・nm^2)の分散スロープを同時に補償可能なファイバの研究開発も行われている．

　FBG形の分散補償器には，一様グレーティング形とチャープト形がある．前者は，一様な周期でグレーティングを形成したFBGであり作成が簡易であるが，補償可能な帯域が狭い．後者は，図**1.22**に示すように，長さ方向に周期を変化させてグレーティングを形成したFBGと，光サーキュレータあるいは光方向性結合器とを組み合わせ，反射モードで使用する．波長の違いに対応して遅延時間差を生じさせることにより，正負の何れの分散にも対応した分散補償器を作成することができる．

　PLC形分散補償器の構成例を図**1.23**に示す．平面導波路基板の上に，マッハツェンダ干渉回路を多段に接続したものが形成されている．例えば，各マ

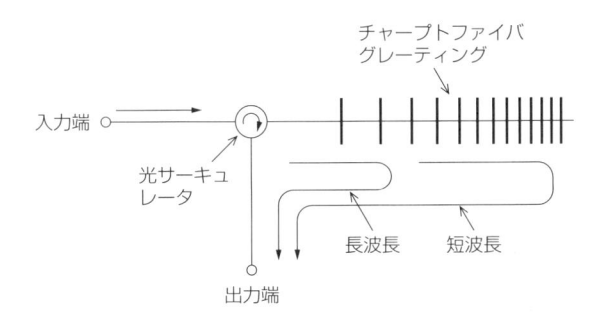

図 **1.22**　チャープトFBGを利用した分散補償器（例では短波長信号が遅れる）

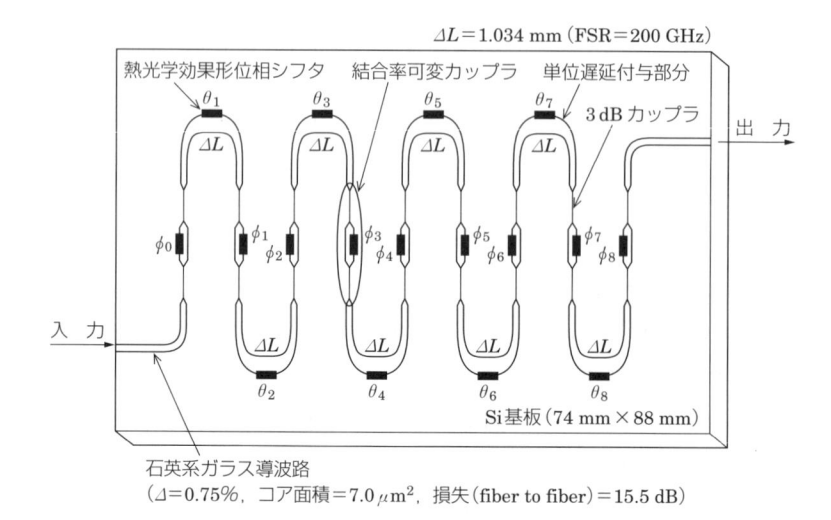

図1.23 PLC形分散補償器の構成例

ッハツェンダ干渉回路において，長いアームには短波長の信号が，短いアームには長波長の信号が伝搬するように調整することにより負の分散をもった分散補償器が実現される．更に分散スロープを補償する特性も可能である．熱光学効果を利用した位相シフタ及びカップラの結合比の調節により，$-923 \sim +653$ ps/nm の可変特性を実現している．

(2) 能動部品

(a) 光増幅器[32]　　光増幅器には，電子やイオンなどのエネルギー準位間の遷移に伴う発光（誘導発光）を利用したものと，非線形光学現象を利用したものがある．前者には，半導体レーザ構造の半導体光増幅器や，光ファイバに希土類イオンを不純物として添加した光ファイバ増幅器がある．また後者には，誘導ラマン散乱，誘導ブリユアン散乱，四光波混合などを利用した光増幅器がある．ここでは，半導体光増幅器の原理と特性について述べる．

半導体光増幅器は，入射光に刺激されて，伝導帯の電子と価電子帯の正孔が再結合し，入射光の位相に同期した光が誘導放出される現象を利用して，光増幅を行うものである．したがって，その構造はLDと同様なダブルヘテロ接合である．図1.24に示すように，端面の処理の仕方により，通常のLD

第1章 光ファイバ通信概説

種類	構造	利得特性	特徴（□長所，■短所）
共振形	活性領域	周波数	□高利得 ■高精度な波長整合が必要 ■飽和出力が小さい ■雑音が大きい
進行波形	無反射コーティング 傾斜端面 窓領域	周波数	■高度なコーティング技術が必要 ■光ファイバとの結合が困難 □高度なコーティング技術は不要 □光ファイバとの結合は比較的容易

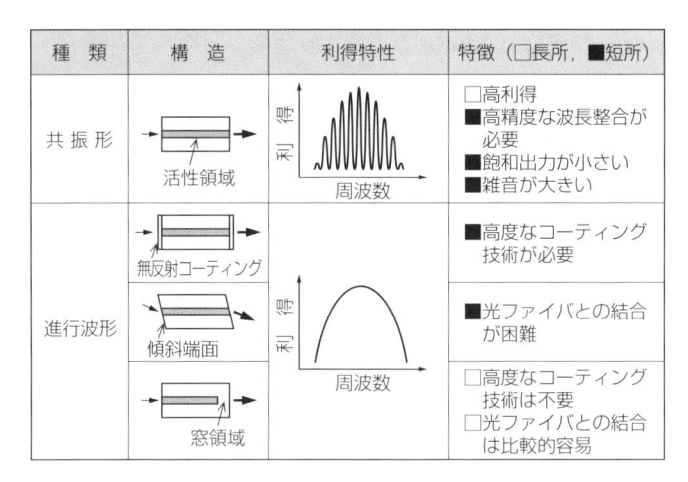

図 1.24 半導体光増幅器

と同様に共振器をもつ共振形と，両端面に無反射コーティングを施すなどして共振器をもたない構造とした進行波形に分類される．共振形は，利得スペクトルがファブリペローフィルタの波長特性と同様なリプル状を呈するため，その使用に当たっては精密な波長制御が必要とされる．また，信号光とは逆方向に伝搬する，増幅された自然放出光も，共振器端面で反射されて雑音光となるため，共振形の雑音は進行波形に比べて大きい．そのため，通信用途には主に進行波形が研究されている．

半導体光増幅器は，バンド間遷移を利用するため，離散準位間での遷移を使う光ファイバ増幅器に比べて利得帯域が広いが，雑音指数は数 dB 程度大きくなる．また，通常の半導体光増幅器では，活性層の断面が長方形のため，入射光の偏波方向により光の閉込め係数が異なり，利得偏波依存性を呈する．更に，光ファイバとの結合効率も悪くなる．活性層導波路の断面を正方形に近づけ，かつ，その入出力部分をテーパ状とすることにより，偏波無依存化と結合効率の向上を図ることが試みられている．

半導体光増幅器を線形増幅器として使用するときの大きな問題点は，キャリヤの再結合寿命が ns ないしそれ以下のため，ギガビット級の高速光伝送でも，利得飽和による相互利得変調が発生することである．利得が光信号パワーに追随して変化するため，WDM 伝送においてクロストークが生ずる．エ

ルビウムイオンの寿命は 10 ms 以上のため，エルビウム添加光ファイバ増幅器では，この問題は発生しない．

以上のように，現在のところ半導体光増幅器の特性は，光ファイバ増幅器には及ばないが，電流注入励起が可能，広波長帯域，小形，集積性などの利点を生かす研究や，相互利得変調，相互位相変調，四光波混合などの非線形性を活用した光信号処理技術などの研究が行われている．

（b）**光変調器**　　光通信では，光に情報を運ばせるために，光の強度，周波数，位相，偏光を変化させる．これを光変調と呼ぶ．LDの光は，その注入電流を変化させることにより，強度変調，周波数変調が容易に達成可能なため，LD直接変調方式は広く実用化されている．しかし，ビットレート 10 Gbit/s 以上，中継間隔数百 km の，大容量長距離光伝送システムでは，光ファイバの分散と，LDの直接変調時に発生する波長チャーピングが伝送性能を制限する支配的要因となる．そこで，光信号の発生と変調を分離した，外部変調方式が着目され，変調速度，消光比，挿入損失などの性能が優れた光変調器が研究開発されている．ここでは，$LiNbO_3$（ニオブ酸リチウム/リチウムナイオベート）光変調器[48]と半導体光変調器[49],[50]を取り上げる．

$LiNbO_3$ 光変調器は，電界の強さに比例して屈折率変化を示す，一次の電気光学効果（ポッケルス効果）を利用している．通常，$LiNbO_3$ 結晶の一番大きな電気光学係数 r_{33}（約 3×10^{-11} m/V）を利用するため，印加電界方向と伝搬光の偏光方向を図 **1.25** のように光軸（c 軸）である z 軸にとることが多い．このとき，伝搬光に対する屈折率及び位相の変化量は次式で与えられる．

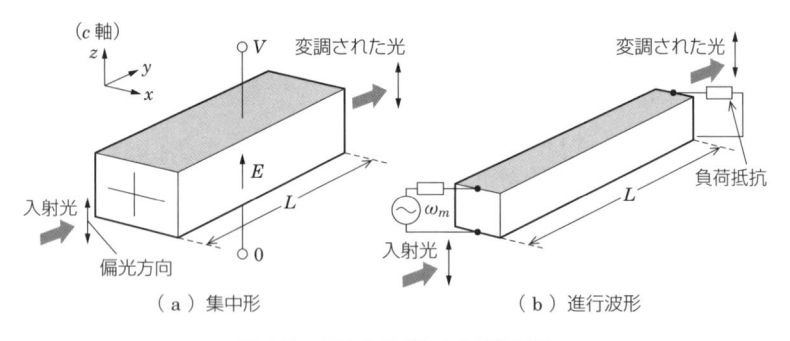

図 **1.25**　$LiNbO_3$ 結晶による位相変調

（a）集中形　　　　（b）進行波形

$$\delta n = -\left(\frac{n^3}{2}\right) r_{33} E \tag{1.19}$$

$$\Delta\phi = -\left(\frac{2\pi}{\lambda}\right)\delta n L = \left(\frac{\pi L}{\lambda}\right) n^3 r_{33} E \tag{1.20}$$

ここで，n は結晶の屈折率，E は電界強度，L は結晶の長さ，λ は光の波長である．

広帯域動作のためには，変調方式を集中形ではなく，進行波形として光と変調電界の伝搬速度の整合をとる必要がある．しかしながら進行波形として高周波の変調度の低下を防いだとしても，バルク形光変調方式である限り，光の回折制限により，帯域幅当りの変調電力は W/GHz 程度に達してしまう．そこで，$LiNbO_3$ の基板表面に Ti を熱拡散させて薄膜光導波路を作製する技術が開発された．この導波路作製技術と，導波路構造，電極構造の工夫などにより，従来のバルク形光変調器の性能限界を超えた，広帯域，小形，低駆動電圧な光変調器が実現されている．

各種 $LiNbO_3$ 光変調器の構造と特徴を図 **1.26** に示す．

位相変調器（周波数変調器）は，直線導波路で実現される．

強度変調器は，位相変化を強度変調に変化させるために，(1) マッハツェンダ干渉計の二つの光路で異なる光位相変調を行う（マッハツェンダ形），あるいは，(2) 二つの近接する導波路の屈折率を変化させ，導波路間の分布結合を変化させる（方向性結合器形）ことにより実現される．一般的に，マッハツェンダ形は，方向性結合器形に比べ，同一の消光比達成のために要求される寸法精度がゆるく，作製しやすい．また，マッハツェンダ干渉計の二つの光路での位相変化がそれぞれ，$\Delta\phi$，$-\Delta\phi$ となる，プッシュプル（push-pull）動作により，強度変調に伴う波長チャープを本質的になくすことが可能である．なお，マッハツェンダ形光変調器は，導波光の分配・結合に，Y 分岐を使うものと 3 dB 結合器を使うもの（バランスブリッジ形）に分類される．後者は，二つの出力導波路でそれぞれ $\sin^2\Delta\phi$，$\cos^2\Delta\phi$ で変化する光出力が得られるため，信号分配形光通信方式において，変調光を有効に活用する観点から有用である．

偏光変調器は，直交する二つの偏光状態（SOP: state of polarization）を

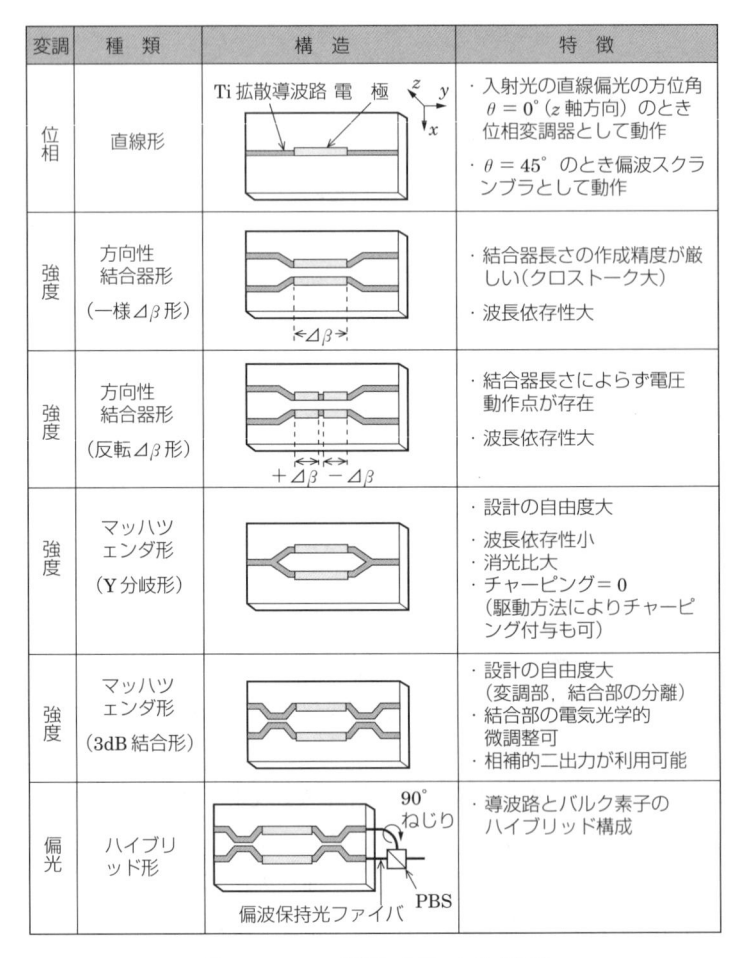

変調	種類	構造	特徴
位相	直線形	Ti拡散導波路 電極	・入射光の直線偏光の方位角 $\theta = 0°$ (z軸方向) のとき位相変調器として動作 ・$\theta = 45°$ のとき偏波スクランブラとして動作
強度	方向性結合器形（一様$\Delta\beta$形）	$\leftarrow\Delta\beta\rightarrow$	・結合器長さの作成精度が厳しい（クロストーク大） ・波長依存性大
強度	方向性結合器形（反転$\Delta\beta$形）	$+\Delta\beta\ -\Delta\beta$	・結合器長さによらず電圧動作点が存在 ・波長依存性大
強度	マッハツェンダ形（Y分岐形）		・設計の自由度大 ・波長依存性小 ・消光比大 ・チャーピング = 0（駆動方法によりチャーピング付与も可）
強度	マッハツェンダ形（3dB結合形）		・設計の自由度大（変調部, 結合部の分離） ・結合部の電気光学的微調整可 ・相補的二出力が利用可能
偏光	ハイブリッド形	90°ねじり PBS 偏波保持光ファイバ	・導波路とバルク素子のハイブリッド構成

図 1.26　LiNbO$_3$導波路を用いた光変調器

切り換えるものである．その一例（ハイブリッド形）は，上述したマッハツェンダ形光強度変調器の二つの出力光を，互いの偏波方向を直交させて結合させることにより構成可能である．偏光変調器は，偏波変調光通信方式の光変調器として使われるだけでなく，偏波スクランブラとしても有用である[51]．偏波スクランブラは，多中継光増幅方式伝送路の偏波依存性損失による伝送特性の劣化を抑制するのに有効であることが示されている．

第1章 光ファイバ通信概説

　半導体光変調器は，その挿入損失は現在10 dB程度と大きいが，光源や光検出器とのモノリシック集積化が可能という特長がある．半導体光変調器は，図1.27に示すように屈折率変化を利用するものと吸収係数変化を利用するものに分類される．

	メカニズム	特　徴
屈折率変調形	・ポッケルス効果 ・プラズマ効果 ・QCSE + K-K	・素子寸法大 ・高速動作が比較的困難
吸収変調形	・F-K	・バルク形(InGaAsP)は偏波および波長依存性が少ない ・チャーピングが少ない
	・QCSE	・MQW構造(InGaAs/InAlAs系) ・駆動電圧低 ・偏波，波長依存性大 ・チャーピングあり 　($\alpha \sim 1$：波長依存性大)

図1.27　半導体光変調器

　屈折率変化を利用した導波路形光強度変調器は，$LiNbO_3$と同様に，方向性結合器やマッハツェンダ干渉計の構成をとる．TE/TM波の伝搬定数や閉込め係数が異なるため，偏光依存性は大きい．屈折率変化の主なメカニズムは，プラズマ効果，あるいは，量子閉込めシュタルク効果（QCSE: quantum-confined-Stark effect）による吸収スペクトル変化とクラマース・クローニヒ（K-K: Kramers-Kronig）の関係に基づくものである．

　吸収係数変化を利用する変調器は，電界吸収形変調器（electro-absorption modulator: EA変調器）と呼ばれ，その形状は，構造が簡単な直線である．吸収係数変化利用形は更にバルク半導体結晶のフランツ・ケルディッシュ（F-K: Franz-Keldysh）効果を利用するもの[49]と，多重量子井戸（MQW: multi-quantum well）構造の半導体結晶のQCSEを利用するもの[50]に分類される．

　F-K効果は，半導体に高い電界を加えると，トンネル効果により，電子及びホールを禁制帯にも見い出す確率が増えるため，吸収端波長が電界の2乗に比例して長波長側に移動し，禁制帯エネルギーギャップより小さいエネ

ギーの光が吸収される現象である．1.55μm帯バルク光変調器では，通常InGaAsPが用いられる．F-K効果を用いるバルク半導体光変調器は，偏光依存性及び波長依存性が少ないのが特長である．図**1.28**に示すように，印加電圧に対する透過特性は非線形となり，正弦波電気入力により，sech^2形の短光パルスが直接にかつ安定に生成できる．またチャーピングも少なく，フーリエ変換限界（transform limited）に近い光パルスが得られるため，F-K効果を用いるバルク半導体光変調器を，光ソリトン信号の生成に応用した例が報告されている．

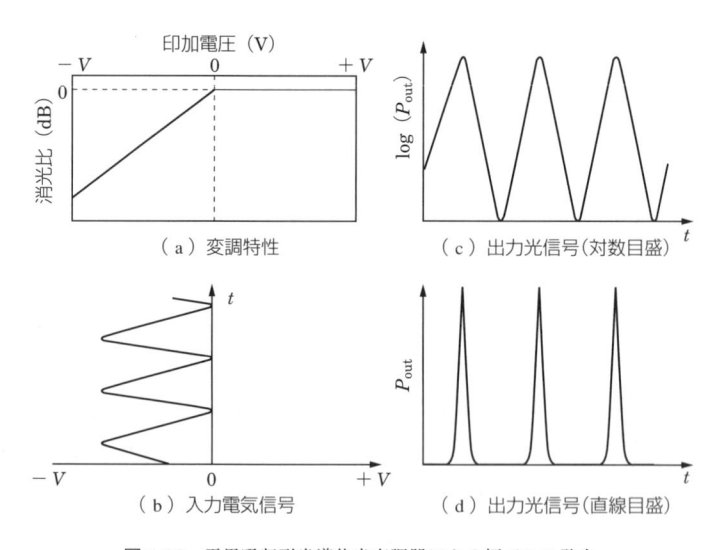

(a) 変調特性
(b) 入力電気信号
(c) 出力光信号(対数目盛)
(d) 出力光信号(直線目盛)

図 **1.28** 電界吸収形半導体光変調器による短パルス発生

QCSEは，励起子の光吸収に伴う急峻な吸収ピーク波長が，電界強度の二乗に比例して長波長側にシフトする現象である．その結果，吸収端波長近傍では吸収係数が大きく変化する．そこで，活性層となるMQW構造を，電界を加えるためのp及びn形のクラッド層で挟んだ導波路構造とする．1.55μm帯変調器のMQWの井戸層/障壁層には，InGaAsP/InAlAsやInGaAsP/InGaAsPの材料系が使用されている．MQW構造の電界効果はバルクに比べて大きく，素子長を短くできるので，集中定数形の電極を用いて100 GHzにせまる高速化，及び低駆動電圧化が可能である．帯域，駆動電圧，消

光比，素子長として，40 GHz，1 V，15 dB，100 μm，あるいは，50 GHz，3.4 V，20 dB，63 μm などの報告がある．変調特性の偏光依存性は，ひずみMQWの導入による改善が図られている．また，MQW吸収形光変調器とDFBレーザをモノリシック集積した，低チャープ光源（αパラメータ，α＜1）も報告されている．

（3） 非相反部品

（a） 光アイソレータ[38]　　光アイソレータは順方向の光は進行させ，逆方向の光は遮断するデバイスである．光コネクタ，光ファイバ，光変調器などの光回路からの反射光によってLDの雑音が増加することの防止，あるいは光ファイバ増幅器の動作の安定化などに使用される．

基本的な光アイソレータは，図1.29に示すように，偏光通過軸が互いに45度ずれた二つの偏光子で，45度ファラデー回転子を挟むことにより構成される．45度ファラデー回転子は，光の偏波面を，その進行方向にかかわらず，同一方向から観測したとき，同じ回転方向に45度回転させる（旋光子と異なることに注意．旋光子は光の進む方向から観測したとき，同じ向きに回転さ

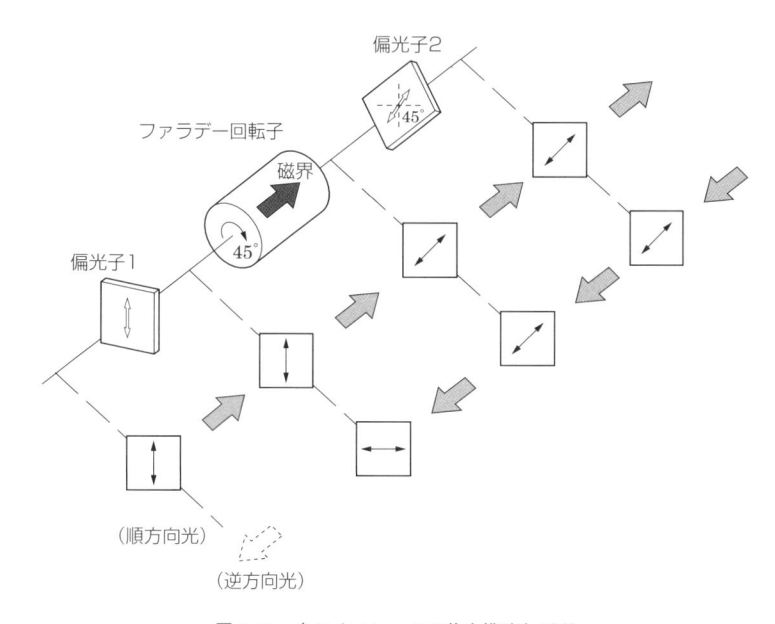

図1.29　光アイソレータの基本構造と原理

せる).そのため,順方向に進む光は,偏光子1を通過し,偏光子2も通過する.一方,逆方向に進む光は偏光子2を通過しても偏光子1により遮断される.

図1.29に示すアイソレータでは,順方向に進む光であっても,その偏波面が偏光子1の通過軸と一致しない場合には,通過損が増大する.そこで,入射光の偏波状態にかかわらず使用可能な,偏波無依存形光アイソレータが開発された[52],[53].その構成例を図**1.30**(a),(b)に示す.

図1.30(a)の構成では,順方向に入射した光は,偏波分離素子として働く複屈折板1により直交した偏波をもつ二つのビームに分離されたのち,それぞれファラデー回転子により45度の回転を受ける.二つのビームは,更に半波長板により,ファラデー回転子のときと同一の方向に45度の回転を受けた後,複屈折板2により再び一つのビームとして結合され,効率良く光ファイバに入射される.一方逆方向に進む光に対しては,半波長板による偏波面の回転が,ファラデー回転子により補償されるため,二つの複屈折板は相加的に働く.その結果,二つの直交偏波ビームが複屈折板1から出射する位置は,順方向に進む光が入射した位置からずれたものとなるため,逆方向に進む光は光ファイバに結合されない.

図1.30(b)の構成では,光軸(c軸)が互いに45°をなす2枚のくさび形の複屈折板(ルチル)でファラデー回転子を挟んでいる.順方向に入射した光は,くさび1により異なる屈折角で進む常光と異常光に分離される.くさび2では,それぞれそのまま常光と異常光として進むので,平行ビームに戻されてからレンズで集光されて光ファイバに結合される.逆方向に進む光は,くさび2で常光及び異常光であったものは,くさび1ではそれぞれ異常光及び常光に入れ換わるため,角度をもった光線としてくさび1から出射される.そのため,逆方向光は光ファイバに結合しない.

一般に,偏波無依存形光アイソレータでは,偏波分離素子により偏波が直交した二つの光ビームが異なった光路を伝搬する.そのため,構成によっては,二つの光ビーム間で光路差すなわち偏波分散が生ずる.近年の伝送速度の高速化に伴い,光アイソレータを含む光ファイバ増幅器を数多く使用する長距離光通信システムでは,光アイソレータで発生し得る1 ps程度の偏波分

第1章 光ファイバ通信概説

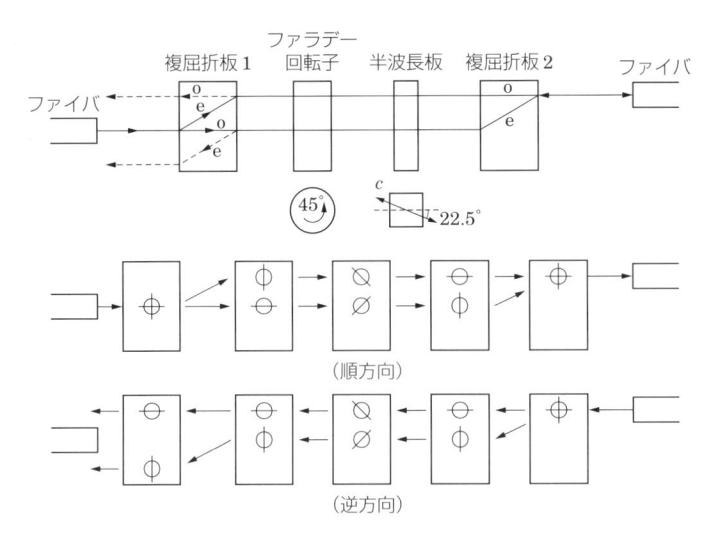

(a) 複屈折板と半波長板を用いた偏波無依存形光アイソレータ

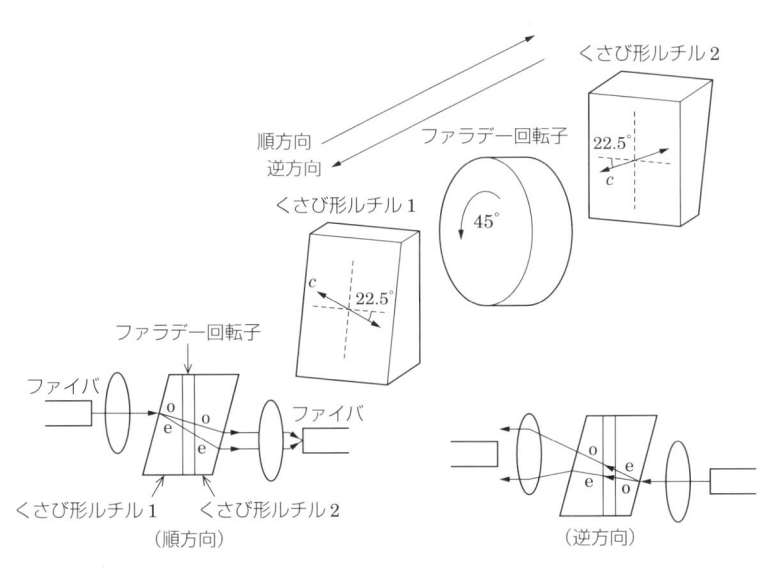

(b) くさび形複屈折結晶を用いた偏波無依存形光アイソレータ

図 1.30 偏波無依存光アイソレータの構成（o: 常光，e: 異常光）

散も問題となる．上記図1.30 (a) の構成では，原理的に偏波分散は生じないが，図1.30 (b) の構成では，光路差がキャンセルされず0.8 ps程度の偏波分散が発生する．そこで，分散補償用の複屈折板を追加するなどの工夫がなされている．

ファラデー回転子の材料には，長波長帯（1.3〜1.55 μm）では，ファラデー回転係数（単位長さ当りのファラデー回転角）の絶対値が大きく，また，外部磁界によって容易に飽和が起きる，強磁性体のYIG（$Y_3Fe_5O_{12}$）やBi置換希土類ガーネット厚膜が使われる．後者は前者に比べ，ファラデー回転係数の温度依存性や波長依存性が大きいという欠点を有する．しかし，ファラデー回転係数は1桁程度大きく，また，新たに開発されたLPE（液相エピタキシャル）法により，品質に優れたものが量産可能であるため，小形で低価格なものが市販されている．なお，短波長帯では，強磁性体の吸収係数は増大するため，常磁性あるいは反磁性材料が使われる．これらの材料の偏光面回転角は印加磁界に比例するが，その比例係数であるベルデ定数は小さいため，一般に大きな磁石が必要とされる．またベルデ定数の波長依存性は大きく，ほぼ$\lambda^{-2.3}$に比例する．

(b) 光サーキュレータ　光サーキュレータは，信号が伝搬する順にそのポート番号をつけると，ポートnからの信号は，ポート（$n+1$）には伝搬

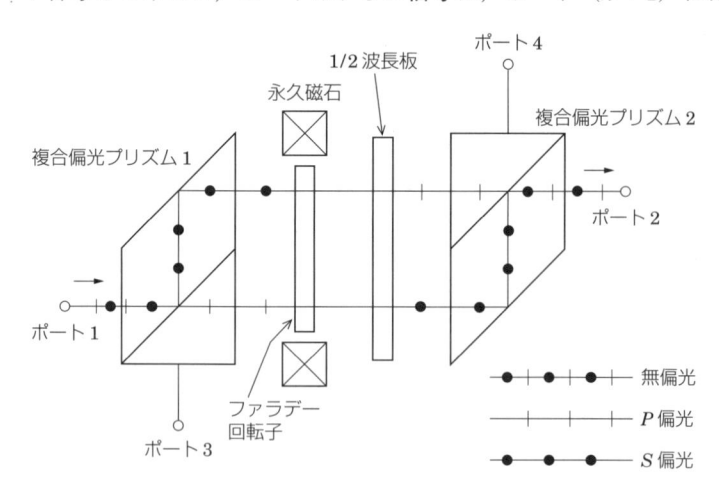

図 **1.31**　光サーキュレータの動作原理（ポート1→ポート2）

第1章 光ファイバ通信概説

するが，$(n+1)$ 以外のポートには伝搬しないデバイスである．4ポート光サーキュレータの構成例を図**1.31**に示す[54]．光アイソレータと同様に，偏波分離素子，ファラデー回転子，半波長板などから構成される．図1.30（a）に示した偏波無依存形光アイソレータと同様の原理により，ポート1に入射した信号はポート2に出力されるが，その逆にポート2に入射した信号はポート1に出力されず，ポート3に出力されることが分かる．ほかのポートに関しても同様に考えることができ，ポート1→2→3→4→1の方向に信号が伝搬するが，その他の方向の信号は遮断される．光サーキュレータは，双方向光増幅器や，**FBG**と組み合わせた**ADM**フィルタ，分散補償器などへ応用されている．

参 考 文 献

[1] 末松安晴，伊賀健一，"光ファイバ通信入門，"改訂3版，オーム社，1990.
[2] 大越孝敬，岡本勝就，保立和夫，"光ファイバ，"オーム社，1983.
[3] F. P. Kapron, D. B. Keck, and R. D. Maurer, "Radiation losses in glass optical waveguides," Appl. Phys. Lett., vol. 17, no. 7, p. 423, 1970.
[4] I. Hayashi, M. B. Panish, P. W. Foy, and S. Sumski, "Junction lasers which operate continuously at room temperature," Appl. Phys. Lett., vol. 17, no. 3, p. 109, 1970.
[5] 島田禎晋，内田直也，"中小容量光伝送方式最終現場試験の概要，"通研実報，vol. 30, no. 9, pp. 2121-2132, 1981.
[6] 岩橋栄治，福富秀雄，"F-400 M方式の概要，"通研実報，vol. 32, no. 3, pp. 575-582, 1983.
[7] 木村英俊，中川清司，"F-1.6 GHz方式の概要，"通研実報，vol. 36, no. 2, pp. 153-160, 1987.
[8] 縄田喜代志，"光CATVの現状，"平成4年度光通信システムシンポジウム，OCS92-2S, 1992.
[9] D. Rosenberger and H. H. Witte, "Optical LAN activities in Europe," IEEE J. Lightwave Technol., vol. 3, no. 3, pp. 432-437, 1985.
[10] J. Minowa, et al., "Development of fiber-optic local area networks in Japan," IEEE J. Lightwave Technol., vol. 3, no. 3, pp. 438-447, 1985.
[11] M. Nakazawa, Y. Kimura, and K. Suzuki, "Soliton amplifiication and transmission wit an Er^{3+}-doped fiber repeater pumped by InGaAsP laser diodes," Opt. Fiber Commun. Conf., PD 2, 1989.
[12] K. Hagimoto, K. Iwashita, A. Takada, M. Nakazawa, M. Saruwatari, K. Aida, K. Nakagawa, and M. Horiguchi, "A 212 km non-repeated transmission experiment at 1.8 Gb/s using LD pumped Er^{3+}-doped fiber amplifiers in an IM/direct-detection repeater system," Opt. Fiber Commun. Conf., PD 15, 1989.
[13] "Special issue on broad-band optical networks," J. Lightwave Technol.,vol. 11, no. 5/6, pp. 665-1124, 1993.
[14] "Special issue on multiwavelength optical technology, and networks," J. Lightwave Technol., vol. 14, no. 6, pp. 932-1454, 1996.
[15] "Special issue on optical networks," IEEE J. Select. Areas Commun., vol. 14, no. 5, pp.

761-1056, 1996.
- [16] 石尾秀樹, 伊藤 武, 四十木守, "長スパン海底光伝送方式," NTT R & D, vol. 43, no. 11, pp. 1175-1180, 1994.
- [17] 古賀正文, 高知尾昇, 宮本 裕, "波長多重光伝送システムの現状と将来," 信学誌, vol. 83, no. 7, pp. 569-575, 2000.
- [18] "特集「光アクセスネットワークの研究開発」," NTT R & D, vol. 44, no. 12, pp. 1141-1176, 1995.
- [19] "特集「Taking off, FTTH」," NTT技術ジャーナル, vol. 9, no. 4, pp. 8-41, 1997.
- [20] 野田健一 (編), "光ファイバ伝送," 電子通信学会, 1978.
- [21] 大越孝敬, 伊澤達夫 (監修), "光通信技術," オーム社, 1991.
- [22] 岡田賢治, 渡辺隆市, "低速光加入者伝送システムの構成法," NTT R & D, vol. 42, no. 7, 1993.
- [23] 張替一雄, 吉村勝仙, 三鬼準基, 吉永尚生, "通信/映像分配サービス用光アクセスシステム," NTT R & D, vol. 44, no. 12, pp. 1163-1170, 1995.
- [24] E. Yoneda, K. Suto, K. Kikushima, and H. Yoshinaga, "Erbium-doped fiiber ampifiiers fo all-fiiber video distributio (AFVD) systems," IEICE Trans. Commun., vol. E75-B, no. 9, pp. 850-860, 1992.
- [25] E. Hall, J. Kravitz, R. Ramaswami, M. Halvorson, S. Tenbrink, and R. Thomsen, "The Rainbow-II Gigabit optical network," IEEE J. Select. Areas Commun., vol. 14, no. 5, pp. 814-823, 1996.
- [26] H. Toba, K. Oda, K. Inoue, K. Nosu, and T. Kitoh, "An optical FDM-based self-healing ring network employing arrayed waveguide grating filters and EDFA's with level equalizers," IEEE J. Select. Areas Commun., vol. 14, no. 5, pp. 800-813, 1996.
- [27] W. I. Way, "Subcarrier multiplexed lightwave system design considerations for subscriber loop. applications," J. Lightwave Technol., vol. 7, no. 11, pp. 1806-1818, 1989.
- [28] 盛岡敏夫, 森 邦雄, 内山健太郎, 猿渡正俊, "全光処理を用いた超高速光パルス分離技術," NTT R & D, vol. 42, no. 5, pp. 669-678, 1993.
- [29] 島田禎晋 (監修), "コヒーレント光通信," 電子情報通信学会, 1988.
- [30] 大越孝敬, 菊池和朗, "コヒーレント光通信工学," オーム社, 1989.
- [31] A. Yariv (著), 多田邦雄, 神谷武志 (訳), "光エレクトロニクスの基礎," 原著第3版, 丸善, 1988.
- [32] 石尾秀樹 (監修), "光増幅器とその応用," オーム社, 1992.
- [33] G. P. Agrawal, "Nonlinear Fiber Optics," Second Edition, Academic Press, 1995.
- [34] K. Kikushima, "Using equalizers to offset the deterioration in SCM video transmission due to fiiber dispersion and EDFA gain tilt" J. Lightwave Technol., vol. 10, no. 10, pp. 1443-1449, 1992.
- [35] 伊藤良一, 中村道治 (共編), "[基礎と応用] 半導体レーザ," 培風館, 1989.
- [36] 米津宏雄, "光通信素子工学―発光・受光素子―," 工学図書, 1987.
- [37] Y. Tohmori, et al., "Broad-range wavelength-tunable superstructure grating (SSG) DBR lasers," IEEE J. Quantum Electron., vol. 29, no. 6, pp. 1817-1823, 1993.
- [38] 川上彰二郎, 白石和男, 大橋正治, "光ファイバとファイバ形デバイス," 培風館, 1996.
- [39] 鈴木扇太, 河内正夫, "石英系プレーナ光回路," 信学論 (C-I), vol. J77-C-I, no. 5, pp. 184-193, 1994-05.
- [40] 岡本勝就, "最近の光デバイスと光設計," 光学, vol. 25, no. 12, pp. 696-702, 1996-12.
- [41] 小向哲郎, 中沢正隆, "光ファイバグレーティング," 信学誌, vol. 79, no. 12, pp. 1245-1247, 1996-12.
- [42] 井上 享, 岩島 徹, 角井素貴, 茂原政一, 服部保次, "ファイバーグレーティングとその応用," 応

応用物理, vol. 66, no. 1, pp. 33-36, 1997-01.
[43] H. Takahashi, S. Suzuki, and I. Nishi, "Wavelength multiplexer based on SiO_2-Ta_2O_5 arrayed-waveguide grating," J. Lightwave Technol., vol. 12, no. 6, pp. 989-995, 1994.
[44] 左貝潤一, "位相共役光学," 朝倉書店, 1990.
[45] 中沢正隆, 木村康郎, 鈴木和宣, "光ファイバ中の非線形光学効果と光ソリトン通信技術の展望," NTT R & D, vol. 42, no. 11, pp. 1317-1326, 1993-11.
[46] N. Henmi, T. Saito, and T. Ishida, "Prechirp technique as a linear dispersion compensation for ultrahigh-speed long-span intensity modulation directed detection optical communication systems," J. Lightwave Technol., vol. 12, no. 10, pp. 1706-1719, 1994.
[47] 小倉邦男, "分散補償光ファイバーの最近の開発状況," 応用物理, vol. 64, no. 1, pp. 28-31, 1995-01.
[48] 西原 浩, 春名正光, 栖原敏明, "光集積回路," 改訂増補版, オーム社, 1993.
[49] M. Suzuki, Y. Noda, H. Tanaka, S. Akiba, Y. Kushiro, and H. Issiki, "Monolithic integration of InGaAsP/InP distributed feedback laser and electroabsorption modulator by vapor phase epitaxy," J. Lightwave Technol., vol. 5, no. 9, pp. 1277-1285, 1987.
[50] K. Wakita, I. Kotaka, O. Mitomi, H. Asai, Y. Kawamura, and M. Naganuma, "High-speed InGaAlAs/InAlAs multiple quantum well optical modulators," J. Lightwave Technol., vol. 8, no. 7, pp. 1027-1032, 1990.
[51] F. Heismann, D. A. Gray, B. H. Lee, and R. W. Smith, "Electrooptic polarization scramblers for optically amplified long-haul transmission systems," IEEE Photon. Technol. Lett., vol. 6, no. 9, pp. 1156-1158, 1994.
[52] T. Matsumoto, "Polarization-independent isolators for fiber optics," Trans. IECE Jpn., vol. E62, no. 7, pp. 516-517, 1979.
[53] M. Shirasaki and K. Asama, "Compact optical isolator for fibers using birefringent wedges," Appl. Opt., vol. 21, no. 23, pp. 4296-4299, 1982.
[54] H. Iwamura, H. Iwasaki, K. Kubodera, Y. Torii, and J. Noda, "Simple polarisation-independent optical circulator for optical transmission systems," Electron. Lett., vol. 15, no. 25, pp. 830-831, 1979.

第 2 章

光ファイバ

2.1 光ファイバ中の光波の線形伝搬

2.1.1 基本的事項

光ファイバの構造は，基本的には屈折率の高い中央部のコアとその周辺部のクラッドから構成される．図 2.1 (a) に概念図を示すが，コアの中を光が伝搬していくことを直感的に理解するには以下のように考えればよい．すなわち，ファイバの端面に対して角度 α で入射した光は角度 ϕ の方向に屈折し，コアとクラッドの境界において角度 θ で入射する．もし，θ が臨界角より大きければ光は境界部で全反射され，コア内を反射を繰り返しながら伝搬する．

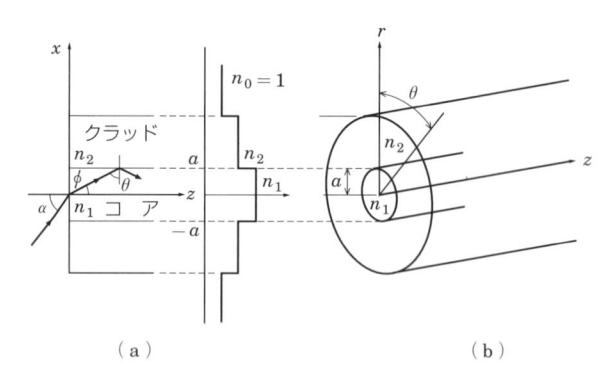

図 2.1 光ファイバ中での光伝搬のモデル図

以下では，光の伝搬の様子を理論的に解析する．

コアの屈折率をn_1，クラッドの屈折率をn_2，コアの半径をaとすると，屈折率分布$n(r)$は次式のように表すことができる．

$$\begin{aligned} n(r) &= n_1 & (r<a \text{ のとき}) \\ &= n_1\sqrt{1-2\Delta}(=n_2) & (r>a \text{ のとき}) \end{aligned} \right\} \quad (2.1)$$

ただし，Δは比屈折率差であり，以下の式で表すことができる．

$$\Delta = \frac{n_1^2 - n_2^2}{2n_1^2} \fallingdotseq \frac{n_1 - n_2}{n_1} \quad (2.2)$$

真空中の誘電率を$\varepsilon_0 (= 8.854 \times 10^{-12}\ \text{F/m})$とすると，ファイバ内の誘電率$\varepsilon$は，

$$\varepsilon = \varepsilon_0 n^2 \quad (2.3)$$

と置くことができる．

図2.1 (b) のような円筒座標系を考え，z方向に伝搬する電磁界成分を

$$\boldsymbol{E} = E(r,\theta)\exp[j(\omega t - \beta z)] \quad (2.4)$$

$$\boldsymbol{H} = H(r,\theta)\exp[j(\omega t - \beta z)] \quad (2.5)$$

と表し，マクスウェルの方程式

$$\nabla \times \boldsymbol{E} = -\frac{\mu \partial \boldsymbol{H}}{\partial t} \quad (2.6)$$

$$\nabla \times \boldsymbol{H} = -\frac{\varepsilon \partial \boldsymbol{E}}{\partial t} \quad (2.7)$$

に代入して若干の変形を行うことにより，E_z，H_zに対するスカラ波動方程式が得られる[1],[2]．

$$\frac{\partial^2 E_z}{\partial r^2} + \frac{1}{r}\frac{\partial E_z}{\partial r} + \frac{1}{r^2}\frac{\partial^2 E_z}{\partial \theta^2} + (k_0^2 n^2 - \beta^2)E_z = 0 \quad (2.8)$$

$$\frac{\partial^2 H_z}{\partial r^2} + \frac{1}{r}\frac{\partial H_z}{\partial r} + \frac{1}{r^2}\frac{\partial^2 H_z}{\partial \theta^2} + (k_0^2 n^2 - \beta^2)H_z = 0 \quad (2.9)$$

式(2.8)及び式(2.9)は，同じ形をしており，例えば前者の解を，次式で仮定する．ただし，Aは境界条件で決まる定数である．

$$E_z(r,\theta) = Af(r)g(\theta)\exp[j(\omega t - \beta z)] \tag{2.10}$$

$g(\theta)$ については, $E_z(r,\theta)$ の θ 依存性は 2π の周期性をもつ必要性から,

$$g(\theta) = \exp(jm\theta) \tag{2.11}$$

と置ける. ただし, m は整数である.

一方, $f(r)$ については

$$\frac{\partial^2 f(r)}{\partial r^2} + \frac{1}{r}\frac{\partial f(r)}{\partial r} + \left(\kappa^2 - \frac{m^2}{r^2}\right)f(r) = 0 \tag{2.12}$$

を満足する必要がある. ただし,

$$\kappa^2 = k_0^2 n^2 - \beta^2 \tag{2.13}$$

ここで, 屈折率 n は式 (2.1) に示すとおりコア内で n_1, クラッド内で n_2 である.

式 (2.12) はベッセルの微分方程式であり, コア内での解は, 第1種ベッセル関数 $J_m(\kappa r)$ とノイマン関数 $N_m(\kappa r)$ の線形結合で与えられるが, コア中心で有限な解をもつ必要から, 第1種ベッセル関数のみが解となる. また, クラッド内では, 第1種変形ベッセル関数 $I_m(\gamma r)$ と第2種変形ベッセル関数 $K_m(\gamma r)$ の線形結合で表されるが, r が大きな領域で $f(r)$ は0に収束する必要から, 第2種変形ベッセル関数のみが解となる. すなわち,

$$f(r) = J_m(\kappa r) \quad (r \leq a \text{ のとき}) \tag{2.14}$$

$$f(r) = K_m(\gamma r) \quad (r \geq a \text{ のとき}) \tag{2.15}$$

ここで,

$$\kappa^2 = k_0^2 n_1^2 - \beta^2 \tag{2.16}$$

$$\gamma^2 = \beta^2 - k_0^2 n_2^2 \tag{2.17}$$

同様な手順で, 磁界 H_z についても導出できる. 電界及び磁界について, コアとクラッドの境界における接線成分の連続の条件より, E_z, H_z, E_θ 及び H_θ は, $r = a$ で等しくなければならない. これらの境界条件を満足する有限の解

を得るためには，下記の特性方程式を得る[3], [4].

$$\left[\frac{J'_m(\kappa r)}{\kappa J_m(\kappa r)}+\frac{K'_m(\gamma r)}{\gamma K_m(\gamma r)}\right]\left[\frac{J'_m(\kappa r)}{\kappa J_m(\kappa r)}+\frac{n_2^2}{n_1^2}\frac{K'_m(\gamma r)}{\gamma K_m(\gamma r)}\right]$$

$$=\left[\frac{m\beta k_0\left(n_1^2-n_2^2\right)}{a\kappa^2\gamma^2 n_1}\right]^2 \tag{2.18}$$

ここで，$J'_m(\kappa r)$ の ′ は r による微分を示す．式 (2.18) を解くには，式 (2.16) と (2.17) より得られる次の式が重要である．

$$\kappa^2+\gamma^2=\left(n_1^2-n_2^2\right)k_0^2 \tag{2.19}$$

一般に，式 (2.18) は，整数 m に対していくつかの解をもつ．慣例的にその解は，β_{mn} の形で表される．ここで，m, n は整数である．それぞれの固有値 β_{mn} は，ファイバ内に存在し得る一つのモードに対応する．光ファイバにおけるモードは，進行方向の電界成分が0となるTEモード，進行方向の磁界成分が0となるTMモード，すべての成分を有するハイブリッドモードに分類される．

弱導波路近似[5]（屈折率差が1よりも十分に小さく，$n_1 \fallingdotseq n_2$ とみなせるという近似）が成立する場合，TEモード，TMモード及びハイブリッドモードは同じ特性方程式で記述でき同一の伝搬定数をもつことになる．このような近似をおいて得られるモード群はLPモード（linearly polarized mode）と呼ばれる[6]．表2.1にLPモードを従来のモードと関連付けてまとめて示す．

表 2.1 LPモードの分類

LPモード	従来の名称	特性方程式
LP$_{0m}$モード ($p=0$)	HE$_{1,m}$モード	$\dfrac{J_1(\kappa_a)}{J_0(\kappa_a)}=\dfrac{\gamma_a}{\kappa_a}\cdot\dfrac{K_1(\gamma_a)}{K_0(\gamma_a)}$
LP$_{1m}$モード ($p=1$)	TE$_{0,m}$モード TM$_{0,m}$モード HE$_{2,m}$モード	$\dfrac{J_1(\kappa_a)}{J_0(\kappa_a)}=\dfrac{\kappa_a}{\gamma_a}\cdot\dfrac{K_1(\gamma_a)}{K_0(\gamma_a)}$
LP$_{pm}$モード ($p\geq 2$)	EH$_{p-1,1}$モード HE$_{p+1,1}$モード	$\dfrac{J_p(\kappa_a)}{J_{p-1}(\kappa_a)}=-\dfrac{\kappa_a}{\gamma_a}\cdot\dfrac{K_p(\gamma_a)}{K_{p-1}(\gamma_a)}$

2.1.2 単一モードファイバ

（1） 単一モード条件

基本モードLP_{01}のみが伝搬するような構造のファイバを単一モードファイバと呼ぶ．図**2.2**は，LPモードの規格化周波数と規格化伝搬定数の関係を示したものである[7]．基本モードLP_{01}の次の高次モードであるLP_{11}モードの伝搬定数が0になるとき，規格化伝搬定数は，$v=2.4$であるので，単一モードの条件は，

$$v = \frac{2\pi}{\lambda} a n_1 \sqrt{2\Delta} < 2.4 \tag{2.20}$$

を満足すればよいことが理解できる．すなわち，式（2.20）を満足するとき単一モードファイバとなる．例えば，$2a=10\,\mu m$，$\Delta=0.3\%$，$n_1=1.45$とすると波長$\lambda c=1.45\,\mu m$以上で単一モードファイバとなる．$v=2.4$となる波長（λc）をカットオフ波長と呼ぶ．基本モードの電磁界分布を図**2.3**に示す[1]．

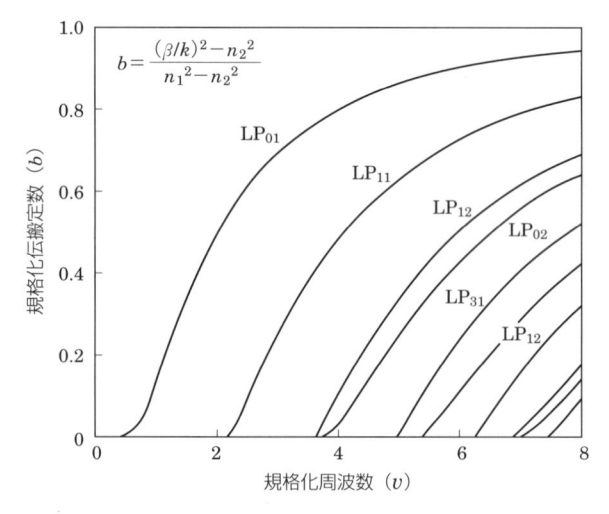

図 **2.2** LPモードの規格化周波数と規格化伝搬定数の関係[7]

第2章 光ファイバ

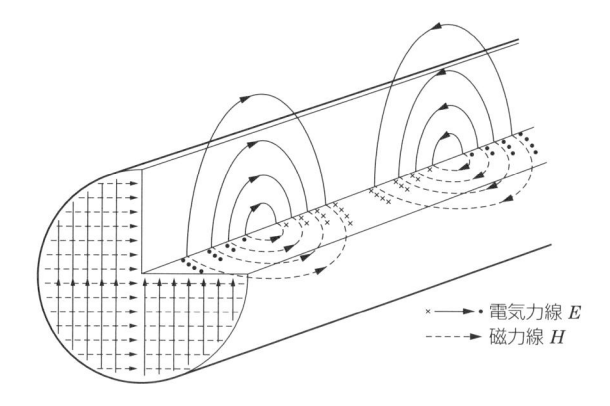

×→ 電気力線 E
---→ 磁力線 H

図 2.3　基本モード（LP$_{01}$モード）の電磁界分布

（2）波長分散特性

一般に，ガラスなどの誘電体中を電磁波が伝搬すると，誘電体中の電子は構成する原子や分子から離れて自由に動くことはできないが，その周波数に対応した応答をする．これが波長分散をもたらすが，以下で述べるように，波長分散は，材料分散と導波路分散とに区別される．材料分散は，ファイバを構成するガラス材料の屈折率の周波数依存性にほかならない．この関係は下記のセルマイヤの式で近似的に与えられる[8]．

$$n^2(\omega) = 1 + \sum_{j=1}^{m} \frac{\beta_j \omega^2}{\omega_j^2 - \omega^2} \tag{2.21}$$

ここで，ω_jは共鳴周波数，B_jは振動子強度に対応する．石英系光ファイバの場合，3項（$m = 3$）からなる式（2.21）を用いて実験的に得られた各係数が求められている[9]．

屈折率nの媒質中を伝搬する平面波の速度は，光速をcとするとc/nで表される．したがって，媒質の屈折率が波長によって異なると伝搬する光の速度が異なってくる．非線形現象が支配的でないときも，波長分散によるパルス広がりは伝送システムに有害な影響を及ぼす．非線形領域では，波長分散と非線形性が組み合わせられ複雑な挙動をする．図 2.4 に純石英の屈折率の波長依存性を示す．図2.4から分かるように，波長の変化とともに屈折率が変化している．これによって，各波長での群速度が変化するために，一般に周波

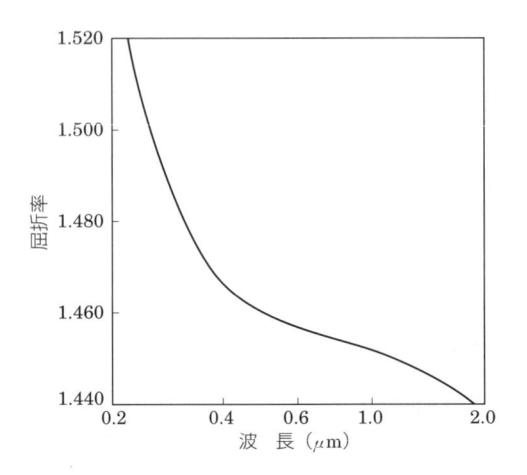

図 2.4 石英ガラスの屈折率の波長依存性

数スペクトル幅を有する光パルスはファイバ中を伝搬するとともにパルス幅は変化する．純石英の場合には，$\lambda = 1.272\,\mu\mathrm{m}$ で材料分散が0となっているのが特徴である．

数学的には，光ファイバにおける波長分散の影響はモード伝搬定数 β を周波数 ω_0 についてテイラー展開することで説明できる．

$$\beta(\omega) = \frac{n(\omega)\omega}{c} = \beta_0 + \beta_1(\omega - \omega_0) + \cdots \tag{2.22}$$

ここで，

$$\beta_m = \left[\frac{d^m\beta}{d\omega^m}\right]_{\omega=\omega_0} \tag{2.23}$$

である．特に，β_1 及び β_2 は以下の式のように屈折率及びその波長微分に関連する量である．

$$\beta_1 = \frac{1}{c}\left[n + \omega\frac{dn}{d\omega}\right] = \frac{n_g}{c} = \frac{1}{v_g} \tag{2.24}$$

$$\beta_2 = \frac{1}{c}\left[2\frac{dn}{d\omega} + \omega\frac{d^2n}{d\omega^2}\right] \fallingdotseq \frac{\lambda^3}{2\pi c^2}\frac{d^2n}{d\lambda^2} \tag{2.25}$$

物理的には，β_1 は群速度に関わるパラメータであり，β_2 は群速度分散と呼

ばれる．光ファイバの分野では一般に，β_2の代わりに波長分散Dというパラメータが用いられる．

$$D = \frac{d\beta_1}{d\lambda} \fallingdotseq -\frac{\lambda}{c}\frac{d^2 n}{d\lambda^2} \tag{2.26}$$

ここで，nはファイバ材料の屈折率を表し，cは真空中での光速を表す．一般に，材料分散の単位としては，ps/(km·nm)で表される．これは，スペクトル幅が1 nmの光パルスが1 km伝搬すると，パルス幅が1 ps広がることを

(a) 1.3 μm ゼロ分散ファイバの例

(b) 1.55 μm 分散シフトファイバの例

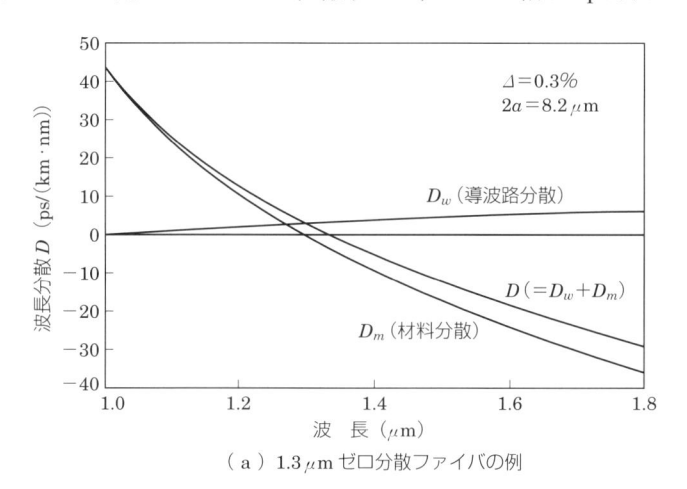

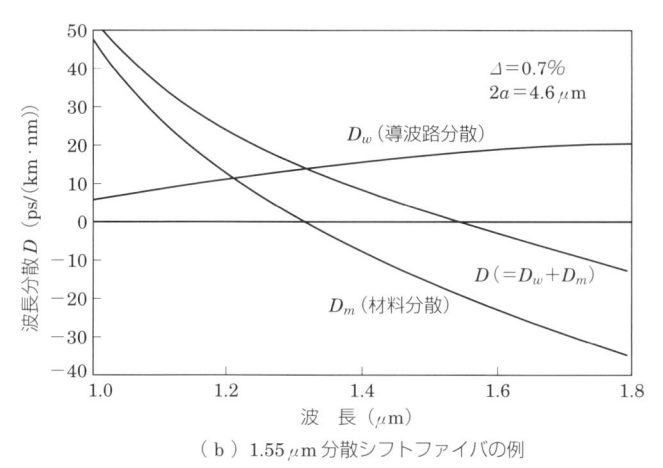

図 2.5　単一モードファイバの波長分散特性

意味している．

波長分散を構成するもう一つの導波路分散は，光ファイバ内を伝搬する光の伝搬速度が波長により異なるために生ずる分散である．一般に，単一モード光ファイバにおいて，伝搬する光は，コアだけでなくクラッドにまで光がしみ出しているため，光の伝搬速度はコアのみを伝搬する速度とは異なってくる．つまり，伝搬する光の伝搬速度は電磁界分布の違いによって変化することを意味している．このように，光ファイバの導波路の構造に起因する分散を導波路分散（あるいは構造分散）という．

典型的な構造（例えば，$2a = 8.2\,\mu\mathrm{m}$，$\Delta = 0.3\%$）のファイバでは，図 **2.5** (a) に示すように，波長 $1.3\,\mu\mathrm{m}$ 近傍で波長分散が0になる．ここで，D_m は材料分散，D_w は導波路分散，D は全分散を示す．光ファイバは，波長 $1.55\,\mu\mathrm{m}$ 帯で損失が最低となる．$1.55\,\mu\mathrm{m}$ で大容量伝送を行うためには，この波長帯で波長分散を最低にすることが望ましい．そのために，比屈折率差を大きめに設定し，屈折率プロファイルを適切に設計することにより構造分散を大きくし全分散を $1.55\,\mu\mathrm{m}$ 帯で0にすることができる．一例として，$2a = 4.6\,\mu\mathrm{m}$，$\Delta = 0.7\%$ のファイバの波長分散特性を，図2.5 (b) に示す[10]．このようなファイバを分散シフトファイバと呼ぶ．

（3） 偏波モード分散

単一モードファイバにおいては，その軸対称性のため直交する2方向に偏波した二つの $\mathrm{HE}_{11}x$ モード及び $\mathrm{HE}_{11}y$ モードが存在する．光ファイバのコアが理想的な真円であり材料的にも均質である場合には，これらの二つのモード間の群遅延差は生じない．しかしながら，実際のファイバではごくわずかではあるがコアがだ円化したり外部から不均一な応力を受けたりして，二つのモード間の遅延差が生ずる．これを偏波モード分散という．この二つの偏波モードの伝搬定数を β_x，β_y とすると，

$$B = \frac{\beta_x - \beta_y}{k} = |n_x - n_y| \tag{2.27}$$

をモード複屈折率と定義する[11]．ここで，n_x 及び n_y はそれぞれのモードに対応する実効屈折率である．偏波モード分散 D_p は二つのモード間の群遅延差であるので，

$$D_p = \frac{|n_x - n_y|}{c} = \frac{B}{c} \tag{2.28}$$

で表すことができる．

実際のファイバでは，コア径の長さ方向での揺らぎや温度変化などの長さ方向での不均一な外乱があるため$HE_{11}x$モードと$HE_{11}y$モードとの間でモード結合が生じ，ファイバ受信端における偏波状態はランダムに変動する．このため，干渉や偏光を利用した光デバイスや光ファイバセンサではこのような単一モードファイバでは外乱による出力変動を受ける．このような問題を克服できるファイバとしてモード間結合の生じない偏波保持ファイバや一つのモードのみを伝搬させる単一偏波光ファイバが開発されている[12]．

2.1.3 多モードファイバ

標準的な多モードファイバのコア直径は50 μm，クラッド直径は125 μm，比屈折率差は$\Delta = 1\%$である．このような多モードファイバでは，$\lambda = 1.3\ \mu m$でV値は20以上となり，図2.2から分かるように多数の伝搬モードが存在する．伝搬定数はモードごとに異なるので，モード間の伝搬遅延時間差が生ずる．これをモード分散と呼ぶ．

ステップインデックス形ファイバを伝搬するモード間の遅延時間差$\Delta\tau$は，図2.2においてあるv値に対して存在する伝搬モードの中の規格化伝搬定数bの最大値と最小値の差によって求められる．群屈折率をN_1とすると，$\Delta\tau$は次式で与えられる．

$$\frac{\Delta\tau}{L} = \frac{N_1 \Delta}{c} \tag{2.29}$$

ただし，N_1は，群屈折率$N_1 = n_1 + \omega(dn_1/d\omega)$である．

比屈折率差$\Delta = 1\%$，群屈折率$N_1 = 1.5$，ファイバ長$L = 1$ kmとして$\Delta\tau = 50$ nsとなる．

以上の議論から，ステップインデックス形ファイバでは，コアの屈折率が一定であるため，モード間の伝搬遅延時間差が大きくなり，高速伝送には適していない．これを改善する目的で，グレーデッドインデックス形ファイバが開発された．図**2.6**には，両者の屈折率分布と伝搬モードの様子を図示した．グレーデッドインデックス形ファイバの屈折率分布は放物線状になって

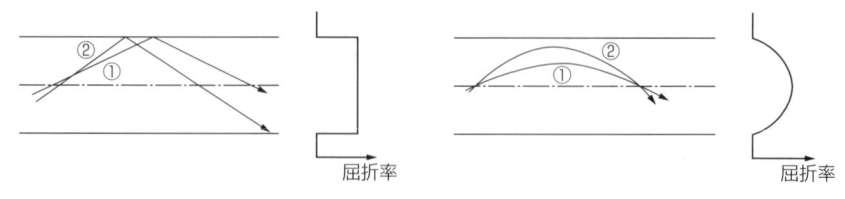

(a) ステップインデックスファイバ　　　　　（b）グレーデッドインデックスファイバ

図 2.6　多モード光ファイバの伝搬モードの様子

いる．図示したとおり，コア中心から離れた高次モードでは，光路長は長くなるが中心から離れるにつれて屈折率は小さくなるため伝搬速度c/nはその分速くなり，モード間の遅延時間差はステップインデックス形ファイバよりも小さくなる．

モード間の遅延時間差を最も小さくできる屈折率分布は，

$$n(r) = n_1 \left[1 - 2\Delta \left(\frac{r}{a} \right)^\alpha \right]^{0.5} \tag{2.30}$$

ただし，

$$\alpha = 2(1-\Delta) \tag{2.31}$$

で与えられる．このときモード分散は，

$$\frac{\Delta\tau}{L} = \frac{N_1 \Delta^2}{8c} \tag{2.32}$$

となる[13]．これより，ステップインデックス形ファイバのモード分散と比較して式（2.32）は$\Delta/8$倍になっており，$\Delta=0.01$（1%）であることを考慮すると，2桁以上の改善となっていることが理解できる．

2.1.4　分散特性と伝送可能距離への制限

光ファイバに入射した光パルスは，光ファイバの屈折率分布，光源のスペクトル幅，光ファイバ材料の分散特性のために波形ひずみを受け，受信端でのパルス波形は広がってしまう．この波形の広がりにより，隣り合う信号が重なり，伝送される信号に誤りが発生する．このような光パルスに広がりを生ずる現象を分散と呼んでいる．光ファイバの分散要因としては，① 多モード分散，② 材料分散，③ 導波路分散（構造分散），④ 偏波モード分散（偏波分散）の4種類がある．多モード光ファイバにおいては，① の多モード分散

と材料分散が主要因である．単一モード光ファイバにおいては，② 〜 ③ が分散特性を決定する主要因である．また，材料分散と導波路分散の和を単に波長分散と呼んでいる．ここでは，レーザ自身のスペクトル広がりが変調による広がりより狭い場合について（式（1.1）において $\gamma \to 0.5$ の場合に相当），単一モードファイバの分散の大きさと光ファイバの伝送容量について考えてみる．

単一モード光ファイバのパルス広がりは，$\delta t = \sigma L \delta \lambda$ で与えられ，波長分散 σ，ファイバ長 L，及び信号のスペクトルの広がり $\delta \lambda$ に比例する．いま，波長 $\lambda_0 = 1.55\,\mu$m で波長分散 $\sigma = 1$ ps/(km・nm) の場合を考えよう．レーザ自身のスペクトル広がりは，変調による広がりより狭いNRZパルスと仮定すると，変調によるスペクトル広がり $\delta \lambda$ は，

$$\delta \lambda = \frac{\lambda_0^2 B}{2c} \tag{2.33}$$

で与えられる．ここで，λ_0 は光の中心波長，B は変調速度（ビットレート），c は光速である．ちなみに，ビットレートが $B = 10$ Gbit/s のとき $\delta \lambda = 0.04$ nm である．パルス広がりが δt，変調速度が B のとき，パワーペナルティーを1 dB以下とするには[14]，

$$B \cdot \delta t \leq 0.22 \tag{2.34}$$

でなければならない．したがって，$\delta t = \sigma L \delta \lambda$ を考慮すると，

$$B \leq \left(\frac{0.44\,c}{\lambda_0^2 \sigma L} \right)^{0.5} = \frac{234}{\sqrt{L}} \tag{2.35}$$

となる．すなわち，$L = 100$ km とすると，$B = 23.4$ Gbit/s となる．

2.2　光ファイバ中の光波の非線形伝搬

2.2.1　光ファイバ中で起きる非線形光学現象の特徴

石英系光ファイバは，本質的には非線形性が非常に小さい媒質であるが，① 光を細径のコアに閉じ込めるためにパワー密度が高いこと，② モードや偏波面が規定されているために位相の乱れがなく，光と媒質のコヒーレントな相互作用が可能なこと，③ 低損失なため相互作用長を長くできること，などによって各種の非線形相互作用が顕著に現れる．

単一モード光ファイバでは，コア直径が10 μm程度以下であるため，1 Wの光パワーが入射されたとするとパワー密度は，1 MW/cm^{2}以上となる．このように高いパワー密度と，長い相互作用長が光ファイバ中での非線形光学効果の特徴である．いま，入射パワーをP（光強度$I = P$/光ビームの有効断面積），相互作用長をLとして非線形相互作用にとって重要なパラメータである$I \cdot L$積について考えてみよう[15]．まず，バルク光学系で光学レンズを使用する場合，焦点におけるビーム半径（電界が$1/e$になる位置）をw_0とすると，焦点からの距離zの位置におけるビーム半径$w(z)$は次式で与えられる．

$$w(z) = w_0 \sqrt{1 + \left(\frac{\lambda z}{\pi n w_0^2}\right)^2} \tag{2.36}$$

ここで，λは光の波長，nは屈折率である．距離zの位置における光密度は

$$I_B(z) = \frac{P}{\pi w(z)^2} \tag{2.37}$$

と表される．したがって，光学レンズを使用する場合の$I \cdot L$積は

$$[I \cdot L]_B = \int_{-\infty}^{\infty} I_B(z) dz = \pi \frac{nP}{\lambda} \tag{2.38}$$

で与えられる．これから分かるように，バルクの非線形光学効果で光学レンズを使用する場合，非線形効果を強めるためには入射パワーを増加する以外に方法がない．

これに対して，光ファイバの損失をαとすると，入射点からの距離zの位置における光強度は，

$$I_F(z) = \frac{P \exp(-\alpha z)}{\pi w_0^2} \tag{2.39}$$

と表される．したがって，長さLの光ファイバを用いる場合の$I \cdot L$積は

$$[I \cdot L]_F = \int_{-\infty}^{\infty} I_F(z) dz = \frac{P}{\pi w_0^2} L_{\text{eff}} \tag{2.40}$$

で与えられる．ただし，L_{eff}は実効的ファイバ長を表し

$$L_{\text{eff}} = \frac{1 - \exp(-\alpha L)}{\alpha} \tag{2.41}$$

で与えられる．上式から分かるように，光ファイバを用いる場合には，損失

αの小さいファイバを用い，スポットサイズw_0を小さくすれば$I\cdot L$積を大きくすることができる．ファイバ長が十分長い場合には，$L_{\text{eff}} = 1/\alpha$と置くことができる．このとき，バルク光学系と光ファイバの$I\cdot L$積を比較すると

$$\frac{[I\cdot L]_F}{[I\cdot L]_B} = \frac{\lambda}{(\pi w_0)^2 n\alpha} \tag{2.42}$$

となる．$\lambda = 1\ \mu\text{m}$, $n = 1.5$, $\alpha = 2.3\times 10^{-4}\ \text{m}^{-1}$（損失1 dB/km），$w_0 = 2.4\ \mu\text{m}$とすると，式（2.42）の値は$[I\cdot L]_F/[I\cdot L]_B = 5\times 10^7$となる．したがって，バルクでは非線形光学効果を観測するために数MWのピークパワーを必要としていたものが，光ファイバでは1 W以下の低いパワーでよいことになる．

2.2.2　自己位相変調

　高強度の短光パルスが光ファイバに入射されると，光の電界でファイバ物質中の電子の軌道が変化することによって屈折率が変化する，いわゆる光カー効果と呼ばれる現象が生ずる．光の電界Eにより，屈折率がn_0から$n_0 + n_2|E|^2$に変化するとした場合の係数はカー定数と呼ばれ，石英系光ファイバにおいては$n_2 = 3.18\times 10^{-20}\ \text{m}^2/\text{W}$となる．

　光パルス自身が誘起した屈折率変化により，その位相は急激に変化する．いま，光パルスの包絡線関数をE，ガラス固有の屈折率を$n(\omega)$とすると，光ファイバの実効的屈折率は

$$n(\omega_0, |E|^2) = \frac{c\beta}{\omega_0} = n(\omega_0) + n_2|E|^2 \tag{2.43}$$

で与えられる．光の位相は，$\Phi = \omega_0 t - \beta z$と表され，瞬時角周波数は位相の微分として

$$\omega(t) = \frac{\partial \Phi}{\partial t} = \omega_0 - \frac{\omega_0 n_2}{c}z\frac{\partial |E|^2}{\partial t} \tag{2.44}$$

で与えられる．ここでは，距離zの位置の媒質の光強度変化（$z\sim z+\Delta z$の位置の媒質を包絡線関数Eのパルス電界が通過する際の光強度変化）を考えているので，時間tはパルスの前縁から後縁に向かって測ることになる．すなわち，図**2.7**（a）に示すように，パルスの前縁では$\partial |E|^2/\partial t > 0$であり，後縁では$\partial |E|^2/\partial t < 0$である．したがって，パルスの前縁部は周波数が低下し（$\omega < \omega_0$），後縁部は周波数が高くなる（$\omega > \omega_0$）．この様子を図2.7（b）に示

(a) 光パルス波形

(b) 光周波数変化(チャープ)

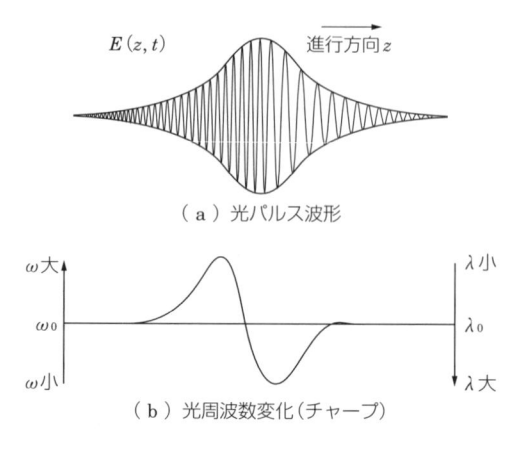

図 2.7　自己位相変調によるチャーピング

す．このような現象は，自己位相変調（self phase modulation: SPM）と呼ばれ，パルスは大きな周波数変化（チャーピング）を伴う．

ところで，光ファイバ中の光群速度は図 2.8（a）のようなスペクトル特性を示す．ゼロ分散波長 λ_0 より短波長側は正常分散領域，長波長側は異常分散領域と呼ばれ，異常分散領域では，周波数が低い（波長が長い）ほど群速度が遅くなる．したがって，異常分散領域においては高強度光パルスの前縁の周波数が低い部分の速度は遅く，逆に光パルスの後縁の周波数の高い部分の速度は速くなるのでパルスは狭くなろうとする〔図 2.8（c）〕．このようにチャーピングによる狭パルス化と分散によるパルス広がりとがつり合って相殺する状態では，光パルスはその波形を保ったままで光ファイバを伝搬する．これが，"光ソリトン" である[16],[17]．

これとは逆に，ゼロ分散波長 λ_0 より短波長側の正常分散領域では，光パルスの前縁の周波数の低い部分の速度は速く，光パルスの後縁の周波数の高い部分の速度は遅くなる〔図 2.8（b）〕．その結果，パルス中心部のエネルギーは両翼に分配され，方形波に近づいていく．このような，周波数チャープした方形波パルスを回折格子対のような異常分散体（周波数の高い光が速く進む系）に通すと光パルスは圧縮される．

第2章 光ファイバ

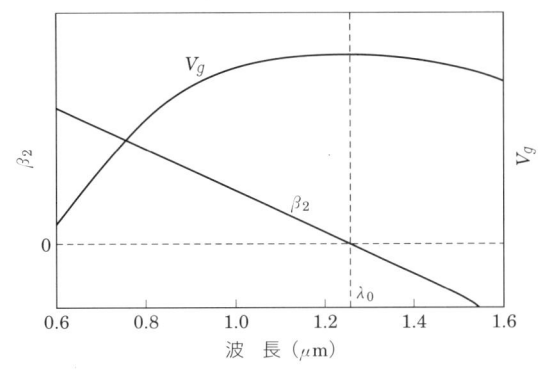

(a) 光ファイバ中の群速度分散特性

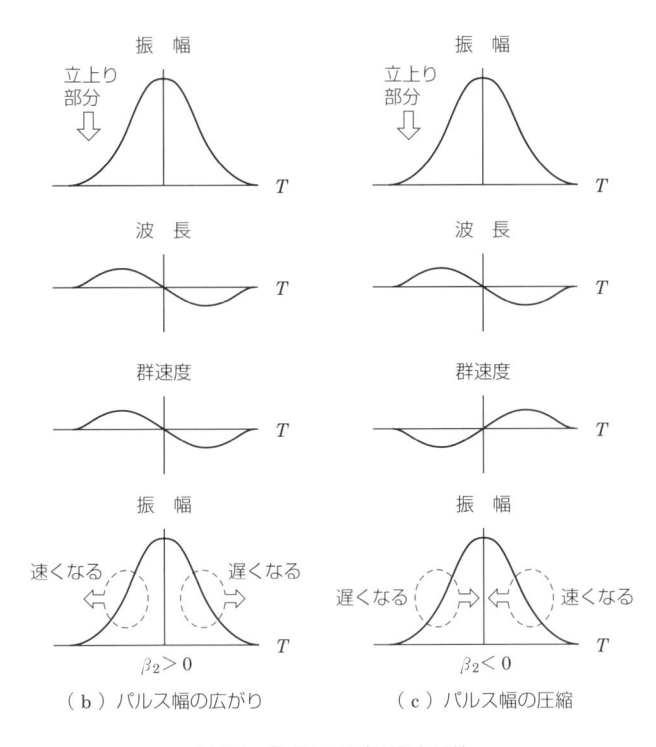

(b) パルス幅の広がり　　(c) パルス幅の圧縮

図 **2.8**　光パルスの広がりと圧縮

2.2.3 光ソリトン

非線形分極を取り入れて，マクスウェルの波動方程式を解くことにより，光カー効果，損失（あるいは，利得）を考慮した光ソリトンを記述する非線形シュレディンガー方程式が得られる．詳細な式の導出については，他の書籍[18],[19]に譲るとして，以下では光ファイバの損失が0という理想的な場合について，非線形シュレディンガー方程式から導かれる光ソリトン（optical soliton）の基本的性質について述べる．

損失が0の場合，光パルスの包絡線関数$A(z,t)$は，

$$j\left(\frac{\partial A}{\partial z}+\frac{1}{v_g}\frac{\partial A}{\partial t}\right)=-\frac{1}{2}\beta''\frac{\partial^2 A}{\partial t^2}+\frac{1}{2}kn_2|A|^2 A \tag{2.45}$$

で表される．ただし，ここでv_gは群速度であり，$v_g = 1/\beta'$である．右辺第1項は群速度分散を，第2項は自己位相変調を表す．上式を光パルスの中心とともに速度v_gで動く座標系で見るために，

$$A(z,t)=\phi(z,\tau) \tag{2.46}$$

$$\tau = t - \frac{z}{v_g} \tag{2.47}$$

なる置換えを行うことにより，式 (2.45) は次のようになる．

$$j\frac{\partial \phi}{\partial z}=-\frac{1}{2}\beta''\frac{\partial^2 \phi}{\partial \tau^2}+\frac{1}{2}kn_2|\phi|^2\phi \tag{2.48}$$

上式の特殊解（基本ソリトン解）は

$$\phi(z,\tau)=\phi_p \exp\left(j\frac{\beta''}{2t_0^2}z\right)\mathrm{sech}\left(\frac{\tau}{t_0}\right) \tag{2.49}$$

で与えられることが知られている[17]．ただし，定数t_0は光強度の半値全幅をτ_0とすると$t_0 \fallingdotseq 0.567\tau_0$である．

基本ソリトンに対して，パルス幅がτ_0のときのピークパワーに対する条件式は次のように得られる．

$$P=\frac{0.7768\lambda^3 A_{\mathrm{eff}}|\sigma|}{\pi^2 cn_2 \tau_0^2} \tag{2.50}$$

例えば，分散$\sigma = -2$ ps/(km・nm)，コア直径$d = 5\ \mu$mのとき$P\tau_0^2 = 1.81$である．

したがって，パルス幅 $\tau_0 = 10$ ps の基本ソリトンを発生させるためには，ピークパワーは $P = 1.81$ mW であればよいことが分かる．

基本ソリトンのピークパワーより大きいパワーの光パルスが光ファイバに入射された場合には，$v \geqq 1.5$ に対して $N = [v + 0.5]$（N: 正の整数）なる N 次のソリトンが得られる．高次のソリトンは

$$Z_0 = \frac{\pi t_0^2}{2|\beta''|} = 0.322 \frac{\pi^2 c \tau_0^2}{\lambda^2 |\sigma|} \tag{2.51}$$

の周期で周期的な時間波形の変化を繰り返す．$v = 3$ のときの光ソリトンのパルス波形変化を図 **2.9** に示す．高次ソリトンは $z < z_0$ の位置でパルス幅がいったん狭くなることが分かる．これは，チャーピングによる狭パルス化が支配的であるため生ずるものであり，この効果を利用して光パルス圧縮を行うことができる[20]．

2.2.4 相互位相変調

相互位相変調は，二つの異なる波長の光をファイバに入射し，一方の光の強度変化により生ずる屈折率変化で他方の信号の位相変化が生ずる現象である．周波数 ω_1，ω_2 の波がファイバに入射したとき，周波数 ω_1 の光が受ける位相変化量 ϕ_1 は，

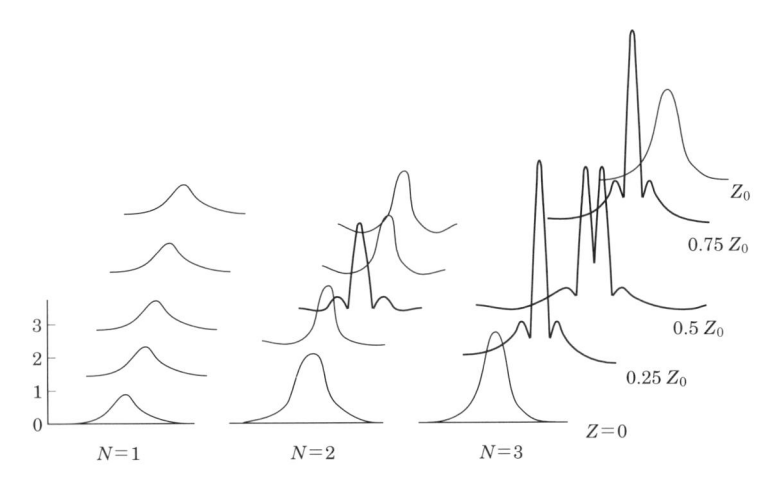

図 **2.9** ソリトンパルス波形の伝搬の様子[18]

$$\phi_1 = \left(\frac{2\pi n_2 L_{\text{eff}}}{\lambda A_{\text{eff}}}\right)(|E_1|^2 + 2|E_2|^2) \tag{2.52}$$

で表せる[18]．ここで，L_{eff} は実効的ファイバ長，A_{eff} は実効コア断面積である．右辺第1項は自分自身の光強度による位相変化を示し，第2項は他の光強度による位相変化を示し，相互位相変調を意味する．

この相互位相変調を応用した例としては，高速信号の多重分離技術や信号処理技術があげられる[21]．図 2.10 に，サニャック干渉計の非線形効果を利用した光多重分離回路の構成例を示す．入力信号は，光カップラで1：1に分離され光ファイバループの両方向に導かれ，制御パルスは合波カップラを介してループに入り1方向のみに伝搬させる．分離された信号光は，それぞれ両方向に周回した後，再び光カップラで合波され干渉するが，制御パルスがない場合に位相差が0になるように調整しておけば，信号はすべてもとのポート1に戻る．制御パルスを作用させた場合には，同方向に伝搬する信号は位相差 π を生ずるように制御パルス強度を調整すれば，信号光の出力ポートを2にスイッチできる．この多重分離技術は，基本的には光の非線形相互作用を利用しているため，電気系の処理速度以上の高速な信号処理が可能で

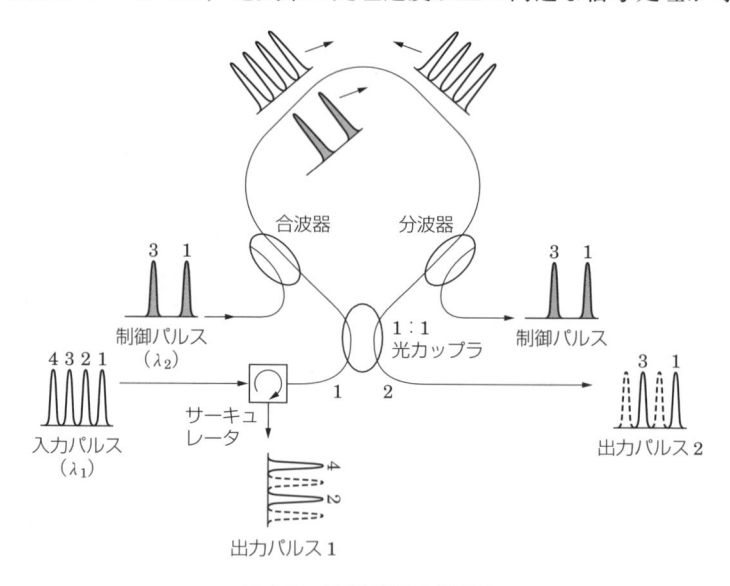

図 2.10　光多重分離の構造図

2.2.5 四光波混合

周波数 ω_1, ω_2, ω_3 の三つの波が三次の非線形分極を介して新しい第四の波を発生する現象を四光波混合（four wave mixing: FWM）と呼ぶ．入射光の電界を E とすると，三次の非線形分極は，

$$\boldsymbol{P}_{\mathrm{NL}} = \varepsilon_0 \chi^{(3)} \boldsymbol{EEE} \tag{2.53}$$

で与えられる．ここで，$\chi^{(3)}$ は三次の非線形感受率である．

四光波混合が起こるためには各周波数の位相差がほとんど0にならなければならない．すなわち，角周波数の項と伝搬定数の項がそれぞれ0にならなければならない．前者はエネルギーの保存則に，後者は運動量の保存則に対応する．後者は特に位相整合条件と称される．

四光波混合が，どの波との組合せで起こるかにより，図 **2.11**（a）に示す九つの波が発生する．長さ L のファイバを伝搬したときに発生する周波数 ω_{ijk} に対応する成分の電力 P_{ijk} は次式で与えられる[22]．

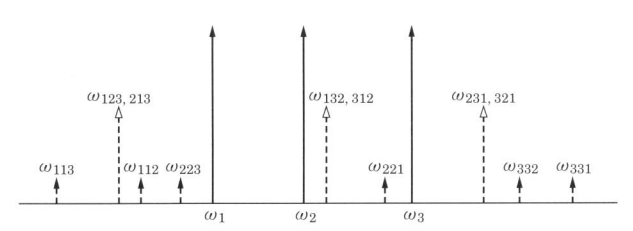

（a）種々の新しい周波数の発生の様子

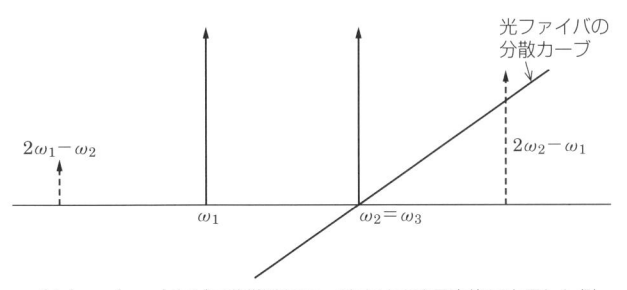

（b）$\omega_2 (=\omega_3)$ をゼロ分散波長に一致させて波長変換に応用した例

図 **2.11** 四光波混合による新しい光周波数の発生

$$p_{ijk}(L) = \eta \left(\frac{1,024\pi^6}{n^4\lambda^2 c^2} \right) (d\chi^{(3)})^2 \left(\frac{L_{\text{eff}}}{A_{\text{eff}}} \right)^2$$
$$\times P_i P_j P_k \exp(-\alpha L) \tag{2.54}$$

ここで，ηは四光波混合の効率，nは屈折率，λは波長，cは光速度，dは縮退因子である．$\chi^{(3)}$は三次の非線形感受率，L_{eff}は実効的ファイバ長，A_{eff}は実効コア断面積である．また，η及びΔkは次式で与えられる．

$$\eta = \frac{\alpha^2}{\alpha^2 + (\Delta k)^2} \left[1 + 4\exp(-\alpha L)\sin^2\left(\frac{\Delta k}{2}\right) \bigg/ \{1-\exp(-\alpha L)\}^2 \right]$$
$$\tag{2.55}$$

$$\Delta k = \left(\frac{2\pi\lambda k^2}{c} \right) \Delta f_{ik} \cdot \Delta_{jk} \left[D_c + \left(\frac{\lambda k^2}{2c} \right)(\Delta f_{ik} + \Delta f_{jk}) \right.$$
$$\left. \times \left\{ \frac{dD_c(\lambda_k)}{d\lambda} \right\} \right] \tag{2.56}$$

ここで，Δkは位相整合からのずれ，D_cは波長分散を示す．図2.11（a）には，ω_1，ω_2，ω_3の三つの入力信号により発生する成分を模式的に示す．

四光波混合は，波長多重システムにおいては，チャネル間干渉の原因となり，有害なものであるが，これを積極的に応用した例としては，波長変換技術があげられる．図2.11（b）にその様子を示す．図2.11（a）において，$\omega_2 = \omega_3$とした場合に匹敵し，特にω_2をゼロ分散波長に一致させることにより$2\omega_2 - \omega_1$に効率良く波長変換できる．

2.2.6 ラマン散乱とブリユアン散乱

一般に，可視部の光を透明物資に入射すると光の一部が非弾性的に散乱され，散乱光をある方向から観測すると，その中には入射光（励起光）よりも長波長側または短波長側のいくつかの新しい光が含まれている．このような現象は，一般にラマン（Raman）効果と呼ばれる．そのとき散乱される新しい光が分子振動や固体の光学的格子振動と励起光との相互作用によって生じた場合にはラマン散乱と呼ばれる．これに対して，散乱光が液体や固体の音響的格子振動と励起光との相互作用によって生じた場合にはブリユアン（Brillouin）散乱と呼ばれる．

入射光が強くない場合，各格子振動の位相は不ぞろいなので散乱光はイン

コヒーレントであり，自然ラマン散乱（あるいは自然ブリユアン散乱）と呼ばれる．これに対して，入射光強度が強くなると格子振動の振動状態が入射光及び発生したストークス光との非線形結合によりコヒーレントに励振され，これと光の場との結合で媒質中に三次の非線形分極が誘起され，ストークス光の誘導散乱が起こる．これが誘導ラマン散乱（stimulated Raman scattering: SRS），及び誘導ブリユアン散乱（stimulated Brillouin scattering: SBS）である．

（1） 誘導ラマン散乱

ラマン散乱は，励起光と光学フォノンとの相互作用による散乱であり，石英ファイバでは図 **2.12** に示すように波数シフト量 440 cm^{-1} 程度のところにストークス光の第一ピークがある．ラマン利得係数は，波長 1 μm での励起による第一ストークス光の場合，$g_R = 1 \times 10^{-11}$ cm/W であり，波長にほぼ反比例する[23]．誘導ラマン散乱（SRS）では前方散乱も後方散乱も同程度に観測される．

誘導ラマン散乱における励起光強度（I_p）とストークス光強度（I_s）の変化の様子は，次の結合方程式で記述される[18]．

$$\frac{dI_s}{dz} = g_R I_p I_s - \alpha_s I_s \tag{2.57}$$

$$\frac{dI_p}{dz} = -\frac{\omega_p}{\omega_s} g_R I_p I_s - \alpha_p I_p \tag{2.58}$$

ここで，α_p 及び α_s はそれぞれ励起光とストークス光の波長におけるファイバの損失である．励起光の減衰がないものとして，$I_p = I_0 \exp(-\alpha_p z)$ と置くと，式（2.57）は

$$\frac{dI_s}{dz} = g_R I_s I_0 \exp(-\alpha_p z) - \alpha_s I_s \tag{2.59}$$

となる．ただし，I_0 は $z = 0$ における励起光の強度である．式（2.59）の解は次式で与えられる．

$$I_s(L) = I_s(0) \exp(g_R I_0 L_{\text{eff}} - \alpha_s L) \tag{2.60}$$

ただし，ここで L_{eff} は実効的ファイバ長であり

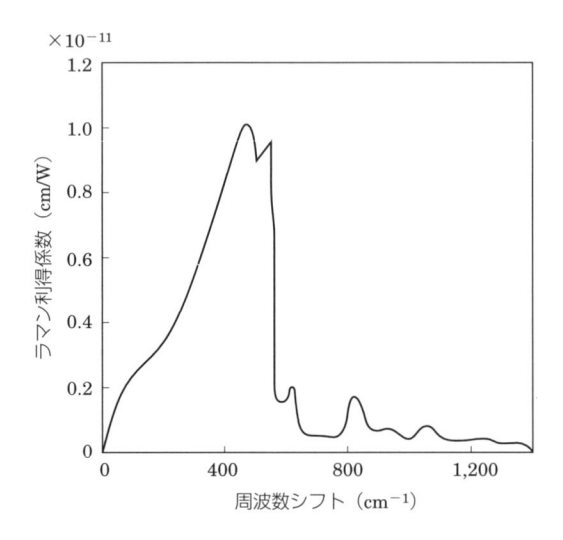

図 2.12 石英ファイバのラマン利得分布 [23]

$$L_{\text{eff}} = \frac{[1-\exp(\alpha_p L)]}{\alpha_p} \tag{2.61}$$

で与えられる．ストークス光 $I_s(0)$ が $z=0$ で入射されない場合，誘導ラマン散乱は自然ラマン (spontaneous Raman scattering) から立ち上がることになる．この場合，ストークス光パワーが励起光パワーと等しくなる励起光入力を臨界入力 P_c とすると

$$P_c = \frac{16 A_{\text{eff}}}{g_R L_{\text{eff}}} \tag{2.62}$$

で与えられる[24]．A_{eff} は実効コア断面積である．

通常の単一モードファイバで，$A_{\text{eff}} = 50\ \mu\text{m}^2$，$\alpha_p = 0.2$ dB/km $(4.6 \times 10^{-5}$ m$^{-1})$，$L \gg 1/\alpha_p\ (\fallingdotseq 22$ km$)$，$g_R = 0.6 \times 10^{-11}$ cm/W（波長 $1.55\ \mu$m）とした場合，$P_c = 600$ mW となる．

次に，式 (2.60) においてストークス光 $I_s(0)$ を入射した場合の SRS による増幅率 G を求めてみよう．簡単のために，$\alpha_p = \alpha_s = 0$ と置くと，

$$G = \frac{I_s(L)}{I_s(0)} = \exp(g_R I_0 L) \tag{2.63}$$

となる．g_R，A_{eff}として上記の値を用い，励起光パワー$P_0 = I_0 A_{\text{eff}} = 4$ Wとすると，ファイバ長$L = 1$ kmのとき21 dBの利得が得られることになる．

（2） 誘導ブリユアン散乱

誘導ブリユアン散乱（SBS）は，励起光と音響フォノンとの相互作用による散乱であり，後方散乱のみが強く生ずる．

誘導ブリユアン散乱は，励起光，ストークス光，及び音響波の間のパラメトリック相互作用として古典力学的に次のように説明することができる．

まず，励起光が媒質中の熱励起音響フォノンによって自然散乱を受け，散乱光が生ずる．そして励起光と散乱光の電場による電気ひずみ効果（electrostriction）によって密度変動が起こり，進行する誘電率回折格子が形成される．そして，この誘電率回折格子が励起光を散乱してストークス光を生じ，誘導ブリユアン散乱を起こすと考えることができる．

誘導ブリユアン散乱の利得係数g_Bは

$$g_B = \frac{n_0^6 p_{12}^2}{2c\lambda\rho_0 v_A \Delta v_B} q \frac{(\Delta v_B/2)^2}{(v - v_B)^2 + (\Delta v_B/2)^2} \tag{2.64}$$

で与えられる[18]．

ただし，p_{12}は光弾性係数（石英ガラスでは，$p_{12} = 0.27$），qはポンプ光と散乱光の波数ベクトルの変化量，ρ_0は物質の密度（石英ガラスでは$\rho_0 = 2.2$ g/cm^3），v_Aは縦波の音速（$= 5,940$ m/s），$v = (\omega_p - \omega_s)/2\pi$であり，$v_B$はストークス光の周波数シフト量，$\Delta v_B$はブリユアン利得の半値全幅で$\Delta v_B = 1/(\pi\tau_A)$である．$\tau_A$は音波の減衰緩和時間である．後方散乱においては$q = |k_p - k_s| \cong 2|k_p| \cong 4\pi n_0/\lambda$であるからブリユアン利得は最大となり，

$$g_{B0} = \frac{2\pi n_0^7 p_{12}^2}{c\lambda^2 \rho_0 v_A \Delta v_B} \tag{2.65}$$

となる．ブリユアン利得の半値全幅は$\Delta v_B \propto 1/\lambda^2$なる波長依存性を示すので，式（2.65）のブリユアン利得g_{B0}は波長によらずほぼ一定である．ストークス光の周波数シフト量v_Bは，後方散乱のとき最大となり

$$v_B = \frac{\Omega_B}{2\pi} = \frac{q v_A}{2\pi} = \frac{2 n_0 v_A}{\lambda} \tag{2.66}$$

で与えられ，波長$\lambda = 1.55$ μmでは$v_B = 11.1$ GHzとなる．またブリユアン利

得の半値全幅 $\Delta\nu_B$ は，波長 $1.55\,\mu\mathrm{m}$ では $\tau_A \cong 20$ ns であるから，$\Delta\nu_B = 1/(\pi\tau_A) \cong 16$ MHz である．ちなみに，波長 $1.3\,\mu\mathrm{m}$ では，$\nu_B = 13.3$ GHz，$\Delta\nu_B \cong 23$ MHz である．

ブリユアン利得係数 g_{B0} は，$n_0 = 1.45$ とし，波長 $\lambda = 1.55\,\mu\mathrm{m}$ におけるブリユアン利得の半値全幅 $\Delta\nu_B = 16$ MHz，及び既述の各パラメータを用いると，式（2.65）より $g_{B0} = 4.1 \times 10^{-9}$ cm/W で与えられる．これは SRS の利得係数に比べると，約 400 倍大きい数値である．

ブリユアン利得は，式（2.64）に示すようにローレンツ形スペクトルで表される．励起光も半値全幅 $\Delta\nu_p$ のローレンツ形スペクトルを有する場合には，ブリユアン利得係数は，二つのスペクトル分布の畳込み積分によって

$$g_B = \frac{\Delta\nu_B}{\Delta\nu_B + \Delta\nu_p} g_{B0} \tag{2.67}$$

で与えられる[25]．すなわち，励起光スペクトル幅が非常に狭く $\Delta\nu_p \ll \Delta\nu_B$ の場合には，$g_B \cong g_{B0}$ である．これに対して $\Delta\nu_p \gg \Delta\nu_B$ の場合には $g_B \cong (\Delta\nu_B/\Delta\nu_p)g_{B0}$ となり，ブリユアン利得は小さくなる．したがって，SBS を発生させるためには，スペクトル幅の狭い光源が必要であることが分かる．

ストークス光パワーが励起光パワーと等しくなる励起光入力を臨界入力 p_c とすると

$$p_c = \frac{21 A_{\mathrm{eff}}}{g_B L_{\mathrm{eff}}} = \frac{\Delta\nu_B + \Delta\nu_p}{\Delta\nu_B} \frac{21 A_{\mathrm{eff}}}{g_{B0} L_{\mathrm{eff}}} \tag{2.68}$$

となる[24]．通常の単一モードファイバで，$A_{\mathrm{eff}} = 50\,\mu\mathrm{m}^2$，波長 $1.55\,\mu\mathrm{m}$ で $\alpha = 0.2$ dB/km（4.6×10^{-5} m^{-1}），$L \gg 1/\alpha (\cong 22$ km)，$g_{B0} = 4.1 \times 10^{-9}$ cm/W，とするとき，$\Delta\nu_p \ll \Delta\nu_B$ の場合 $P_c = 1.2$ mW，$\Delta\nu_p \gg \Delta\nu_B$ の場合 $P_c = (\Delta\nu_p/\Delta\nu_B) \times 1.2$ mW となる．

誘導ブリユアン散乱は，従来は単一縦モード Ar レーザや YAG レーザを用いて発生させられていた．しかし，半導体レーザでもスペクトル幅が 10 MHz 程度の高出力単一モードレーザが得られるようになったために，半導体レーザによる誘導ブリユアン散乱の観測[26]や誘導ブリユアン散乱を用いた光増幅などが報告されている．図 **2.13** は，$1.3\,\mu\mathrm{m}$ の DFB レーザ（スペクトル幅 15 MHz）を用いて誘導ブリユアン散乱のしきい値を測定した結果である[26]．

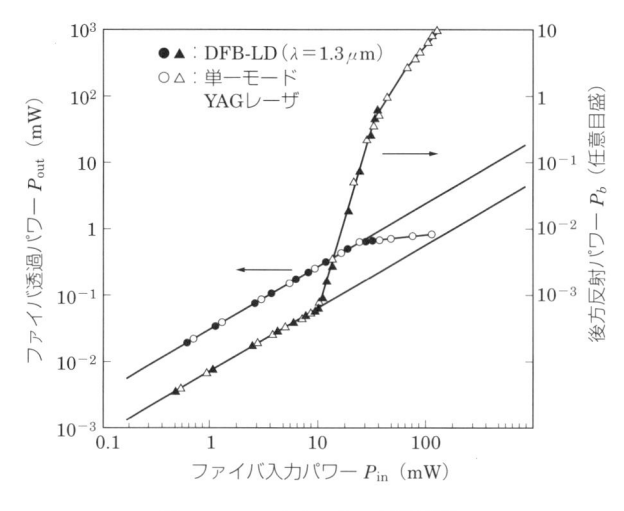

図 2.13 SBS しきい値の実測例[26]

光ファイバの損失は，1.3 μm で 0.46 dB/km，長さは 30 km である．図 2.13 より誘導ブリユアン散乱のしきい値は，約 10 mW であることが分かる．

2.2.7 光ファイバにおける非線形抑制の工夫
（1）各種非線形現象のしきい値比較

近年，光ファイバ増幅技術の進展により 1.55 μm 帯で長距離，波長多重伝送が急速に進展している．これらのシステムでの特徴は，従来の伝送システムと比較して，光ファイバ伝送路への入力光信号レベルが高く，またシステムの伝送距離が長く，非線形現象の影響を無視できないことである．波長多重伝送の場合には更に，信号チャネル間の非線形相互作用も無視できない．このような伝送システムの高性能化に伴い，光ファイバ伝送路での光非線形現象が伝送容量に対する制限となる．ここでは，種々の非線形現象のうちどの現象が伝送システムに制限要因となるかについて考察してみる．まず，各種非線形現象が生じ始めるパワー，すなわち，しきい値を信号の多重数の関数として，まとめた結果を図 2.14 に示す[27]．計算の条件としては，波長 = 1.55 μm，ファイバの伝送損失 = 0.2 dB/km，実効コア断面積 = 50 μm^2，実効ファイバ長 = 22 km，波長多重間隔 Δf_0 = 10 GHz，100 GHz（それぞれ図

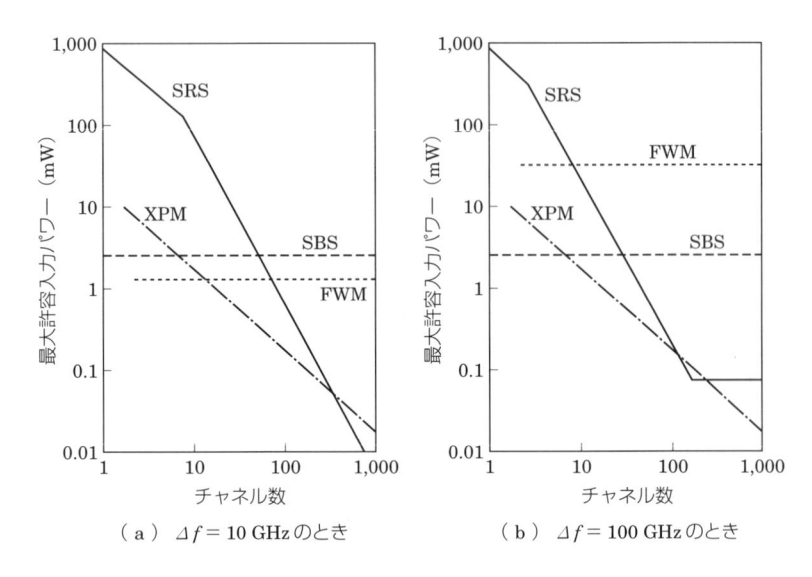

図 2.14　非線形現象による最大許容入力パワー

(a) $\Delta f = 10$ GHz のとき
(b) $\Delta f = 100$ GHz のとき

2.14 (a), (b) に対応) としている.

4種類の非線形現象のうち, SRSが最も伝送システムへの影響が小さいといえる. ただし, 数百チャネル以上のWDMシステムになるとシステムへの影響が強くなる. SBSの影響はチャネル数とは関係なく, 光源のパワーに依存する. FWMは, 伝送システムパラメータに最も影響を受けやすい. ファイバ長やコア断面積のみならず, チャネル間隔やファイバの波長分散に依存する. FWMの影響を小さくするためには, チャネル間隔は50 GHz以上に設定する必要があるとともに, 波長分散がほぼ0になる波長域は避けるべきである. ゼロ分散波長が1.3 μm帯にある標準SMファイバでは, チャネル間隔が数十GHzあれば, FWMによる伝送特性の劣化は数mWで生ずる.

(2)　コア拡大ファイバ

非線形現象を生じにくくするための新しいファイバ構造について述べる. 一般に, 光ファイバにおける非線形現象は, 非線形屈折率n_2と実効コア断面積A_{eff}の比, n_2/A_{eff}, に比例して発生しやすいことが分かっている[28]. 非線形屈折率n_2は, 屈折率の光強度依存性を示す係数でありガラス組成に依存する

が,通常の石英系ファイバではそれほど大きくは変わらない.実効コア断面積は,光ファイバ中を伝搬する光パワーの光ファイバ断面内での広がり具合を表すものであり,ファイバ構造によって大きく変化する.パワーが一定の場合,実効コア断面積が小さいほど,局所的なエネルギー密度は高くなり,非線形現象は生じやすくなることが分かる.

非線形性を抑制するためには,実効コア断面積を大きくすればよいが,一般には光パワーのコアへの閉込めが弱くなり,曲げや側圧による損失増加を引き起こす可能性があり,ファイバの設計には注意が必要である.また,フ

	A_{eff} (μm^2)	分散傾き (ps/(nm^2·km))	曲げ損失 (dB/m)	屈折率プロファイル
ファイバA	116	0.098	0.017 (20 mm ϕ)	
ファイバB	90	0.065	0.02 (60 mm ϕ)	
ファイバC	90	0.1	0.0017 (75 mm ϕ)	
DSF	85 ± 4 57	0.08	0.01 (30 mm ϕ)	

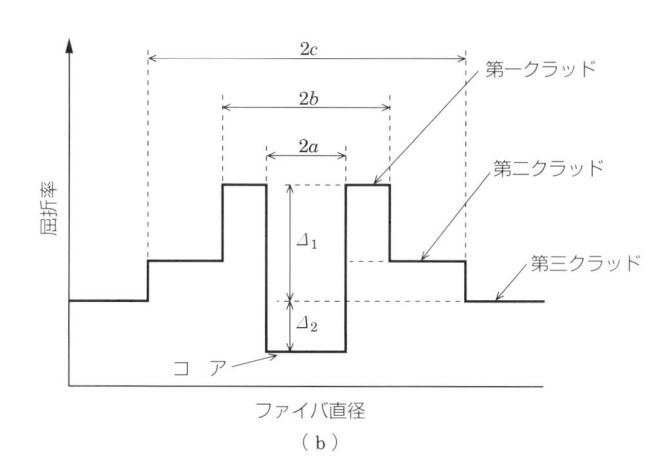

(a)

(b)

図 **2.15** コア拡大ファイバの種類

ァイバ構造が変化すると，波長分散特性も変化するため，その影響も考慮しつつファイバ構造設計を行わなければならない．図 **2.15** は，コア拡大ファイバのいくつかの例を示す[29],[30]．特に，(b) の構造のファイバについての設計の考え方を以下に説明する．本ファイバは，コア（ファイバ中心部）の屈折率を下げ，第一クラッドの屈折率を上げることで実効的に第一クラッドがコアの役割を果たす．したがって，光の電界分布はコアではなく第一クラッドに拡散されるため実効的なコア径 A_{eff} は広がる．更に，第二クラッドを階段状に付けることにより曲げに強い構造としている．

ケーブル化及びハンドリング性を考慮すると，ファイバには曲げ損失の小さいことが要求される．一般的な分散シフトファイバでは，A_{eff} を拡大するとコアの光閉込め効果が弱まるため曲げ損失特性が劣化する．図 **2.16** には，コア拡大ファイバの曲げ特性を示す．A_{eff} が通常の分散シフトファイバの約2倍まで拡大しても，曲げ損失は良好であることが理解できる．従来の分散シフトファイバでは，実効コア断面積が $40 \sim 50 \ \mu\text{m}^2$ であるのに対し，$60 \sim 150 \ \mu\text{m}^2$ まで拡大した例が報告されている[29],[30]．ただし，ファイバとしては，伝送損失，接続損失，曲げ損失，分散スロープなども総合的に考慮して判断する必要がある．

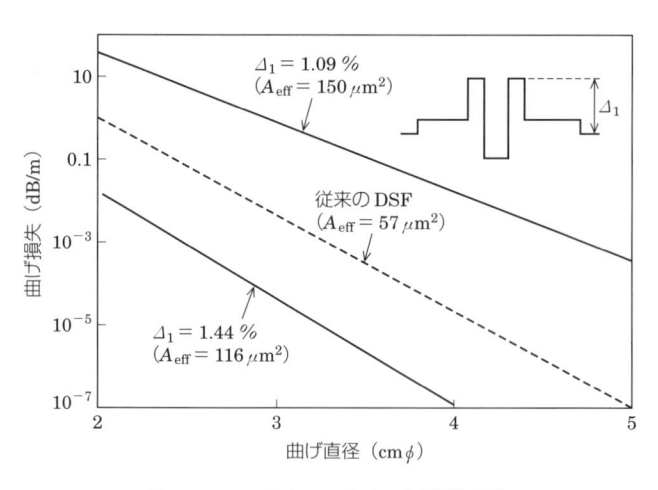

図 **2.16** コア拡大ファイバの曲げ損失特性

(3) 分散変動ファイバ

WDM技術は伝送容量を拡大するための有効な手段であり，活発に研究されている．波長間隔が近接しているWDMシステムにおいては，FWMは重大な問題であり，波長間の干渉により伝送容量に制限が生ずることになる．そのための対策として，ファイバ長さ方向に波長分散値を意識的に変化させた伝送路構成が提案されている[31]．すなわち，局所的には波長分散が正あるいは負の値を有し，システム全長トータルでは0になるように伝送路設計を行う．これは，FWMの発生効率は位相整合条件に依存し，各信号波長の波長分散に関係するからである．以下では，ファイバ伝送路における幾つかの分散配置の例を比較してみる．

表2・2には，波長分散配置を考慮した伝送路構成の例を示す．また，それぞれの伝送路の長所短所を比較して示す．これらの中で，4の分散変動ファイバにおける典型的な例[32]では，長さ25 kmにおいて波長分散値は-6 ps/(km・nm)から$+4$ ps/(km・nm)まで変動するが全長での平均はほぼ0に近い．このファイバはファイバ母材を長さ方向でテーパ形状に削ってから，外径が一定になるように線引きする方法で作成するもので，コア径が長さ方向

表 2.2 分散分布の種類とその特徴

	波長分散分布	特徴（○：長所，●：短所）
1	$+2.5$, -2.5, DSF(D_-)+DSF(D_+)	○ SPM/MI，FWMを抑制可能 ● 伝送路内で分散配置が必要 ● 修理用ファイバに分散値の制限あり
2	$+17$, SM+DCF, -100	○ 全体の波長分散傾きが平たん ○ 修理用ファイバに分散値制限なし ● DCFが高価である ● SMファイバの分散で高速化に制限
3	$+17$, -2, DSF+SM	○ SPM/MIが抑制可能 ○ 修理用ファイバに分散値制限なし（SMFは装置内に収納と仮定） ● 分散補償用デバイスが必要
4	$+3$, -3, 分散変動ファイバ	○ SPM/MI，FWM，SBSを抑制可能 ○ 分散配置の必要性なし ● 高度なファイバ製造技術が必要 ● 修理用ファイバの分散に制限あり
5	$+3$, -3, 分散変動ファイバ	○ SPM/MI，FWM，SBSを抑制可能 ○ 分散配置の必要性なし ● 高度なファイバ製造技術が必要 ● 修理用ファイバの分散に制限あり

で変化していることになる．したがって，本ファイバではFWMのみならずSBSも抑制する効果がある．このファイバと通常の分散シフトファイバでのFWM効率を測定した結果を図**2.17**に示す．チャネル間隔が広がるにつれてFWMの発生効率は低下するが，従来のDSFに比較して本ファイバでは急激に低下する様子が理解できる．

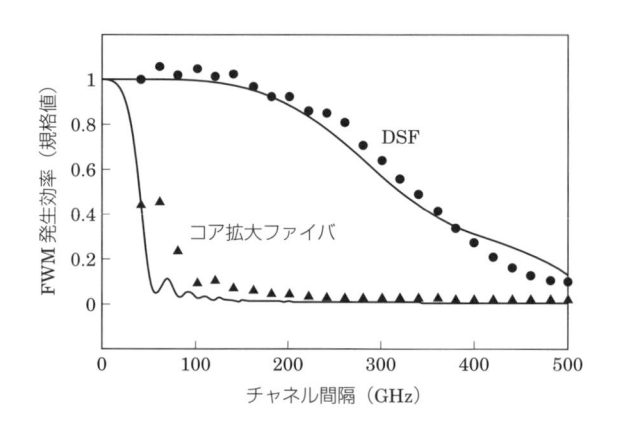

図 **2.17** FWM発生効率のチャネル間隔依存性

2.2.8 非線形現象の応用例

（1） 温度センサ

光ファイバの片端より光パルスを入射して，ファイバのラマン散乱光を検出することにより分布形の温度センサが実現できる．光ファイバに光パルスを入射させると後方散乱光と呼ばれる戻り光が観測される．そのほとんどは入射光と同じ波長成分のレイリー散乱光であるが，ごくわずかな量の波長がシフトした成分が含まれている．これはラマン散乱光と呼ばれ，長波長にシフトした成分（ストークス光）と短波長にシフトした成分（反ストークス光）の2成分がある．ラマン散乱は，光が散乱される過程で入射光とファイバのガラス分子との間でのエネルギー授受を伴う相互作用によるもので，ファイバの温度が変化するとラマン散乱光の強度が変化する．すなわち，ラマン散乱光強度からファイバの温度を計測することが可能である．光パルスを入射させてから，後方散乱により戻ってくるまでの時間遅れを測定することで，

温度変化の地点を特定できる．

初期の頃は，マルチモードファイバを用いた温度センサシステムが開発された[33]が，最近ではシングルモードファイバを用いたセンサが開発されている[34]．図2.18に測定器の構成を示す．使用した光源はLD励起のNd: YLF固体レーザ（発振波長は1.32 μm）であり，繰返し周波数が1 kHzのパルス発振モードで使用している．この固体レーザで分散シフトファイバを励振し誘導ラマン散乱による一次ストークス光（波長1.40 μm）を発生させ，これを試験光として用い，被測定ファイバに入力させる．温度センサで観測するのは誘導ラマン散乱に移行する前の自然放出によるラマン散乱光であるので，入力パワーについては注意が必要である．

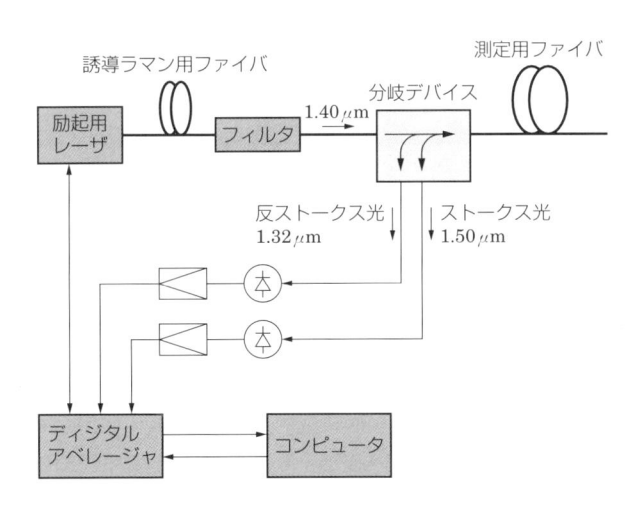

図2.18 SMファイバを用いた温度センサのシステム構成[34]

この構成により，光源波長が1.40 μm，被測定ファイバ中で発生する反ストークス光の波長が1.32 μm，ストークス光の波長が1.50 μmになる．このように固体レーザの出力を直接被測定ファイバに入力しない理由は，上記の三つの波長がカットオフ波長よりも長波長になり，SMファイバ中での安定な伝搬が可能なことが一つの理由である．もう一つの理由としては，一般的に固体レーザのコヒーレンスは良好であるため，OTDR（optical time domain reflectometry）として用いると干渉雑音が大きくなる．誘導ラマン

散乱の一次ストークス光（スペクトル幅の広い光）を用いることで，これを防ぐことができる．本構成により，ストークス光と反ストークス光強度の温度依存性を測定した結果を図2.19に示す．両者の散乱光の強度の比をとることで温度を測定できる．

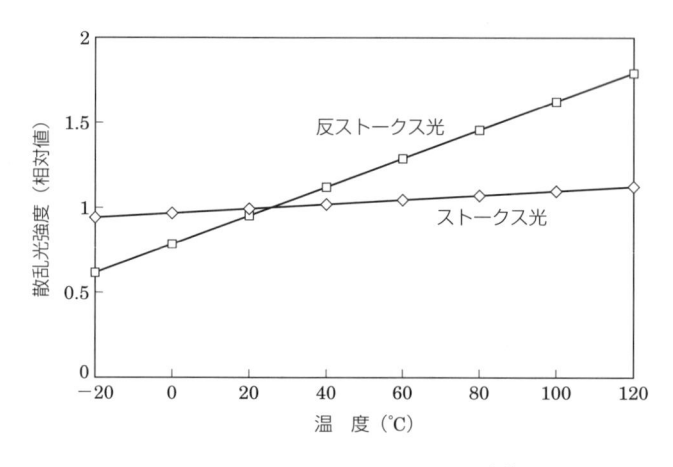

図2.19　ラマン散乱光強度の温度変化[34]

（2）　ひずみセンサ

コヒーレンスの良好な光源を用いてファイバ中に入力するとSBSが生ずるが，これはファイバ中に発生する音響フォノンとの相互作用によるものである．通常の石英系ファイバでは1.55 μm帯の光源入射に対しSBSによる戻り光は周波数が約11 GHzシフトすることが分かっている．ファイバ中で長さ方向にひずみが作用すると，このブリユアン周波数シフトはひずみ量に比例して変化することが分かっている．この関係を式で表すと，

$$\nu_B(\varepsilon) = \nu_B(0) + \frac{d\nu}{d\varepsilon} \cdot \varepsilon \tag{2.69}$$

ここで，$d\nu/d\varepsilon$は，0.5 GHz/%（Strain）で与えられる[35]．

ファイバ長さ方向でのひずみの分布を求めるには，BOTDR（Brillouin optical time domain reflectometry）と呼ばれる測定器を用いる[36]．測定器の構成を図2.20に示す．BOTDRの原理はパルス状の光をファイバの片方の

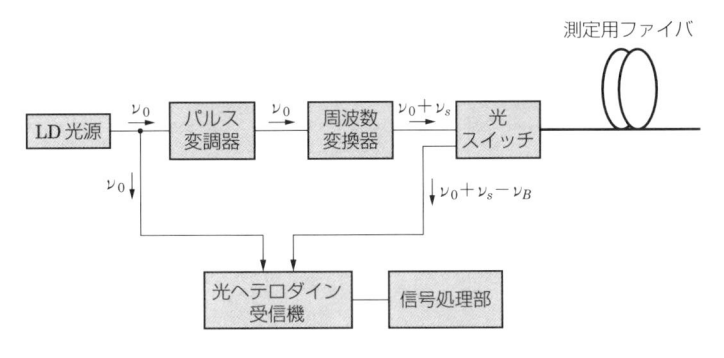

図 2.20 BOTDRによる光ファイバひずみ測定のシステム構成[36]

端末から入射し，戻ってくるSBS光を計測し，その周波数を分析するものである．周波数の変化でひずみ量を測定し，パルスの戻るまでの時間でひずみの生じている場所を特定することができる．すなわち，ひずみの位置zは次式で表せる．

$$z = \frac{cT}{2n} \tag{2.70}$$

ここで，cは光速であり，nはコアの屈折率，Tはパルスが戻るまでの時間である．

実際の測定器では，入射光の周波数をわずかずつ変化させて戻り光の周波数，時間領域でのマッピングを行い，ファイバ長さ方向でのひずみ分布状態を知ることができる．最近では，構造体にあらかじめファイバを埋め込んでおきひずみをモニタすることで，構造体の劣化診断を実施するといった応用技術の試行実験が種々進められている[37],[38]．

2.3 光ファイバの特性

光通信用ファイバの種類には，石英系光ファイバ，多成分系光ファイバ，プラスチック系光ファイバなどがある．一般に光通信で用いられているのは，石英系光ファイバである．従来のメタルの伝送媒体に比較すると広帯域，低損失，細径，軽量，誘導を受けないなどの長所がある．

光ファイバの損失要因としては，図**2.21**に示すようにガラス材料に固有の

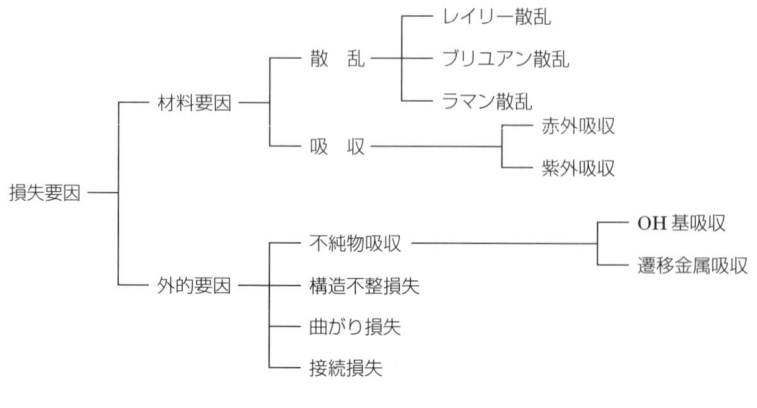

```
損失要因 ─┬─ 材料要因 ─┬─ 散　乱 ─┬─ レイリー散乱
　　　　　│　　　　　　│　　　　　├─ ブリユアン散乱
　　　　　│　　　　　　│　　　　　└─ ラマン散乱
　　　　　│　　　　　　└─ 吸　収 ─┬─ 赤外吸収
　　　　　│　　　　　　　　　　　　└─ 紫外吸収
　　　　　└─ 外的要因 ─┬─ 不純物吸収 ─┬─ OH基吸収
　　　　　　　　　　　　│　　　　　　　└─ 遷移金属吸収
　　　　　　　　　　　　├─ 構造不整損失
　　　　　　　　　　　　├─ 曲がり損失
　　　　　　　　　　　　└─ 接続損失
```

図 2.21　光ファイバの損失要因

損失と不純物吸収と構造的要因による損失に大別できる．材料に固有の損失としては，赤外吸収，紫外吸収，及びレイリー散乱損失がある．不純物吸収には，ガラス材料に含まれる遷移金属吸収やOH基吸収による損失がある．構造的要因には，コア・クラッドの寸法揺らぎに起因する構造不完全損失，不均一な外力がファイバに印加されることによって生ずる曲がりによる放射損失などがある．

　レイリー散乱損失は，光の波長に比べて小さい屈折率の揺らぎによって生ずるもので，ガラス固有のものである．レイリー散乱損失 α_R は，次式で与えられる[39]．

$$\alpha_R = \frac{A}{\lambda^4} \tag{2.71}$$

ここで，A はレイリー散乱係数（$0.7 \sim 0.9 \, \mathrm{dB/(km \cdot \mu m^4)}$），$\lambda$ は波長である．ガラスのレイリー散乱は溶融状態のガラスが熱的な揺らぎが残ったまま固化することにより屈折率揺らぎが生ずることに起因する．この屈折率揺らぎは，密度揺らぎと組成揺らぎの二つの要因からなり，レイリー散乱係数はこの二つの揺らぎに起因する散乱の和で与えられる．組成揺らぎは，二成分以上の材料成分を含むときに生ずるもので，石英ガラスのように単一成分からなるガラスでは生じない．

　赤外吸収は，ガラス材料を構成する分子あるいは原子の振動や回転により

生ずる．石英ガラスにおいては，SiO_2の固有振動による吸収が，波長9.1 μm，12.5 μm，及び21.3 μmに生ずる．これらの基本振動や高調波振動による吸収の裾が低損失な領域にわずかながら影響を及ぼす．赤外吸収は以下の式で表せる．

$$\alpha_{IR} = C\exp\left(\frac{-D}{\lambda}\right) \tag{2.71}$$

C及びDは材料固有の値である[40]．

2.3.1 石英系ガラスファイバ

現在通信用で用いられているのは主として石英系ファイバである．ガラス材料は合成石英であるが，コアにはGeO_2を添加して屈折率を高くしている．図**2.22**には典型的な石英系光ファイバの損失スペクトルを示す．レイリー散乱損失は長波長ほど低くなるが，長波長側では赤外吸収の影響で1.6 μm付近から急に損失が高くなる．したがって，波長1.55 μm付近に最低損失領域が存在する．石英系光ファイバの損失は，1.3 μm帯で約0.4 dB/km，1.55 μm帯で約0.25 dB/kmである．

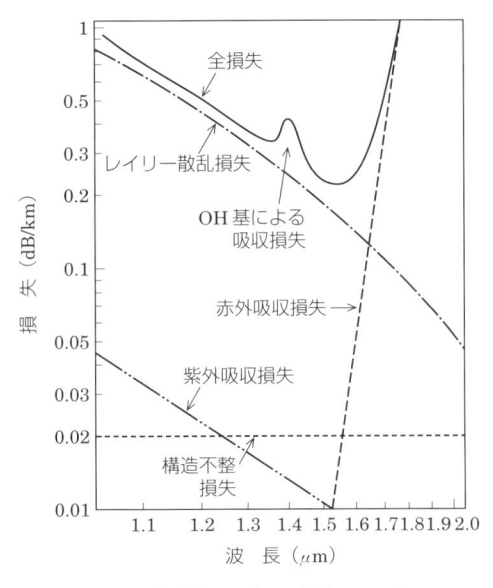

図**2.22** 石英系光ファイバの損失スペクトル

極限的な低損失を実現するため，コアを純粋石英ガラスとし，クラッドにF（フッ素）を添加した屈折率の低いガラスを用いた純粋石英コアファイバも開発されている．このファイバではコアにGeO_2を添加したファイバよりレイリー散乱が小さいため，波長1.55μm帯において0.154 dB/kmという最低損失が得られている[41]．

2.3.2 非石英系ガラスファイバ

石英系ガラス以外のファイバ用ガラス材料として，アルカリ金属やアルカリ土類金属の酸化物を主成分とするガラスがある．通常3種類以上の材料から構成されるため酸化物系多成分ファイバと呼ばれる．石英系ファイバと比較してコアとクラッドの屈折率差を大きくすることができるため，光源との結合効率が高くでき，LEDと組合せ構内配線などの短距離通信へ適用されている．更に，石英系ガラスよりレイリー散乱が小さく低損失ファイバの可能性があり研究されている[42]．ただし，酸化物多成分ファイバの製造ではコア，クラッド材料をそれぞれ溶融して一体化する二重るつぼ法を用いるため，材料に含まれる不純物の低減や容器などからの不純物汚染，水分の混入によるOH基吸収損失の低減が難しく，実際には石英系ファイバをしのぐ低損失なファイバは得られていない．

多成分ファイバには，ほかにフッ化物ファイバがある．これは，Zr, Ba, La, Al, Naなどの金属のフッ化物からなる．その特徴は，重金属のZrを主成分とするためガラス分子の振動による赤外吸収が石英系ガラスより長波長側に存在することである．このため，レイリー散乱の小さな長波長帯で超低損失なガラス材料として注目されていた．推定損失は波長2.55μm帯で0.01 dB/kmといわれているが，多成分ガラス特有の製造プロセスの困難性のため，これまでに得られた最低損失は0.7 dB/km程度である[43]．なお，現在では超低損失なフッ化物ファイバの研究を継続している研究機関はほとんどない．代わりに，赤外吸収の少ない特徴を生かして短いファイバでの使用が可能な光増幅用ファイバとして注目を浴びている，これらについては第3章で述べる．

2.3.3 プラスチックファイバ

プラスチック光ファイバ（POF: plastic optical fiber）は，コア径が大きく光デバイスとの接続が容易であるという長所を有している．近年比較的短距

離の光LANやホーム系への適用が検討されている．プラスチックファイバで実用化されているものは，PMMA系とPS系が中心で損失は数十〜100 dB/km程度であり，ほぼ限界損失に近い．伝送損失要因のうち，分子振動に起因する吸収とレイリー散乱が主要なものである．一般に，POFではC-H結合の振動の高調波に起因する分子振動吸収が支配的なため$0.6〜0.8\mu m$帯で使われる．そのため，H原子を重水素やFなどの重い原子で置き換え振動吸収を長波長帯へシフトさせることにより可視域での吸収を低減する試みがなされている．図**2.23**に代表的なPOFの損失波長特性を示す[44]．重水素化PMMA及びフッ素化ポリマーなどが次世代POFとして期待される．

POFは従来ステップインデックス形の屈折率プロファイルが用いられていたが，モード分散特性を大幅に改善したGI形プロファイルのPOFが研究され，低損失化と合わせた特性向上が図られている．実験的には2.5 Gbit/sで100 mの高速伝送に成功した例も見られる[45]．

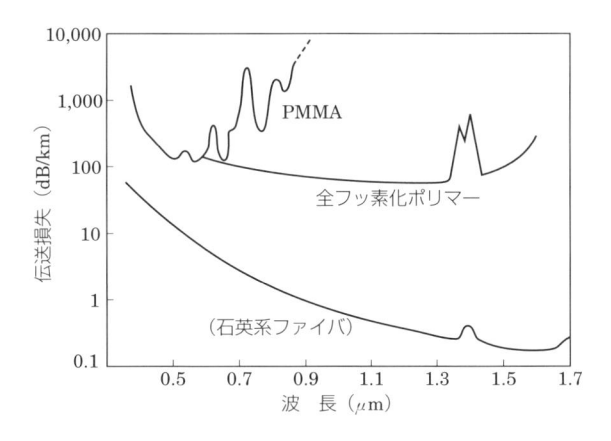

図 **2.23** プラスチックファイバの損失スペクトル[44]

参考文献

[1] E. Snitzer, "Cylindrical dielectric waveguide modes," J. Opt. Soc. Amer., vol. 51, pp. 491-498, 1961.
[2] 大越孝敬, 岡本勝就, 保立和夫, "光ファイバ," オーム社, 1983.
[3] D. Marcuse, "Light Transmission Optics," Chap. 8, Van Nostrand Reinhold, New York, 1972.

[4] A. W. Snyder and J. D. Love, "Optical Waveguide Theory," Chap. 12-15, Chapman and Hall, London, 1983.
[5] A. W. Snyder, "Asymptotic expression for eigenfunctions and eigenvalues of a dielectric optical waveguide," IEEE Trans. Microwave Theory and Tech., vol. MTT-17, pp. 1130-1138, 1969.
[6] D. Gloge, "Weakly guiding fibers," Appl. Opt., vol. 10, pp. 2252-2258, 1971.
[7] 岡本勝就, "光導波路の基礎," オーム社, p. 66, 1992.
[8] I. H. Malitson, "Interspecimen comparison of the refractive index of fused silica," J. Opt. Soc. Amer., vol. 55, pp. 1205-1209, 1965.
[9] 柴田典義, 枝広隆夫, "光ファイバ用ガラスの屈折率分散特性," 信学会光量エレ研究会, OQE80, p. 114, 1980.
[10] 岡本勝就, "光導波路の基礎," p. 90, オーム社, 1992.
[11] I. P. Kaminow, "Polarization in opical fibers," IEEE J. Quantum Electron., vol. QE-17, p. 15, 1981.
[12] J. Noda, K. Okamoto, and Y. Sasaki, "Polarization-maintaining fibers and their applications," J. Lightwave Tech., vol. LT-4, pp. 1071-1089, 1986.
[13] D. Gloge and E. A. J. Marcatili, "Multimode theory of graded-core fibers," Bell Syst. Tech. J., vol. 52, pp. 1563-1578, 1973.
[14] P. S. Henry, "Lightwave primer," IEEE J. Quantum Electron., vol. QE-21, pp. 1862-1879, 1985.
[15] E. P. Ippen, "Laser Applications to Optics and Spectroscopy," vol. 2, Chap. 6, Addison-Wesley, Mass., 1975.
[16] R. K. Bullough and P. J. Caudrey, "Solitons," Springer-Verlag, Heidelberg, 1980.
[17] A. Hasegawa and Y. Kodama, "Signal transmission by optical solitons in monomode fiber," Proc. IEEE, vol. 69, pp. 1445-1150, 1981.
[18] G. P. Agrawal, "Nonlinear fiber optics," Chap. 5, Academic Press, San Diego, 1989.
[19] 岡本勝就, "光導波路の基礎," p. 172, オーム社, 1992.
[20] L. F. Mollenauer, R. H. Stolen, and J. P. Gordon, "Extreme picosecond pulse narrowing by means of soliton effect in single-mode optical fibers," Opt. Lett., vol. 8, pp. 289-291, 1983.
[21] N. J. Doran and D. Wood, "Nonlineaar-optical loop mirror," Opt. Lett., vol. 13, no. 1, p. 56, 1988.
[22] N. Shibata, R. P. Braun, and R. G. Waarts, "Phase-mismatch dependence of efficiency of wave generation through four-wave mixing in a single-mode optical fiber," IEEE J. Quantum Electron., vol. QE-23, pp. 1205-1210, 1987.
[23] R. H. Stolen, "Nonlinearity in fiber transmission," Proc. IEEE, vol. 68, pp. 1232-1236, 1980.
[24] R. G. Smith, "Optical power handling capability of low loss optical fibers as determined by stimulated Raman and Brillouin scattering," Appl. Opt., vol. 11, pp. 2489-2494, 1972.
[25] M. Denariez and G. Bret, "Investigation of Rayleigh wings and Brillouin-stimulated scattering in liquids," Phys. Rev., vol. 171, pp. 160-171, 1968.
[26] Y. Aoki, K. Tajima, and I. Mito, "Observation of stimulated Brillouin scattering in single-mode fibers with DFB-LD pumping and its suppression by FSK modulation," Tech. Digest of CLEO'86, San Francisco, Post Deadline Paper, no. ThU4, 1986.
[27] A. R. Chraplyvy, "Limitations on lightwave communications imposed by Optical-fiber nonlinearities," J. Lightwave Tech., vol. 8, no. 10, pp. 1548-1557, 1990.
[28] G. P. Agrawal, "Nonlinear Fiber Optics," Chap. 1, Academic Press, San Diego, 1989.

[29] P. Nouchi, et al., "New dispersion shifted fiber with effective area larger than 90 μm^2," Proc. ECOC96, MoB. 3. 2, 1996.

[30] M. Kato, et al., "A new design for dispersion shifted fiber with on effective core area larger than 100 μm^2 and good bending characteristics," Technical Digest of OFC98, ThK1, 1998.

[31] K. Nakajima, M. Ohashi, K. Shiraki, T. Horiguchi, K. Kurokawa, and Y. Miyajima, "Four-wave mixing suppression effect of dispersion distributed fibers," J. Lightwave Tech., vol. 17, no. 10, pp. 1814-1822, 1999.

[32] Y. Miyajima, M. Ohashi, and K. Nakajima, "Novel dispersion-managed fiber for suppressing FWM and an evaluation of its dispersion distribution," Tech. Digest Opt. Fiber Commun. 1996, PD7, 1996.

[33] J. P. Dakin, D. J. Pratt, G. W. Bibby, and J. N. Ross, "Distributed optical fiber Raman temperature sensor using a semiconductor light source and detector," Electron. Lett., vol. 21, no. 13, pp. 569-570, 1985.

[34] 石井雅典, 和田史生, 佐久間清, 沢野弘幸, "SMファイバを用いた分布型温度センサ," フジクラ技報, no. 82, pp. 1-5, 1992.

[35] T. Horiguchi, T. Kurashima, and M. Tateda, "Tensile strain dependence of Brillouin frequency shift in silica optical fibers," IEEE Photon. Technol. Lett., vol. 1, pp. 107-108, 1989.

[36] T. Kurashima, M. Tateda, T. Horiguchi, and Y. Koyamada, "Performance improvement of a combined OTDR for distributed strain and loss measurement by randomizing the reference light polarization state," IEEE Photon. Technol. Lett., vol. 9, pp. 360-362, 1997.

[37] N. Yasue, H. Naruse, J. Masuda, K. Kino, T. Nakamura, and T. Yamaura, "Concrete pipe strain measurement using optical fiber," IEICE Trans. Electron., vol. E83-C, no. 3, pp. 468-474, 2000.

[38] H. Naruse, Y. Uchiyama, T. Kurashima, and S. Unno, "River levee change detection using distributed fiber optic strain sensor," IEICE Trans. Electron., vol. E83-C, no. 3, pp. 462-467, 2000.

[39] H. Kanamori, H. Yokota, G. Tanaka, M. Watanabe, Y. Ishiguro, I. Yoshida, T. Kakii, S. Itoh, Y. Asano, and S. Tanaka, "Transmission characteristics and reliability of pure - silica core sigle - mode fibers," J. Lightwave Technol., vol. LT-4, p. 1144, 1986.

[40] T. Izawa and N. Shibata, "Optical attenuation in pure and doped silica in the IR wavelength region," Appl. Phys. Lett., vol. 31, p. 33, 1977.

[41] H. Yokota, H. Kanamori, Y. Ishiguro, G. Tanaka, S. Tanaka, H. Takada, M. Watanabe, S. Suzuki, K. Yano, M. Hoshikawa, and H. Shinba, "Ultra low-loss pure silica core single-mode fiber and transmission experiment," Tech. Digest Opt. Fiber Commun., Atlanta, Post Deadline Paper, PD3, 1986.

[42] K. Shiraki and M. Ohashi, "Optical properties of sodium aluminosilicate glass," J. Non-Cryst. Solids, vol. 149, pp. 243-248, 1992.

[43] P. W. France, S. F. Carter, M. W. Hoore, and J. R. Williams, "Ultimate realistic losses of ZrF_4 based fiber," Proc. SPIE, vol. 618, p. 51, 1986; T. Kanamori, Y. Terunuma, K. Fujiura, K. Oikawa, and S. Takahashi, "Fabrication of fluoride single-mode optical fibers," NTT R & D, vol. 39, pp. 1353-1362, 1990.

[44] POFコンソーシアム (編), "プラスチック光ファイバ," 共立出版, 1997.

[45] S. Yamazaki, "A 2.5 Gb/s 100 m GRIN plastic optical fiber data link at 650 nm wavelength," Proc. ECOC94, PDP, 1994.

第3章

光ファイバ増幅器

3.1 希土類添加光ファイバの構造と特徴

(1) 希土類添加光ファイバの基本構造

　光ファイバのコア部にエルビウムなどの希土類イオンを添加し，所要の波長の光でこれを励起すると，高効率・高利得な進行波形増幅器が実現できる．これは，ガラス中に添加された希土類イオンからの光の誘導放出を利用するものである．ファイバ形光増幅器の研究は，古くは1960年代に開始されている[1]が，この頃は，励起パワーがかなり大きいなど実用性においては進展がなかった．その後，低損失な単一モードファイバ技術[2]を取り入れて，エルビウム添加ファイバの特性が飛躍的に向上し[3]，励起光源に半導体レーザを適用するなどの提案[4]により，実用性が認められるに至った．

　ファイバ形増幅器は，活性ファイバの製造技術が容易であるのみならず，励起光と信号光とをオーバラップしたまま長い距離伝搬できるので，半導体形増幅器と比較して高利得，高効率，低雑音であり，偏波依存性が少なく，通信用ファイバとの接続も容易であるなどの優れた特長を有する．しかも，結晶中に添加する場合と異なり，アモルファス状態のガラス（SiO_2）に活性イオンが入り込むため遷移スペクトルが全体として広がる．これによりレーザ媒質の広帯域化が図られ，光増幅器として実用上極めて有効である．

　希土類イオンを添加した光ファイバ増幅器のなかで最も注目されているの

は，Er（エルビウム）添加ファイバとPr（プラセオジム）添加ファイバであろう．これは，現在実用化されている光通信システムの波長帯が$1.55\,\mu m$帯及び$1.3\,\mu m$帯であり，それぞれの増幅器の波長帯と一致するためである．増幅波長帯は，用いるアクティブイオン固有の励起状態間の遷移によって決まるため，新しい増幅波長帯を得るためには，新しい希土類イオンの発光特性に関する基本検討が重要である．希土類元素は全部で14種類あり，上記のエルビウム以外の元素をアクティブイオンとして添加したファイバの応用も考えられる．これらについては，3.4節で述べることとし，以下では断わらない限り主としてErドープファイバを対象に議論する．

（2） ほかの光増幅技術との比較

光増幅器には，上記の希土類添加光ファイバ増幅器のほかに，半導体レーザ増幅器[5]，ラマン散乱[6]，ブリユアン散乱[7]などの非線形光学効果を利用した増幅器がある．それぞれの光増幅器の特徴を比較して表**3.1**に示す．半導体レーザ増幅器は，注入電流で励起し，小形で，増幅波長域が広いが，ファイバとの結合が難しい，偏波依存性がある，などの欠点もある．また，ラマン増幅器では，数km以上のファイバを必要とし，励起パワーも希土類ファイバ増幅器に比較して大きい．ブリユアン増幅器は，励起パワーは低いものの，励起光の波長から約11 GHz離れた波長で，逆方向の信号を増幅できる．

表 3.1 光増幅器の種類と特徴

項目＼種類	希土類添加ファイバ増幅器	半導体レーザ増幅器	ファイバラマン増幅器	ファイバブリユアン増幅器
原 理	誘導放出	誘導放出	誘導ラマン散乱	誘導ブリユアン散乱
増幅用触媒（長さ）	希土類イオン（数十 m）	半導体：AlGaAs，InGaAsP など（数百 μm）	石英系ファイバ（数 km）	石英系ファイバ（数十 km）
動作波長	$1.55\,\mu m$，$1.31\,\mu m$ など	$0.8 \sim 1.6\,\mu m$	励起波長より$450\,cm^{-1}$長波長側	励起波長より11 GHz 長波長側
帯 域	$10 \sim 30$ nm	約 100 nm	約 50 nm	約 30 MHz
励起法	光	電 流	光	光
励起パワー	約 100 mW	約 100 mA	数 W	約 10 mW

また，帯域は狭く（100 MHz 以下），ファイバ長は数 km 必要である．

希土類添加光ファイバ増幅器の特徴を要約すると以下のとおりとなる．

・高利得である（＞40 dB）
・低雑音である（NF: 3～5 dB）
・飽和出力が高い
・広帯域である
・偏波依存性がない
・通信用光ファイバとの接続が容易

このように比較的簡単な構成にもかかわらず，良好な特性を有するためほかの増幅器に比較して通信分野では幅広く用いられている．

3.2 Er 添加光ファイバ増幅器

（1）基本構成

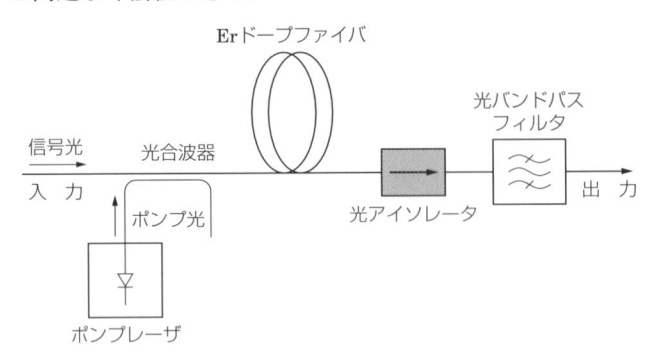

一般的な光ファイバ増幅器の基本構成を Er 添加ファイバ増幅器[8]を例にとり，図 **3.1** に示す．ファイバ増幅器の構成は，(a) Er 添加ファイバ，(b) 励起用光源（波長 1.48 μm あるいは 0.98 μm の LD），(c) 信号光と励起光を合波するための光合分波器，(d) 光アイソレータ，及び，(e) 光バンドパスフィルタから構成される．希土類イオンを添加したファイバは通常 10～50 m 程度の長さのものが使用される．コア径は，通常のシングルモードファイバよりもやや小さめの 4～5 μm 程度であるが，接続技術の進展により通常のファイバと問題なく接続できる．

図 **3.1** 光ファイバ増幅器の基本構成

励起用光源としては，半導体レーザが用いられるが，最近では出力100 mW以上のものが市販されている．励起光の進行方向と信号光の進行方向が一致している場合を前方励起（forward pumpingまたはcopropagation pumping），逆の場合を後方励起（backward pumpingまたはcounter-propagation pumping），と呼んでいる．前方励起がプリアンプ，後方励起がポストアンプ（パワーアンプ）に適している．両者を兼ね備えた特性を要求する場合は，双方向励起や反射形励起が有効である[9]．

合分波器としてはファイバ形カップラが使われ，アイソレータはファイバ結合形のデバイスが市販されている．エルビウム添加光ファイバ増幅器の全利得は30 dBを超えるため，端面での反射率は40 dB以下に抑える必要がある．エルビウム添加光ファイバはほかのファイバとの接続には融着接続が可能であることから，反射が問題になるのは入出力両端である．ここに反射抑制のために光アイソレータなどの非相反回路が不可欠である．また，光バンドパスフィルタとしては，狭帯域誘電体多層膜干渉フィルタが用いられる．

光増幅器の適用形態としては，図3.2に示すように，プリアンプ，ポストアンプ，インラインアンプ，ブースタアンプに分けられる[10]．プリアンプは

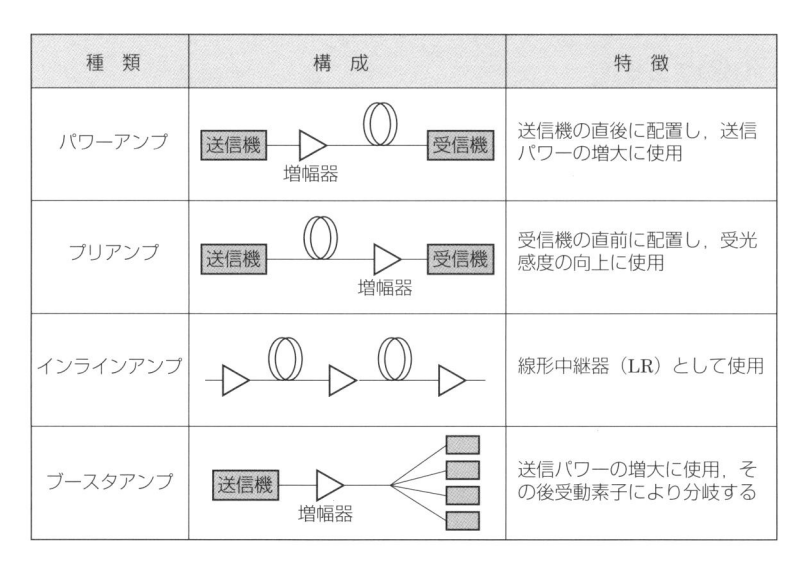

種類	構成	特徴
パワーアンプ	送信機―増幅器―受信機	送信機の直後に配置し，送信パワーの増大に使用
プリアンプ	送信機―増幅器―受信機	受信機の直前に配置し，受光感度の向上に使用
インラインアンプ	―増幅器―増幅器―	線形中継器（LR）として使用
ブースタアンプ	送信機―増幅器―分岐	送信パワーの増大に使用，その後受動素子により分岐する

図3.2　光アンプの適用形態

受光器の前段に配置され,受信感度の改善に使用される.低雑音な特性が要求される.ポストアンプは送信側の光源の後段に配置され送信光パワー増大に用いられる.インラインアンプは,伝送路の途中に配置されるものでいわゆる多段の線形中継器として用いられる.ブースタアンプは,光スターカップラなどの光分配用デバイスと組み合わせて,分岐数を多くするためのパワーアンプである.

(2) 動作原理(レート方程式)

光増幅器のメカニズムは誘導放出効果を利用するという点では,基本的にはレーザと同じであるがフィードバック機能を使わない点が異なる.光ファイバ増幅器においては,用いるアクティブイオンのエネルギーレベルに依存して励起形態は三準位系と四準位系[11]に分けられる.**図3.3**(a),(b)にその様子を示す.両方の場合とも,ドープイオンは高いエネルギーレベル(図中E_3)に励起されたあと,より低いエネルギーレベル(図中E_2)に急速に緩和される.エネルギーレベルE_2に蓄積された状態からE_1への遷移の過程で誘導放出が生ずる.三準位系の代表例は,エルビウム増幅器,四準位系の代表例はネオジム増幅器で,それぞれの特徴をまとめて**表3.2**に示す.前者では,利得しきい値が存在するとともに,利得飽和は励起レベルを上げれば増加する点が特徴である.

三準位系の光ファイバ増幅器では,室温においては低い励起状態では吸収が優るため,ある程度の無効光励起パワーが必要となる.この点が四準位系と異なる点である(ただし,低温では基底準位が分離し,四準位系で動作す

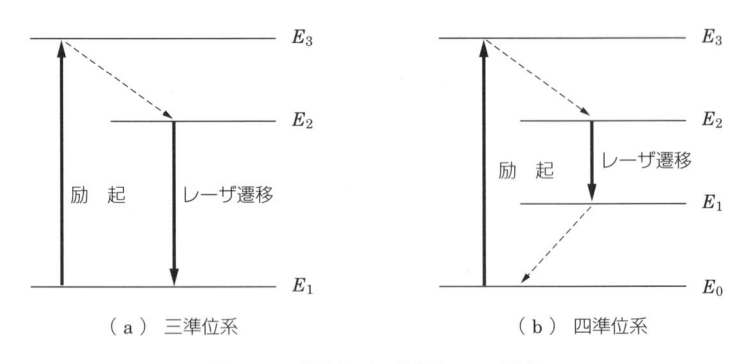

(a) 三準位系　　　　　(b) 四準位系

図3.3　三準位及び四準位系レーザ動作

表 3.2 三準位系と四準位系のアンプ（レーザ）の特徴

項 目	三準位系	四準位系
終準位	基底準位	中間準位
利得 しきい値	・しきい値あり ・反転分布が成立する 　$(N_2 - N_1 > 0)$ 　までは基底吸収による損失大	・しきい値なし ・$N_1 \simeq 0$ のため， 　常に，$N_2 - N_1 > 0$ とみなせる
出力飽和	・励起パワーとともに増大 $I_{\text{sat}} = \dfrac{1}{2}\dfrac{h\nu_s}{\sigma_s}\left(W_p B_{13} + \dfrac{1}{\tau}\right)$ （I_{sat}：飽和出力）	・一義的に決まる $I_{\text{sat}} = \dfrac{h\nu_s}{\sigma_s}\dfrac{1}{\tau}$ （I_{sat}：飽和出力）
アンプの例	Er アンプ（レーザ）	Nd アンプ（レーザ）

ることが報告されている[12]）．光励起されたエルビウムイオンの遷移準位は図3.3 (a) のような通常の三準位モデルで記述できる．励起光強度密度をI_p，信号光強度密度をI_sとすると，下記のレート方程式が得られる[13], [14]．

$$\frac{dN_3}{dt} = \frac{\sigma_p I_p}{h\nu_p}N_1 - \frac{N_3}{t_{32}} \tag{3.1}$$

$$\frac{dN_2}{dt} = \frac{N_3}{t_{32}} - \frac{N_2}{t_{21}} - (\sigma_s N_2 - \sigma_a N_1)\frac{I_s}{h\nu_s} \tag{3.2}$$

$$\frac{dN_1}{dt} = -\frac{\sigma_p I_p}{h\nu_p}N_1 + \frac{N_2}{t_{21}}(\sigma_s N_2 - \sigma_a N_1)\frac{I_s}{h\nu_s} \tag{3.3}$$

ただし，N_3（励起準位），N_2（上準位），N_1（基底準位）は，それぞれ各準位（E_3, E_2, E_1）のイオン密度を表す．また，全イオン密度をN_Tとする．その他のパラメータについては，σ_s: 誘導放出断面積，σ_a: 吸収断面積，t_{21}: 準位2から準位1への遷移寿命時間，t_{32}: 準位3から準位2への遷移寿命時間（$t_{32} \ll t_{21}$），h: プランク定数，ν_p: 励起光の周波数，ν_s: 信号光の周波数である．

反転分布が形成されるような高い励起の定常状態を考えると，

$$N_3 = t_{32}\frac{\sigma_p I_p}{h\nu_p}N_1 < N_1 < N_2 \tag{3.4}$$

であるから，

$$N_T = N_1 + N_2 + N_3 \cong N_1 + N_2 \tag{3.5}$$

とすると，

$$N_1 = \frac{\sigma_s/(h\nu_s)I_s + 1/t_{21}}{\sigma_p/(h\nu_p)I_p + (\sigma_a+\sigma_s)/(h\nu_s)I_s + 1/t_{21}} N_T \tag{3.6}$$

$$N_2 = \frac{\sigma_p/(h\nu_p)I_p + (\sigma_a/h\nu_s)I_s}{\sigma_p/(h\nu_p)I_p + (\sigma_a+\sigma_s)/(h\nu_s)I_s + 1/t_{21}} N_T \tag{3.7}$$

となる．

エルビウム添加光ファイバ増幅器の場合，長い導波構造を有するファイバ構造であり，端部から励起されることを考慮する必要がある．エルビウム添加ファイバが軸方向（z方向）に均一であると仮定して，伝搬損失を無視して微小区間dzを考えると次のようになる．

$$\frac{dI_p}{dz} = -\sigma_p N_1 I_p \tag{3.8}$$

$$\frac{dI_s}{dz} = (\sigma_s N_2 - \sigma_a N_1) I_s \tag{3.9}$$

以下では，自然放出光が無視できるようなレベルを考えることにする．式（3.6）及び（3.7）を，次式

$$I_{th} = \frac{h\nu_p}{\sigma_p t_{21}}, \quad I'_p = \frac{I_p}{I_{th}}, \quad I'_s = \gamma \frac{I_s}{I_{th}}, \quad \gamma = \frac{\sigma_s \nu_p}{\sigma_p \nu_s}, \quad \alpha = \frac{\sigma_a}{\sigma_s} \tag{3.10}$$

により規格化を行うとすると，式（3.6）及び（3.7）はそれぞれ，

$$N_1 = \frac{I'_s + 1}{I'_p + (\alpha+1)I'_s + 1} N_T \tag{3.11}$$

$$N_2 = \frac{I'_p + \alpha I'_s}{I'_p + (\alpha+1)I'_s + 1} N_T \tag{3.12}$$

となるので，これらを，式（3.8）及び（3.9）に代入し，

$$\frac{dI'_p}{dz} = -\frac{I'_s + 1}{I'_p + (\alpha+1)I'_s + 1} N_T \sigma_p I'_p \tag{3.13}$$

と書き下すことができる．単方向利得係数gは式(3.9)の右辺の係数より，

$$\frac{dI'_s}{dz} = -\frac{I'_p - \alpha}{I'_p + (\alpha+1)I'_s + 1} N_T \sigma_s I'_s \tag{3.14}$$

$$g(z) = \frac{I'_p - \alpha}{I'_p + (1+\alpha)I'_s + 1} N_T \sigma_s \tag{3.15}$$

となり，励起光密度が十分高いときの最大利得係数g_0は，

$$g_0 = \frac{I'_p - \alpha}{I'_p + 1} N_T \sigma_s \leq N_T \sigma_s \tag{3.16}$$

で与えられる．式(3.15)により増幅された信号光により利得係数は飽和を受ける．利得係数が半分になる信号光をI'_{sat}（ただし，$I'_{\text{sat}} = I_{\text{sat}}\gamma/I_{\text{th}}$）と定義すると，

$$g = \frac{g_0}{1 + I'_s / I'_{\text{sat}}} \tag{3.17}$$

ただし，

$$I'_{\text{sat}} = \frac{I'_p + 1}{\alpha + 1} \tag{3.18}$$

となる．すなわち，

$$I_{\text{sat}} = \frac{I_p + I_{\text{th}}}{(\alpha+1)\gamma} = \frac{\nu_p}{\nu_s} \frac{\sigma_p}{\sigma_a + \sigma_s} (I_p + I_{\text{th}}) \tag{3.19}$$

ただし，$I_p \gg I_{\text{th}}$

利得係数の飽和を与える増幅された信号光は，励起光強度に比例する．また，雑音特性を決める反転分布パラメータμは，

$$\mu = \frac{N_2}{N_2 - N_1} = \frac{I'_p + \alpha I'_s}{I'_p - 1 - (1-\alpha)I'_s} \tag{3.20}$$

無信号時のμはほぼ1となる（ただし，$I_p \gg I_{\text{th}}$）．

（3）基本的な増幅特性

図3.4(a)は，横軸に励起パワーをとり，ファイバ長をパラメータとして利得の変化を示したものである．図より，$L = 10$ mの場合に着目すると励起パワーレベルが約0.8 mWで正の利得が得られ，励起パワーを上げるにつれて利得は増加するが，3 mW以上になると利得の増加が小さくなり，いわゆ

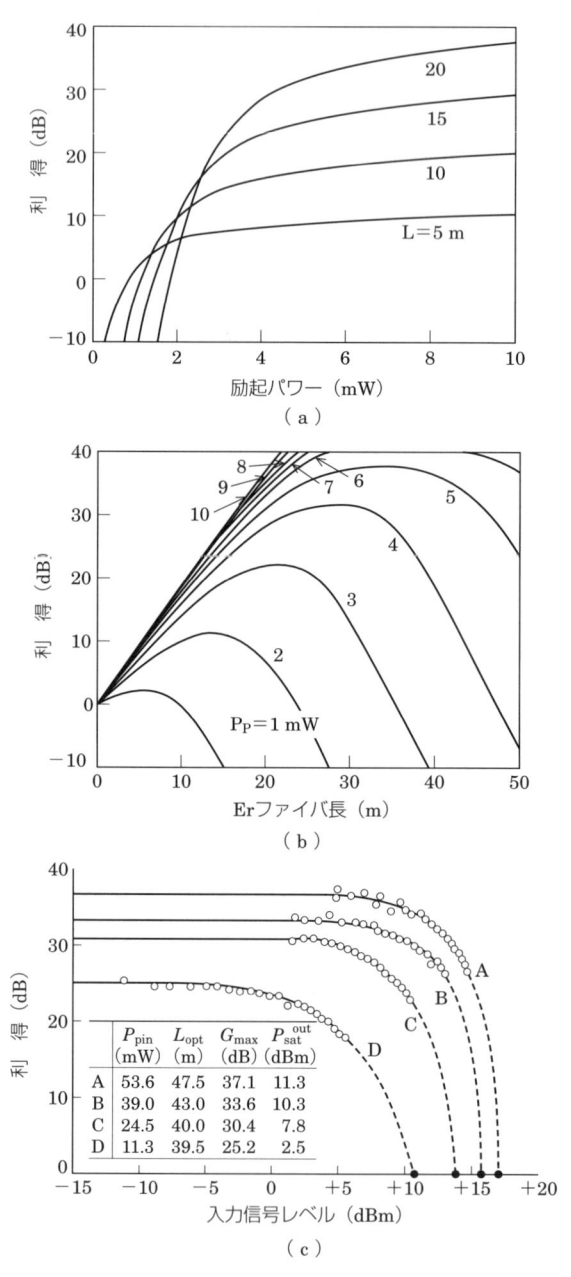

図 3.4 基本的な増幅特性[11]

る利得飽和を起こしているのが分かる．このように正の利得が得られるしきい値が存在するのは，三準位系増幅器の特徴であり，この時点で反転分布による誘導放出効果が励起吸収を上回っていることを意味する．Erファイバ長を長くするにつれてしきい値は高くなるとともに，利得の最大値も大きくなり $L = 20$ m 以上で 30 dB 以上の利得が得られることが分かる．

また，図3.4 (b) は，横軸にErファイバ長をとり，利得の変化を示したものである．ある与えられた励起パワーに対しては，利得はある適切なファイバ長において最大になり，それ以下の長さ，あるいは，それ以上の長さでは利得は低下することが分かる．その理由は，ファイバ長が短い場合，励起パワーを全部吸収しきれないため，増幅利得が十分に得られないためであり，また，ファイバ長が長すぎる場合，ドープファイバの出口近くの未励起状態の部分で信号が吸収されることによる．励起パワーを4mWとすると，最適なErファイバ長は約30 mであり，このとき30 dBの増幅利得が得られることが分かる．

図3.4 (c) には，励起パワーをパラメータとして，増幅器への入力信号レベルに対する増幅利得を示す[11]．図中，A，B，C，Dは，それぞれ，励起パワー53.6 mW，39.0 mW，24.5 mW，11.3 mWの場合を示す．図から分かるように，入力が小さい場合には一定の利得が得られるが，信号光レベルを増加するにつれて増幅利得が減少し，利得の飽和が起きることが理解できる．

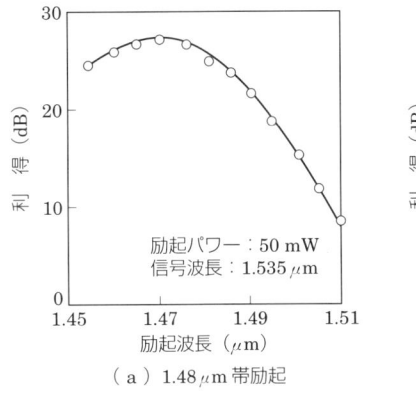

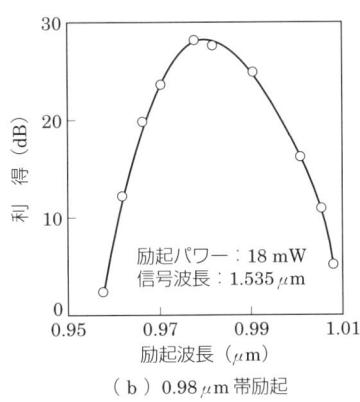

(a) 1.48 μm 帯励起

(b) 0.98 μm 帯励起

図 **3.5** 増幅利得の励起波長依存性[8]

このことは，式（3.17）の意味することと一致する．通常，利得が3 dB低下するレベルを飽和入力レベルと呼び，増幅器の性能を表すパラメータの一つとして用いられる．また，励起パワーを増加させると飽和出力パワーも増加しているが，このことは三準位レーザの特徴であり式（3.19）からも理解できる．

次に，励起波長を変化させたときの増幅利得の変化について述べる．図**3.5**(a)，(b)には，それぞれ，1.48 μm，0.98 μm帯で励起したときの利得を示す[8]．1.48 μm帯では，1.475 μm付近で利得は最大となり，その周囲の広い波長域（約40 nm）で高い利得が得られるが，0.98 μm帯では，比較的狭い波長域（約10 nm）でしか高い増幅利得は得られないことが理解できる．このため，1.48 μm帯では，励起用LDに対する波長の許容範囲が緩く一般のファブリペローLDでまかなえたのに対し，0.98 μm帯では，製造歩留りが悪いという問題があった．しかしながら，最近ではファイバグレーティングを外部共振器に用いる[15]ことで，波長歩留りに関する問題も解決されつつある．

（4） 雑音特性

光増幅器の雑音特性は雑音指数NF（noise figure）で評価される[16]．NFは，信号と雑音の比率（SNR）の入出力比をとり，

$$\mathrm{NF} = \frac{(\mathrm{SNR})_{\mathrm{input}}}{(\mathrm{SNR})_{\mathrm{output}}} \quad (3.21)$$

で定義される．若干の計算の後，結果のみ記述すると，NFは次式で与えられる[17]．

$$\mathrm{NF} = \frac{1}{G} + \frac{G-1}{G^2 \langle n_{\mathrm{in}} \rangle} \mu \Delta f + 2\frac{G-1}{G} \mu + \frac{(G-1)^2}{G^2 \langle n_{\mathrm{in}} \rangle} \mu^2 \Delta f \quad (3.22)$$

ここで，Gは増幅利得，μは反転分布パラメータ，Δfは光バンドパスフィルタの半値全幅，$\langle n_{\mathrm{in}} \rangle e$は光ファイバ増幅器への平均入射電流（ただし，$e$は電子の電荷量）である．光増幅器では，信号の誘導増幅と同時に増幅器がもつASE（amplified spontaneous emission）が発生し，これによる雑音が相加される．これを受光素子で二乗検波すると，雑音は信号光に比例する信号-自然放出光間ビート雑音と自然放出光間ビート雑音に変換される．式（3.22）の第1項は増幅された信号光によるショット雑音に，第2項は自然放出光によ

第3章 光ファイバ増幅器

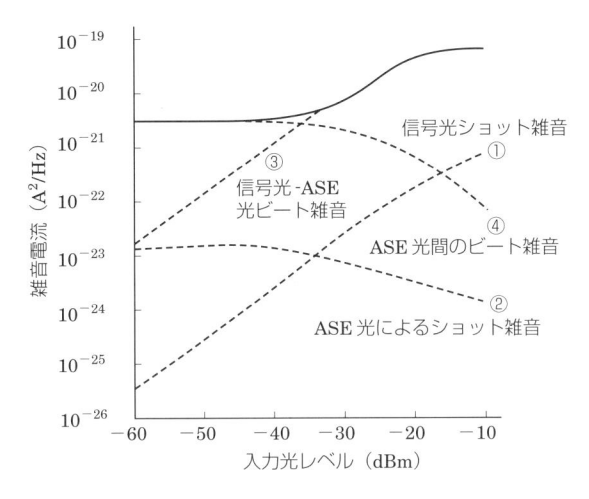

[Figure 3.6: グラフ — 横軸: 入力光レベル (dBm), 縦軸: 雑音電流 (A²/Hz)
① 信号光ショット雑音
② ASE 光によるショット雑音
③ 信号光-ASE 光ビート雑音
④ ASE 光間のビート雑音]

図 3.6 雑音成分の入力レベル依存性

るショット雑音に，第3項は信号光と自然放出光とのビート雑音に，第4項は自然放出光スペクトル間のビート雑音に対応している．図 3.6 には，各項の入力レベル依存性を示す．

G が1より十分に大きい場合には，第3項と第4項のみが支配的となり，

$$\mathrm{NF} \simeq 2\mu + \frac{\mu^2 \Delta f}{\langle n_{\mathrm{in}} \rangle} \tag{3.23}$$

となる．したがって，入力光を大きくとり（つまり，$\langle n_{\mathrm{in}} \rangle \rightarrow$ 大のとき），狭帯域の光フィルタを使用することにより（$\Delta f \rightarrow$ 小のとき），自然放出光間のビート雑音が無視できる場合には，

$$\mathrm{NF} \simeq 2\mu \tag{3.24}$$

となる．反転分布が十分に起こり，$\mu = 1$ のときには，量子論的なリミットとして NF は 3 dB となる．これは，信号光と自然放出光のビート雑音は取り去ることができないことを意味している．

0.98 μm 帯励起と 1.48 μm 帯励起について，光増幅器の雑音指数（SNR の入出力比）がどのようになるか考えてみる[18]．図 3.7 にそれぞれの波長で励起したときの反転分布の様子を示す．0.98 μm 帯励起の場合には，十分な励起パワーを入力すると，$N_1 = N_3 \simeq 0$ となり，完全な反転分布（反転分布パラ

$E_3(^4I_{11/2})$ —— N_3

$E_2(^4I_{13/2})$ ≡≡≡ N_2

0.98 μm

$E_1(^4I_{15/2})$ ▬▬ N_1

1.48 μm

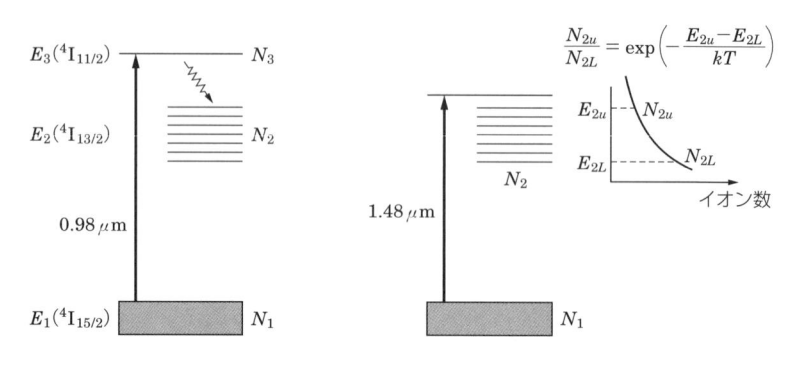

N_2

$\dfrac{N_{2u}}{N_{2L}} = \exp\left(-\dfrac{E_{2u}-E_{2L}}{kT}\right)$

E_{2u} — N_{2u}
E_{2L} — N_{2L}

イオン数

励起光が透明になる条件　$N_1 = N_3 = 0$

反転分布パラメータ：$\mu = \dfrac{N_2}{N_2 - N_1} = 1$

（a）0.98 μm 励起

励起光が透明になる条件　$N_1 = N_{2u} = 0.38 N_{2L}$

$\mu = \dfrac{N_2}{N_2 - N_1} = \dfrac{N_{2L}}{N_{2L} - 0.38 N_{2L}} = 1.61$

（b）1.48 μm 励起

図 **3.7**　0.98 μm 及び 1.48 μm 励起による反転分布形成のモデル図[18]

メータ：$\mu = N_2/(N_2 - N_1) = 1$）が成立するので NF ≒ 2μ = 3 dB となる．1.48 μm 帯励起の場合には，誘導放出の上準位 $^4I_{13/2}$ の高エネルギー側を励起させるため，シュタルク分離した各レベルの分布はボルツマン分布に従う．図に示すようにシュタルクレベルの分布は $N_{2u} = 0.38 N_{2L}$ の関係にあり，反転分布パラメータは $\mu = 1.61$ となり，NF = 5.1 dB となる．すなわち，0.98 μm 帯励起と比較すると雑音特性は悪くなるのが理解できる．また，図 **3.8** には，

励起波長：1.49 μm
励起パワー：34.2 mW

雑音指数（dB） 対 信号波長（μm）

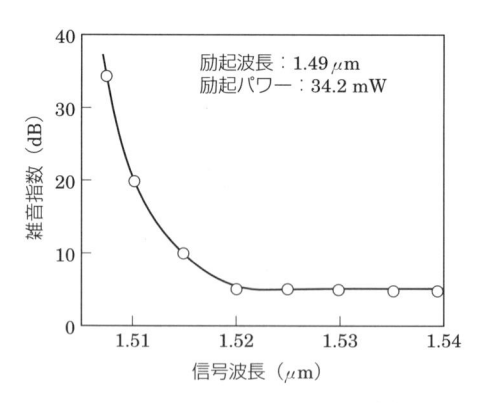

図 **3.8**　雑音指数の信号波長依存性[8]

1.48 μm帯で励起したときの1.5 μm帯の信号波長に対する雑音指数の分布を示す[8]．波長1.52 μmより長波長側では，NFは約5 dBとほぼ一定であるが，波長1.52 μmより短波長になるにつれてNFは増加しているのが分かる．

（5） 伝送実験による受光感度向上の例

プリアンプとして1.48 μm励起のEr添加ファイバ増幅器を適用した場合の誤り率特性の測定例を図**3.9**に示す[19]．約210 kmのファイバを用いて，1.8 Gbit/sの15段PN（pseudorandom：擬似ランダムデータ），RZ（return to zero）波形の光信号により伝送実験を行った結果である．同図において，図（a）は受光素子としてAPDのみを用いた場合，図（b）はAPDの前に光ファイバ増幅器を用いた場合を示す．図（b）の場合，光ファイバ増幅器の後に通過帯域幅約2 nmの誘電体多層膜干渉フィルタを設置し，増幅器内で発生した自然放出光を除去している．これより，符号誤り率10^{-9}を与える受光レベルは-32.3 dBmから-37.8 dBmとなり，APD単体の受光レベルに比較して5.5 dBの高感度化を実現している．

Er添加ファイバ増幅器を前置増幅器として使用し，受光素子としてpin-PDを適用した受光回路の信号電力と雑音電力の比SNRは次式で表される[20]．

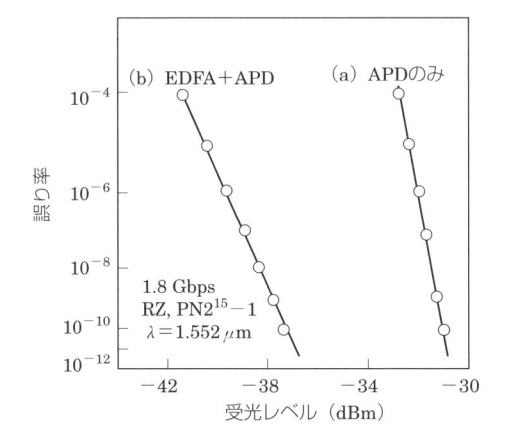

図**3.9** EDFAを前置増幅器として用いた場合の受光特性[19]

$$\mathrm{SNR} = \frac{(eP_{\mathrm{in}}G/h\nu)^2}{\{4e^2G(G-1)\mathrm{NF}P_{\mathrm{in}}/h\nu + e^2(G-1)^2\mathrm{NF}^2\Delta f + I_n^2\}B}$$

(3.25)

ここで,上式の分子は信号電力を,分母は雑音電力を表しており,NFは光増幅器の雑音指数,Δfは光バンドパスフィルタの半値全幅,Gはアンプの利得,P_{in}は光ファイバ増幅器への入射電力,$h\nu$はフォトンエネルギー,eは電子の電荷量,I_nはpin-PD受光回路の入力換算雑音電流密度,Bは受光回路の帯域幅である.分母の第1項は信号と自然放出光とのビート雑音を,第2項は自然放出光スペクトル間のビート雑音を,第3項は受光電気回路の雑音を表している.受光電力が−40 dBmより大きい領域では信号光と自然放出光とのビート雑音が主な雑音であり,これよりも小さい領域では自然放出光スペクトル間のビート雑音が主な雑音となる.また,電気回路雑音は光増幅器雑音に比較して1桁以上小さな値となっている.光増幅器を用いないときを仮定して,$G=1$のときには分母は第3項のみが残る.光増幅器を用いた場合を仮定して,$G\to$大のときには,分母第3項は無視できる.すなわち,プリアンプを使用することにより電子回路の熱雑音の寄与を低減できる.

3.3 光増幅特性向上に向けた取組み

(1) 高効率化

Er添加ファイバの励起効率を高くするためには,添加ファイバの構造を改善する方法[21],増幅器の構成を工夫する方法[22]がある.前者については,Erを添加した領域と励起光の強度分布が良好に重なる構造を実現することがポイントである.図3.10にファイバ構造の一例を示す.図3.10(a)は,コアのセンタ部分のみにErを添加した構造である.励起光の強度分布は同図に示すようにコア中心部分が高くなっており,Erの添加された領域では比較的励起レベルが高い.Er増幅器は,三準位系増幅器であるので励起光強度が不十分であると吸収媒質となり,増幅効率が低下することとなる.図(b)は,高NA化(コアの屈折率差を高くする)して励起光の強度分布をコア中心に集中させることでEr添加部分の励起レベルを高くするものである.コアセン

第3章　光ファイバ増幅器

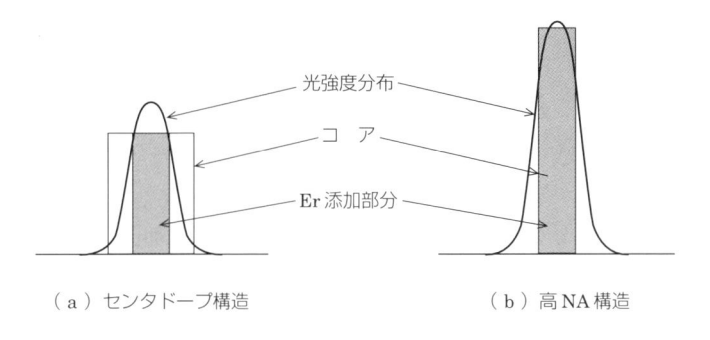

(a) センタドープ構造　　　　　(b) 高NA構造

図 3.10　高効率Er添加ファイバの構造

タドープ形の場合，ファイバ製造プロセスが1工程増えることと，増幅用ファイバの長さが長くなるなどの欠点があり，高NA化ファイバでは，屈折率を高くする製造技術が難しい，通常のファイバとの接続損失が下がりにくい，などの欠点があったが，最近では，これらの問題も解決され高NAファイバが主として用いられているようである．これまでの報告例では，$0.98\,\mu$m帯励起では11 dB/mW[23]，$1.48\,\mu$m帯励起[24]では6.3 dB/mWの励起効率が実

(a) 従来の増幅器の構成

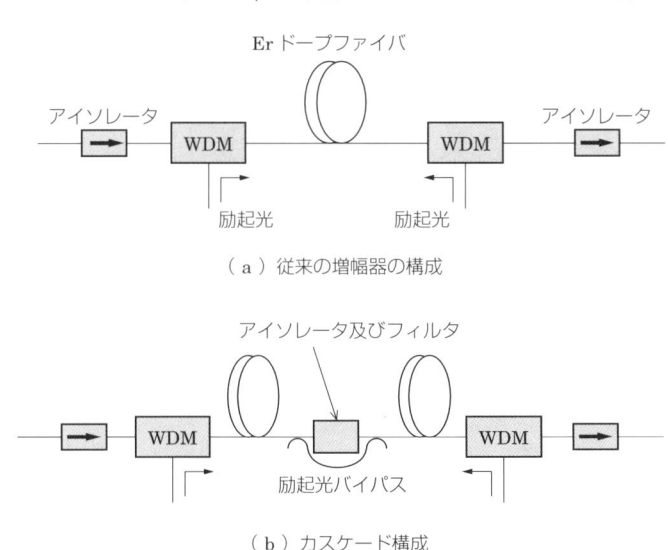

(b) カスケード構成

図 3.11　カスケード構成の光増幅器[22]

現されている.

高効率を実現するためのもう一つのアプローチとして,増幅器の構成をカスケード構造にする方法がある.これは,増幅器内で発生した自然放出光が誘導放出効果で成長する前に媒体の外部へ除去するための工夫をした構造である.自然放出光が増幅器内で大きくなると励起されたイオンが自然放出光で消費され反転分布パラメータが大きくなる.これらの問題を解決するために,図3.11に示すようなカスケード構成の増幅器が提案されている[22].その構成は,Er添加ファイバの途中に光アイソレータ及び狭帯域な光バンドパスフィルタを挿入する構造である.このような工夫により,不要な自然放出光成分を除去し,信号光のみを効率良く増幅できるとともに低雑音特性も達成できる.

(2) 利得平たん化

光増幅器を波長多重(wavelength division multiplexing: WDM)伝送システムに用いる場合,広帯域で利得の平たんな増幅特性が必要不可欠である.図3.12には,多段の増幅器からなる伝送システムにおいて,利得平たん性の悪い増幅器の場合と,良好な増幅器の場合について波長多重された信号が伝送される様子を模式的に示したものである.この図から,各増幅器の利得の

(a) 利得平たん性の悪い増幅器の場合

(b) 利得平たん性の良好な増幅器の場合

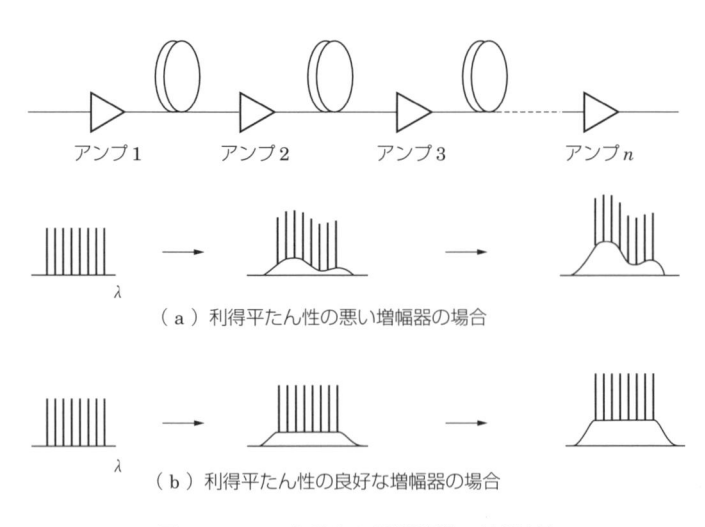

図3.12 WDM伝送時の多段増幅後の信号波長

平たん性の重要性が理解できる．以下では，利得の平たん化に向けた検討の例を紹介する．

初期の段階では，光ファイバ中に高濃度のAlを添加する[25]，あるいはファイバ材料としてフッ化物ファイバを用いる[26]ことで平たん化を図っていた．図3.13は3種類のエルビウム添加光ファイバについての増幅利得スペクトルを示す．Geコアシリカファイバでは1.536 μm及び1.552 μmに利得ピークを有している．また，各波長での3 dB帯域は約2 nm（260 GHz）と4 nm（520 GHz）と見積もられる．これに対してAlが共添加された場合には利得ピークが平たん化され，約10倍の広帯域特性が得られるようになることが分かる．しかも，同様なことは吸収遷移準位でも生じ，0.98 μm励起の吸収スペクトルが狭いという問題をAlを共添加することで緩和できる．

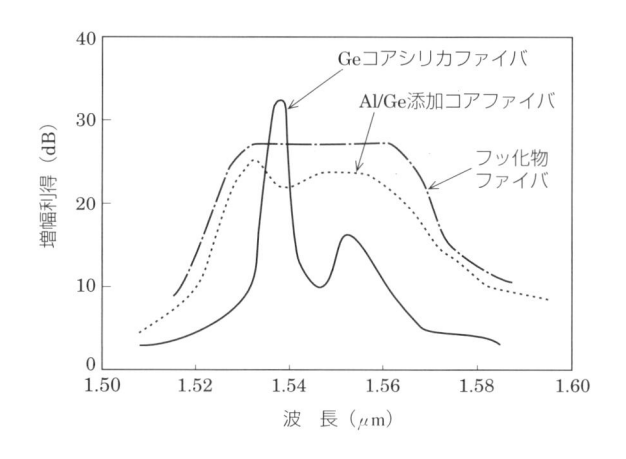

図3.13　各種ファイバガラス材料における増幅利得特性

また，別の方法として，ファイバ増幅器の出力端に増幅スペクトルの波長特性を補正する利得等化器を付加することにより利得平たん性を実現できる．図3.14には，利得等化器として長周期ファイバグレーティングを用いたときの増幅利得の波長特性を示す[27]．波長1.53～1.57 μmの広い範囲で平たんな利得特性が実現されている．

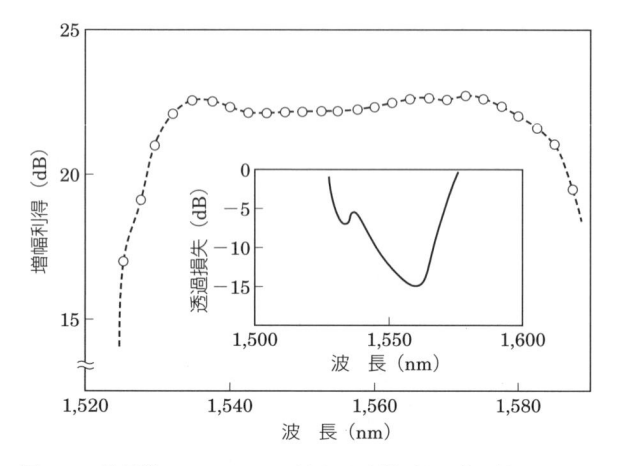

図 3.14 長周期グレーティングを用いた利得平たん化の例
(挿入図は，長周期グレーティングの透過損失特性)[27]

(3) 高出力化

Er添加光ファイバ増幅器の高出力化は，入射励起光のパワーを増加させることにより実現できる．これは，三準位系増幅器の特徴である．高出力な励起光源の開発としては，LD光源自体の高出力化と複数のLDを波長多重あるいは偏波多重することがポイントである．特に1.48 μm帯では励起波長範囲が広いため波長多重も含めて励起光出力の増加が図りやすい．図3.15には，波長多重と偏波合成により構成された励起光源の例を示す[28]．図において，ダイクロイックミラー（DMF）は波長λ_1を反射し，λ_2を透過させるもので，偏波光合成器（PBS）は直交する二つの偏波を合成するデバイスである．

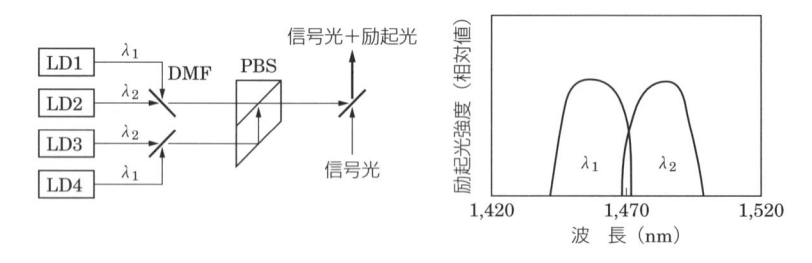

図 3.15 波長多重・偏波合成励起部の構成[28]

1.48 μm 帯では，1 台で出力 200 mW 以上の LD ができており，図 3.15 のように 4 台の LD を波長・偏波合成することで単純には 800 mW の出力となる．実際には，ファイバとの結合，光部品による挿入損のため（これを 80％とする）やや減少するが，600 mW 以上の励起光入力が可能である．また，双方向励起を行うことにより，増幅器からの出力は 1 W 以上が実現されている[29]．

高出力化を実現するもう一つの手法として，Er ファイバを高励起されやすい二重クラッド構造に設計した例もある[30]．図 3.16 にファイバ断面図を示す．本構造では，いわゆるコア以外に第一クラッドと第二クラッドを有する構造となっており，励起光は第一クラッドをコアとしてこのなかを伝搬し続ける．第一クラッドの形状が図に示すように偏平な形状をしているので，高出力特性を実現できるアレー形 LD との結合がしやすくなる．

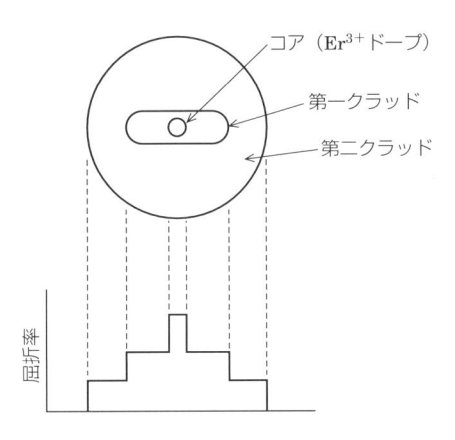

図 3.16　二重クラッド形 Er 添加ファイバの構成[30]

3.4　その他の光ファイバ増幅器

（1）ホストガラスの特性

希土類添加ファイバでこれまでに観測された主要な発光遷移波長について表 3.3 にまとめて示す．これまでの報告によると，3 価の Pr（プラセオジム），Nd（ネオジム），Ho（ホロミウム），Er（エルビウム），Tm（ツリウム），Yb（イッテルビウム）などの希土類イオンをファイバコア内に微量に添加したファイバを用いて，発光あるいはファイバレーザ動作の確認を行っている．い

表 3.3 希土類イオン添加ファイバにおける発光遷移の例

希土類原素	遷移	発光波長 (μm)
Pr	$^1G_4 - {}^3H_5$	*1.31
	$^3P_0 - {}^2F_2$	0.635
	$^3P_0 - {}^3H_6$	0.605
	$^3P_0 - {}^3H_5$	0.520
	$^3P_0 - {}^3H_4$	0.491
Nd	$^4F_{3/2} - {}^4I_{13/2}$	1.32
	$^4F_{3/2} - {}^4I_{11/2}$	1.05
	$^4F_{3/2} - {}^4I_{9/2}$	0.87
Ho	$^5I_6 - {}^5I_7$	2.85
	$^5I_7 - {}^5I_8$	2.05
	$^5S_2 - {}^5I_5$	1.38
	$^5S_2 - {}^5I_7$	0.75
	$^5S_2 - {}^5I_8$	0.55
Er	$^4I_{11/2} - {}^4I_{13/2}$	*2.72
	$^4I_{11/2} - {}^4I_{15/2}$	1.0
	$^4I_{13/2} - {}^4I_{15/2}$	*1.55
	$^4S_{3/2} - {}^4I_{13/2}$	0.85
	$^4S_{3/2} - {}^4I_{9/2}$	1.72
	$^4S_{3/2} - {}^4I_{15/2}$	0.55
	$^4H_{11/2} - {}^4I_{9/2}$	1.66
Tm	$^3H_4 - {}^3H_6$	*1.90
	$^3F_4 - {}^3H_5$	2.30
	$^3F_4 - {}^3H_4$	*1.47
	$^3F_4 - {}^3H_6$	0.8
	$^1G_4 - {}^3H_6$	0.48
Yb	$^3F_{5/2} - {}^3F_{7/2}$	1.0

* 本書で以下に述べる遷移

ずれの場合も，石英系ファイバのみならず，フッ化物ガラスファイバを用いる例が多い．この理由は，フッ化物ガラスは赤外吸収が少なく，2 μm 以上の広い波長範囲まで効率良く発光できるからである．1.3 μm 及び 1.55 μm 帯以外で実際に光増幅の実験まで行った例として，Er 添加フッ化物ファイバによ

る0.85 μm帯[31]及び2.7 μm帯増幅の例[32]，Nd添加フッ化物ファイバによる1.34 μm帯増幅の例[33]，Tm添加フッ化物ファイバによる0.8 μm帯[34]，1.47 μm帯[35]及び1.9 μm帯増幅[36]の例などが報告されている．

更に，当初これらのファイバ増幅器のほとんどは，ホスト材料として石英系のファイバを用いていたが，PDFA（Pr doped fiber amplifier）のようにフッ化物ファイバを用いると石英系ファイバとは異なる特性が得られることがわかっている．フッ化物ガラスと石英系ガラスの物性的な相違点の主なものは，次のとおりである．

第一に，フッ化物ガラスは重金属からなるため，その原子間結合が石英系ガラスに比較して弱く赤外吸収が低いということである[37]．このため格子振動エネルギー（フォノンエネルギー）は，フッ化物ガラス（例えば，ZBLAN系）で500 cm^{-1}程度であり，石英系ガラスの1,100 cm^{-1}と比較して小さい値である．励起されたイオンはホストガラスの格子振動と相互作用してフォノンを放出し，非発光緩和を起こすことが知られている．希土類イオンの励起寿命τは蛍光寿命τ(rad)とフォノン放出による非発光緩和率W_{nr}を用いて

$$\frac{1}{\tau} = \frac{1}{\tau_{\text{rad}}} + W_{\text{nr}} \tag{3.26}$$

で与えられる[38]．非発光緩和率が大きい場合，蛍光寿命は短くなり，反転分布が形成されにくくなり，増幅効率は低下する．図**3.17**には，各種ホストガラスにおけるW_{nr}のエネルギー間隔依存性を示す[38]．図より，エネルギー間隔ΔEが小さくなるにつれてW_{nr}は大きくなり，また，ホストガラスによってW_{nr}は異なった値となることが分かる．石英ガラスに比べて，フッ化物ガラスのW_{nr}は小さい．また，同図より，Erにおける1.55 μm帯遷移に対応する$\Delta E = 6,450$ cm^{-1}では，ホウ酸塩ガラスを除くほとんどのガラスでW_{nr}は非常に小さいが，2 μm以上の波長遷移に対応する$\Delta E = 5,000$ cm^{-1}以下では，W_{nr}はホストガラスによって大きく異なり，石英ガラスとフッ化物ガラスで約2桁も違う．このような領域では，石英ガラスでは励起された希土類イオンは，そのエネルギーのほとんどをフォノンとして非発光緩和により消失することが分かっており，フッ化物ガラスのようにフォノンエネルギーの小さいガラスは非発光遷移により消失するエネルギーが小さい．つまり，フッ化

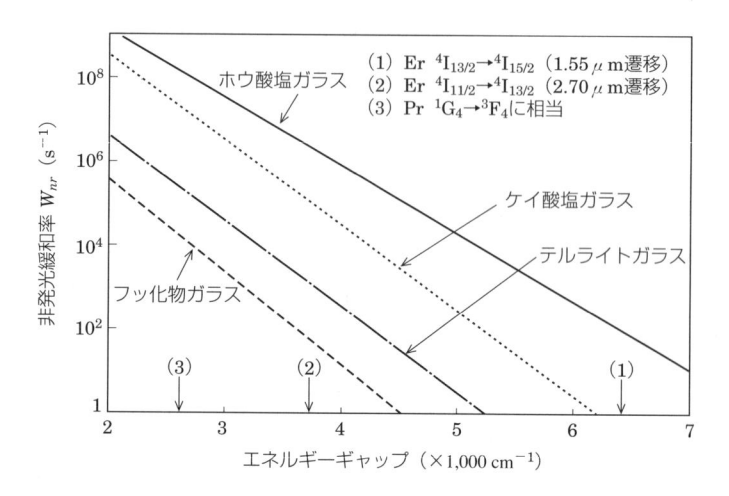

図 **3.17** 非発光緩和率のホストガラス材料依存性[38]

物ガラスでは発光遷移の確率が高く,フォトンエネルギーの小さな波長 2 μm 以上の発光遷移も可能となる.

第二に,フッ化物ガラスには数モル％の希土類元素を添加できる[39].通常,石英系ガラスでは,濃度消光が生ずるため,希土類元素は 0.1 モル％以下しか添加できない.このため,フッ化物ファイバは短い長さで増幅器として用いることができる.更に,高濃度に希土類イオンを添加することにより,希土類イオン相互間のエネルギー転送に基づく新しい遷移も可能になる[40].

第三に,希土類イオンの励起エネルギーレベルは,電子軌道やスピン状態に依存するだけでなく,希土類イオンの周囲の結晶場に依存するが,ガラス材料の違いにより結晶場に違いが生ずることである[41].したがって,フッ化物ファイバにおける希土類イオンの吸収及び蛍光スペクトルは,石英系ファイバのスペクトルとは異なるものとなる.例えば,EDFA では,フッ化物ファイバの方が石英系ファイバよりも利得分布が平たんである.

(2) 1.3 μm 帯増幅器

1.3 μm 帯の増幅器では,活性イオンとしてプラセオジム(Pr)を用いる.そのエネルギー準位図を図 **3.18** に示す.Pr 添加ファイバ増幅器(PDFA: praseodymium doped fiber amplifier)における特徴は,$^1G_4$ と $^3F_4$ レベル間の

第3章 光ファイバ増幅器

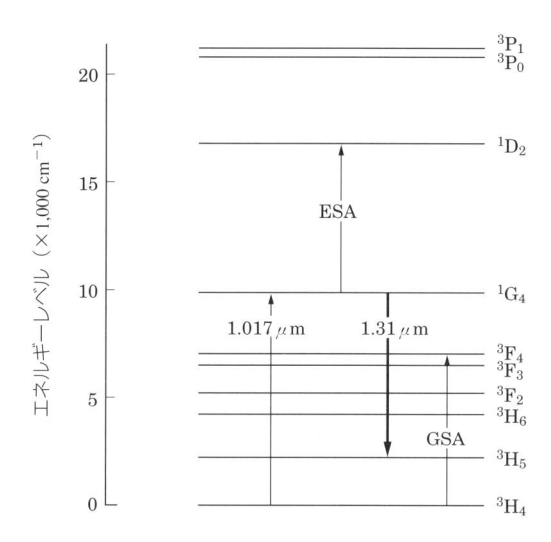

図 3.18 Prイオンの励起レベルと1.3 μm帯遷移

エネルギー差が2,790 cm^{-1}と小さいため，$^1G_4$レベルからは非放射遷移の割合が高いことである（図3.17参照）．このため石英系ファイバを用いた場合，$^1G_4$レベルからは完全に非放射遷移により遷移するので1.3 μm帯の発光は得られない．これは，石英系ガラスのフォノンエネルギー，1,100 cm^{-1}がフッ化物ガラスに比べて大きいことに起因する[42]．

フッ化物ファイバ（ZrF_4-BaF_2-LaF_3-AlF_3-NaF）ではフォノンエネルギーは500 cm^{-1}と小さく，励起状態がフォノン緩和により遷移する割合が低い．しかしながら，それでも量子効率は1.5％程度であり[43]，小さい値である．増幅効率を上げるためには，コア径が小さく，屈折率差の大きな構造のファイバを用いる必要がある．コア径2.3 μm，比屈折率差3.8％，カットオフ波長1.26 μm，Prイオン添加濃度2,000 ppm，バックグラウンド損失0.1 dB/mのファイバを用いることにより，図3.19に示すとおり，励起入力300 mW（励起波長：1.017 μm）のとき38.2 dBの増幅利得が得られた[44]．LD励起によるPDFAの報告もなされており，28.3 dBの利得が得られており[45]，実用性の高い増幅器の実現に向けた研究が今後も進むものと思われる．雑音特性については，四準位動作するため良好な特性を有する．しかしながら，

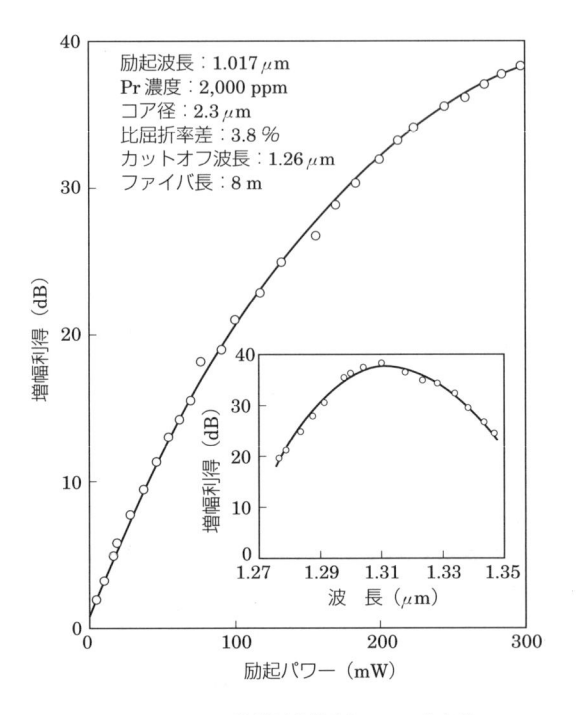

図 3.19 1.3 μm 帯増幅利得励起パワー依存性

PDFAの場合1.32 μmより長波長領域で，GSA (ground state absorption) により雑音特性が劣化する．

ZBLAN系のフッ化物ガラス以外に，カルコゲナイドガラス，ミックストハライドガラス，などの新しいホストガラスが提案されている[46]～[48]．これらの新しいガラスのフォノンエネルギーは200〜300 cm^{-1}でZBLANガラスの半分以下である．このため，$^1G_4$レベルの励起寿命は300 μsと長く100 mW程度の励起入力で30 dB以上の利得が得られることが推定されている．

（3） 1.47 μm帯増幅器及び1.9 μm帯増幅器

石英系ファイバの低損失領域は1.55 μm帯であり，1.55 μm帯光通信システムでは通常1.52〜1.58 μmの波長が使用されるが，1.45〜1.50 μmあるいは1.60〜1.65 μmでも同様に低損失である．これらの波長帯での増幅が可能になれば，1.55 μm帯とのWDMにより通信容量の増大が期待できるととも

に，双方向通信などの応用範囲が広がると予想される．多種類の希土類添加ファイバのうちTm添加フッ化物ファイバは1.47 μm，及び1.9 μmに対応する遷移を有する．

図**3.20**に，Tmイオンの励起エネルギー準位図を示す．従来の報告例では，同図（a）に示すように，励起波長として0.676 μmあるいは0.79 μmの光源が用いられていた．これにより，1.47 μm（$^3F_4$-$^3H_4$遷移），1.9 μm（$^3H_4$-$^3H_6$遷移），2.3 μm（$^3F_4$-$^3H_5$遷移），0.8 μm（$^3F_4$-$^3H_6$遷移）などのファイバレーザ発振の報告例がある[49]．これらの遷移の中で1.47 μm帯の遷移を効率的に生じさせようとしても，上準位である$^3F_4$の励起寿命（約1 ms）よりも下準位の$^3H_4$の励起寿命（約6 ms）が長く反転分布の形成が困難なためレーザ出力の向上は困難である．その結果，0.8 μm帯の遷移が強くなり，$^3F_4$レベルに励起されたTmイオンのほとんどが直接$^3H_6$の基底準位へと遷移してしまう．また，1.9 μm帯の遷移を活発に起こそうとしても，同様の理由により困難であった．これらのことから，光増幅を行ううえで必要な条件である反転分布の形成が従来の方法では効率良くできないために，1.47 μm帯及び1.9 μm帯での効率の良い増幅器は得られていなかった．以下では，1.064 μm帯励起による1.47 μm帯増幅，及び1.58 μm帯励起による1.9 μm帯増幅の結果について述べる．

図3.20（b）には，1.064 μm帯の励起により，1.47 μmの発光が生ずるメカ

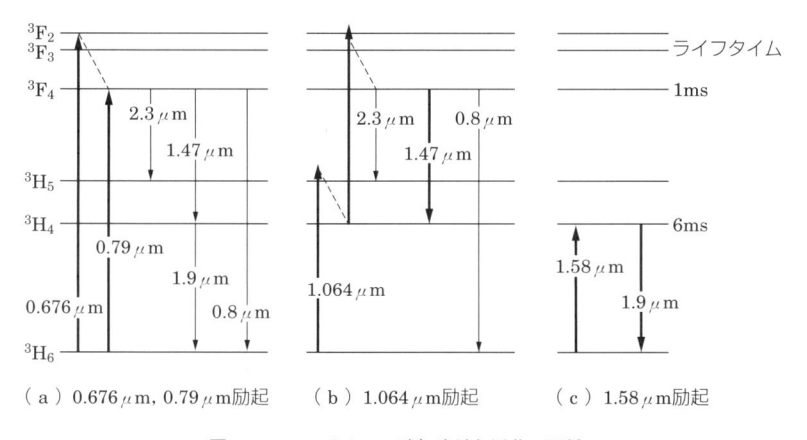

図**3.20** Tmイオンの励起波長と遷移の関係

ニズムを模式的に示している[35]．励起波長1.064 μmは$^3H_6 \to {}^3H_5$の吸収スペクトルのすそ野にあたる．吸収係数は小さいがTmイオンは$^3H_5$レベルに励起され，フォノン緩和により$^3H_4$状態になる．$^3H_4$状態のイオンは，更に1.064 μmの励起光により，$^3F_2$レベルに励起された後フォノン緩和により$^3F_4$状態になる．この2回目のESA（excited state absorption）による励起プロセスによって，$^3H_4$レベルの状態数は減少するので$^3F_4$-$^3H_4$間に反転分布が形成される．ただし，$^3H_6$-$^3H_5$の吸収係数が小さいのでファイバ中のTmイオンを増加させること，ESAを生じさせるための励起光のファイバ中での伝搬を確保するなど，Tm濃度とファイバ長については，注意を払う必要がある．図 **3.21**に，増幅利得の波長依存性を示す．

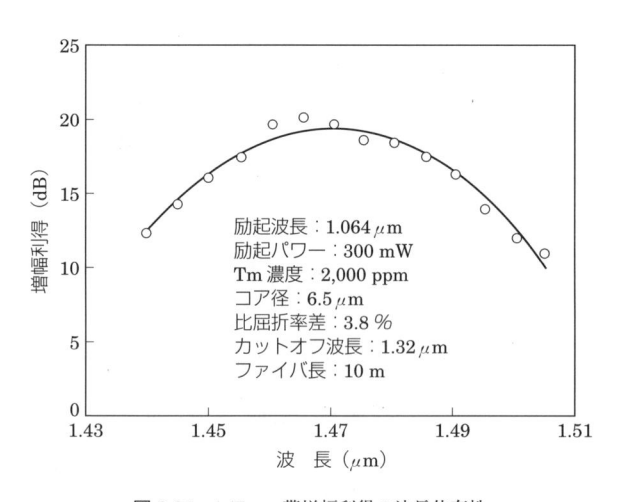

図 **3.21** 1.47 μm帯増幅利得の波長依存性

次に，図3.20（c）に示す1.58 μm帯励起による1.9 μm帯増幅について述べる[36]．この励起方法は，Tmイオンの$^3H_4$レベルを直接励起し$^3H_4 \to {}^3H_6$の遷移を用いて1.9 μm帯の増幅を行うものである．フッ化物ファイバに添加したTmイオンの$^3H_6 \to {}^3H_4$の吸収スペクトルのピークは，1.67 μmに存在するが，ガラス特有のスペクトル広がりを有し，1.55 μmから1.90 μmまでの広い波長範囲に吸収帯をもつ．このため，1.55 μmから1.60 μm帯での励起が可能である．図**3.22**に増幅利得の波長依存性を示す．

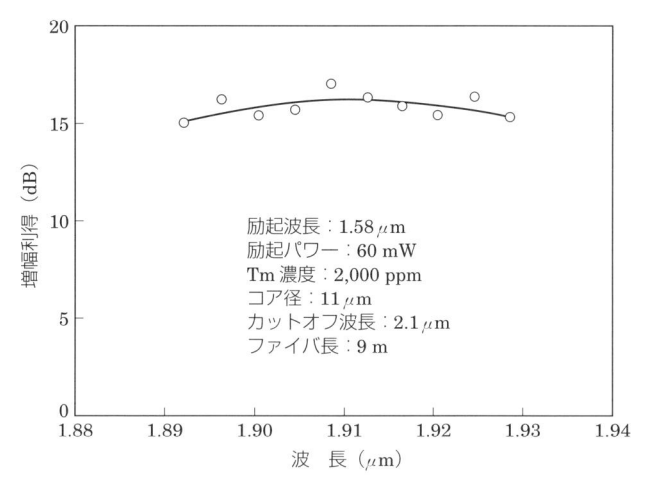

図 3.22 1.9 μm 帯増幅利得の波長依存性

（4） 2.7 μm 帯増幅

Er 添加フッ化物ファイバでは，0.8 μm 帯で励起することにより，0.85 μm 及び 2.7 μm 帯に強い発光が見られる．これらの発光は図 3.23 に示すとおり，励起光 ESA により生ずるものである[50]．$^4S_{3/2}$ から $^4I_{13/2}$ への遷移が 0.85 μm 帯発光に，$^4I_{11/2}$ から $^4I_{13/2}$ への遷移が 2.7 μm 帯発光に対応する．$^4S_{3/2}$ 及び $^4I_{11/2}$ 準位の励起寿命はそれぞれ 0.7 ms 及び 6.7 ms である．これらの値はいず

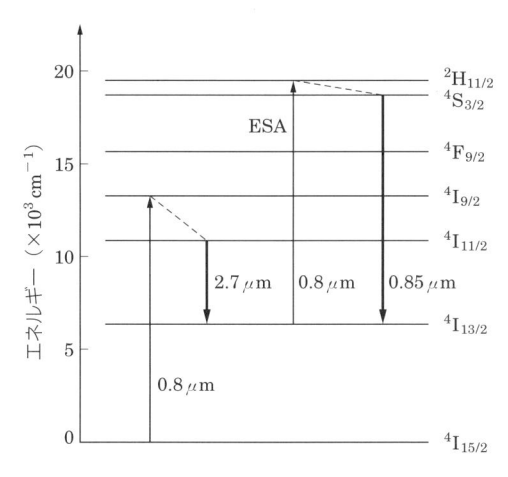

図 3.23 Er イオンの 2.7 μm 帯遷移のメカニズム

れも $^4I_{13/2}$ 準位の励起寿命 9.3 ms より短く，下準位の寿命のほうが上準位の寿命より長くなるため，連続発振は困難なように見える．

しかしながら，0.8 μm 帯励起では $^4I_{13/2}$ から $^2H_{11/2}$ への ESA が活発に起こるため，2.7 μm 遷移の下準位である $^4I_{13/2}$ の状態数が減少し反転分布が成立して連続発振が可能となる．増幅利得の波長依存性を図 **3.24** に示す．別の報告では，励起波長として 0.642 μm を用いても効率良い 2.7 μm 帯発振が得られることが示されている[32]．

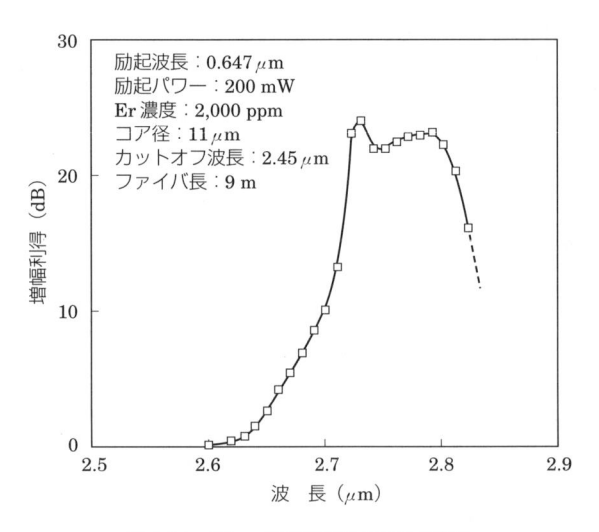

図 **3.24** 2.7 μm 帯増幅利得の波長依存性

参 考 文 献

[1] E. Snitzer, "Proposed fiber cavities for optical masers," J. Appl. Phys., vol. 32, pp. 36-39, 1961.

[2] J. B. MacChesney, P. B. O'Conner, F. V. Dimacello, J. R. Simpson, and P. D. Lazay, "Preparation of low loss optical fibers using simultaneous vapor phase deposition and fusion," presented at 10th Int. Conf. Glass, 6, July 1974.

[3] S. B. Poole, D. N. Payne, R. J. Mears, M. E. Fermann, and R. I. Laming, "Fabrication and characterization of low-loss optical fibers containing rare-earth ions," IEEE J. Lightwave Technol., vol. LT-4, no. 7, pp. 870-876, July 1986.

[4] M. Nakazawa, Y. Kimura, and K. Suzuki, "Efficient Er^{3+}-doped optical fiber amplifier pumped by a 1.48 μm InGaAsP laser diode," Appl. Phys. Lett., vol. 54, no. 4, pp. 295-297, Jan. 1989.

[5] T. Saitoh and T. Mukai, "1.5 μm GaInAsP traveling-wave semiconductor laser amplifier,"

IEEE J. Quantum Electron., vol. QE-23, no. 6, pp. 1010-1020, 1987.
[6] J. Hegarty, N. A. Olsson, and L. Goldner, "CW pumped Raman preamplifier in a 45 km-long fiber transmission system operating at 1.5 μm and 1 Gbit/s," Electron. Lett., vol. 21, pp. 290-292, 1985.
[7] N. A. Olsson and J. P. van der Ziel, "Cancellation of fiber loss by semiconductor laser pumped Brillouin amplification at 1.5 μm," Appl. Phys. Lett., vol. 48, p. 1329, 1986.
[8] 須藤昭一（編），"エルビウム添加光ファイバ増幅器，" オプトロニクス社, 1999.
[9] C. R. Giles, et al., "Gain enhancement in reflected pump erbium-doped fiber amplifiers," Proc. OAA' 91, no. ThD2, 1991.
[10] 島田禎晋, "Erドープファイバ光増幅器が光通信システムに与えるインパクト，" O plus E, vol. 113, pp. 75-82, 1989.
[11] E. Desurvire, "Erbium-doped Fiber Amplifiers—Principles and Applications—," John Wiley & Sons Inc., 1994.
[12] E. Desurvire, J. L. Zyskind, and J. R. Simpson, "Spectral gain hole-burning at 1.53 μm in erbium-doped fiber amplifiers," IEEE Photonics Technol. Lett., vol. 2, no. 4, pp. 246-248, 1990.
[13] E. Desurvire, J. R. Simpson, and P. C. Becker, "High-gain erbium-doped traveling-wave fiber amplifier," Opt. Lett., vol. 12, no. 11, pp. 888-890, Nov. 1987.
[14] P. R. Morkel and R. I. Laming, "Theoretical modeling of erbium-doped fiber amplifiers with excited-state absorption," Opt. Lett., vol. 14, no. 19, pp. 1062-1064, Oct. 1989.
[15] C. R. Giles, T. Erdogan, and V. Mizrahi, "Simultaneous wavelength-stabilization of 980 nm pump lasers," IEEE Photon. Technol. Lett., vol. 6, pp. 907-909, 1994.
[16] 向井孝彰, "半導体レーザ増幅器の研究，" 大阪大学博士論文, 1988.
[17] E. Desurvire, "Erbium-doped Fiber Amplifiers—Principles and Applications—," Chap. 2, John Wiley & Sons Inc., 1994.
[18] D. N. Payne and R. I. Laming, "Optical fiber amplifiers," Proc. OFC' 90, ThF1, 1990.
[19] K. Hagimoto, K. Iwatsuki, A. Takada, M. Nakazawa, M. Saruwatari, K. Aida, K. Nakagawa and M. Horiguchi, "A 212 km non-repeated transmission experiment at 1.8Gb/s using LD pumped Er^{3+}-doped fiber amplifiers in an IM/direct detection repeater system," Proc. OFC' 89, PD-15, Jan. 1989.
[20] K. Hagimoto, Y. Miyamoto, T. Kataoka, K. Kawano, and M. Ohhata, "A 17 Gb/s long-span fiber transmission experiment using a low-noise broadband receiver with optical amplification and equalization," Proc. OAA' 90, TuA2, 1990.
[21] E. Desurvire, et al., "Design optimization for efficient erbium-doped fiber amplifiers," IEEE J. Lightwave Technol.,vol. 8, pp. 1730-1741, 1990; B. Pedersen, et al., "The design of erbium-doped fiber amplifiers," IEEE J. Lightwave Technol.,vol. 9, pp. 1105-1112, 1991.
[22] R. I. Laming, et al., "54 dB gain quantum-noise-limited erbium-doped fiber amplifier," Proc. ECOC' 92, MoA3. 4, pp. 89-92, 1992.
[23] M. Shimizu, M. Yamada, M. Horiguchi, T. Takeshima, and M. Okayasu, "Erbium-doped fiber amplifiers with an extremely high gain coefficient of 11.0 dB/mW," Electron. Lett., vol. 26, no. 20, pp. 1641-1643, Sept. 1990.
[24] T. Kashiwada, M. Shigematsu, T. Kougo, H. Kanamori, and M. Nishimura, "Characteristics of 1.48 μm pumped erbium-doped fiber amplifier with high efficiency," Proc. OAA' 91, ThE2, 1991.
[25] T. Kashiwada, et al., "Spectral gain behavior of Er-doped fiber with extremely high aluminum concentration," Proc. OAA' 93, MA6, 1993.

[26] C. A. Millar, et. al., "Optical amplification in an erbium-doped fluorozirconate fiber between 1480 nm and 1600 nm," Proc. ECOC'88, part 1, pp. 66-69, 1988.

[27] P. F. Wysocki, et al., "Erbium-doped fiber amplifier flattened beyond 40 nm using long-period grating," Proc. OFC'97, PD2, 1997.

[28] 式井 茂 ほか, "240 mW pump module using semiconductor laser," 信学会1989年春季全大, C-623.

[29] A. Kasukawa, M. Ohkubo, T. Namegaya, T. Ijichi, Y. Ikegami, N. Tsukiji, S. Namiki, and Y. Shirasaki, "980 nm and 1480 nm high power laser mojules for Er-doped fiber amplifiers," Opto-Electron., vol. 9, pp. 219-230, 1994.

[30] J. D. Minelly, et al., "Efficient cladding pumping of an Er^{3+} fiber," Proc. ECOC'95, pp. 917-920, 1995.

[31] T. J. Whitely, C. A. Millar, M. C. Brierley, and S. F. Carter, "23 dB gain upconversion pumped erbium doped fiber amplifier operating at 850 nm," Electron. Lett., vol. 27, pp. 184-185, 1991.

[32] D. Ronarc'h, M. Guibert, F. Auzel, D. Mechenin, J. A. Allain, and H. Poignant, "35 dB optical gain at 2.716 μm in erbium doped ZBLAN fiber pumped at 0.642 μm," Electron. Lett., vol. 27, pp. 511-513, 1991.

[33] Y. Miyajima, T. Komukai, T. Sugawa, and Y. Katsuyama, "Nd^{3+}-doped fluoro-zirconate fiber amplifier operated around 1.3 μm," Proc. OFC'90, San Francisco, PD-16, 1990.

[34] R. G. Smart, A. C. Tropper, D. C. Hanna, J. N. Carter, S. T. Davey, S. F. Carter, and D. Szebesta, "High efficiency, low threshold amplification and lasing at 0.8 μm in monomode Tm^{3+}-doped fluorozirconate fiber," Electron. Lett., vol. 28, pp. 58-59, 1992.

[35] T. Komukai, T. Yamamoto, T. Sugawa, and Y. Miyajima, "1.47 μm band Tm^{3+}-doped fluoride fiber amplifier using 1.064 μm upconversion pumping scheme," Electron. Lett., vol. 29, pp. 110-112, 1993.

[36] T. Yamamoto, Y. Miyajima, T. Komukai, and T. Sugawa, "1.9 μm Tm-doped fluoride fiber amplifier and laser pumped at 1.58 μm," Electron. Lett., vol. 29, pp. 986-987, 1993.

[37] D. C. Yeh, W. A. Sibley, M. Suscavage, and M. G. Drexhage, "Multi-phonon relaxation and infrared-to-visible conversion of Er^{3+} and Yb^{3+} ions in barium-thorium fluoride glass," J. Appl. Phys., vol. 62, p. 266, 1987.

[38] R. Reisfeld, "Radiative and non-radiative transitions of rare-earth ions in glasses," Structure and Bonding, vol. 22, pp. 123-175, Springer-Verlag, 1975.

[39] S. T. Davey and P. W. France, "Rare earth doped fluorozirconate glasses for fiber devices," Brit. Telecom Technol. J., vol. 7, p. 58, 1989.

[40] D. C. Yeh, W. A. Sibley, I. Schneider, R. S. Afzal, and I. Aggarwal, "Intensity-dependent upconversion efficiencies of Er^{3+} ions in heavy-metal fluoride glass," J. Appl. Phys., vol. 69, no. 3, p. 1648, 1991.

[41] M. Weber, "Fluorescence and glass lasers," J. Non-crystalline Solids, vol. 47, p. 117, 1982.

[42] M. Monerie, D. Ronarc'h, and F. Auzel, "Rare-earth doped fluoride glass fiber amplifiers," Proc. ECOC'91, Paris, Invited Papers, pp. 9-16, 1991.

[43] S. F. Carter, R. Wyatt, D. Szebesta, and S. T. Davey, "Quantum efficiency and amplification at 1.3 μm in a Pr^{3+}-doped fluorozirconate single mode fiber," Proc. ECOC'91, Paris, MoA2-3, 1991.

[44] Y. Miyajima, T. Sugawa, and Y. Fukasaku, "38.2 dB amplification at 1.31 μm and possibility of 0.98 μm pumping in Pr^{3+}-doped fluoride fiber," Electron. Lett., vol. 27, pp. 1706-1707, 1991.

[45] M. Shimizu, T. Kanamori, J. Temmyo, M. Wada, M. Yamada, Y. Terunuma, Y. Ohishi, and S. Sudo, "28.3 dB gain Pr-doped fluoride fiber amplifier module pumped by 1.017 μm InGaAs-LDs," Proc. OFC'93, PD12, 1993.

[46] J. L. Adam, N. Rigout, E. Denoue, F. Smektala, and J. Lucas, "Optical properties of Ba-In-Ga-based fluoride glasses for amplification at 1.3 μm," SPIE, vol. 1581, pp. 155-165, 1991.

[47] P. C. Becker, M. M. Broer, V. G. Lambrecht, A. J. Bruce, and G. Nykolak, "Pr^{3+}: La-Ga-S glass: a promising material for 1.3 μm fiber amplification," Proc. OAA'92, Santa Fe, PD5, 1992.

[48] M. A. Newhouse, R. F. Bartholomew, B. G. Aitken, A. L. Sadd, and N. F. Borrelli, "309 μs Pr^{3+} excited state lifetime observed in a mixed halide glass," Proc. OAA'92, Santa Fe, PD16, 1992.

[49] P. W. France, S. F. Carter, M. W. Moore, and C. R. Day, "Progress in fluoride fibers for optical communications," Brit. Telecom Technol. J., vol. 5, no. 2, p. 28, 1987.

[50] T. Yamamoto, T. Komukai, and Y. Miyajima, "Wide band erbium-doped fluoride fiber optical amplifier at 2.7 μm with fluoride fiber wavelength-division multiplex coupler," Jpn. J. Appl. Phys., vol. 32, no. 1A/B, pp. L62-L64, 1993.

第 4 章

光ファイバケーブル

4.1 光ファイバケーブルの基本構造

　光ファイバの主材料が石英ガラスであることは既に述べた．もろく硬いガラスを繊維状に加工した光ファイバは，曲げたり引っ張る方向に外力を加えると破壊することは直感的に理解されよう．また，本来直線状が理想である導波構造を曲げた場合には，放射モードが発生して損失が増加することも当

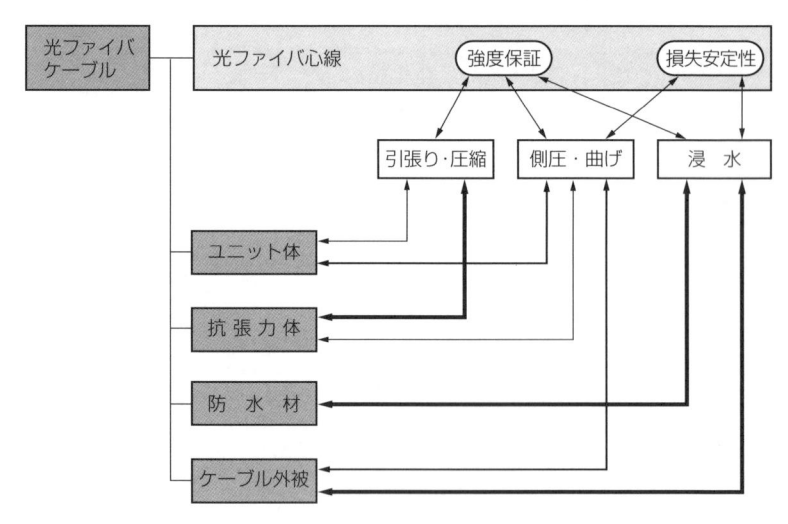

図 4.1　光ファイバケーブルの基本構成要素と設計のポイント

然である.したがって,光ファイバを外力や環境変化に対して,破断することなく損失も安定に維持するため,光ファイバケーブルが重要となる.

この光ファイバケーブルは図4.1に示すようにさまざまな要素から構成され,それぞれ光ファイバの破断や損失変化を防止するための機能を受け持っている.図4.1には,最も基本的な張力,曲げ/側圧,及び浸水に対する各要素の役割分担も合わせて示した.このように,実際に光ファイバケーブルを製造する場合には,複雑な構造設計や材料選定を緻密に行う必要がある.更に,多数のユーザと局を結ぶアクセス系では,どれだけ多くの光ファイバを経済的,かつ高密度で収容できるかも重要であり,用途に応じた光ファイバケーブルの設計が必要となる.

もう一度,図4.1を眺めてみると,光ファイバに被覆を施した心線の重要性が理解できよう.したがって本章では,光ファイバケーブルに関する諸技術のなかで,最も基本的な光ファイバ強度保証技術,温度変化や外力に対して損失を安定に保つ心線構造設計を説明する.更に今後光ファイバ通信が積極的に適用される領域である,アクセス系の光ファイバケーブル構造を中心に現状と今後の研究開発の方向を概説する.

4.2 光ファイバの強度保証

光ファイバは,ぜい性材料特有の性質として,表面の傷や内部の空げきによって強度が著しく低下する.更にこの強度は,光ファイバが置かれる環境によっても影響を受け,弱い力でも長時間加わったり,水につかるなどの条件で破断する確率が高くなる.このような光ファイバの確率的な破断の発生を推定するために,製造時に一定の張力を加えて大きな傷をもつ光ファイバを取り除く強度保証法が用いられている.この強度保証法をスクリーニング試験と呼ぶ[1].

はじめに,光ファイバの破断現象について基本的な事柄を説明しよう.一般的に光ファイバは,プリフォームと呼ばれる直径数cmの棒状のガラスを直径125 μmの繊維状に引き伸ばし(線引きと呼ばれる),更にプラスチックを被覆し心線として製造される.図4.2はプラスチック被覆の厚みに対する光ファイバ強度の違いを示したものであり,被覆が厚い場合の500〜600

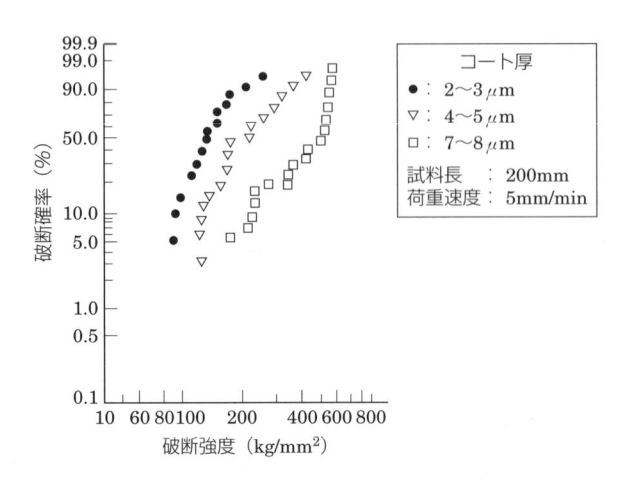

図 4.2 光ファイバ破壊強度のプライマリコート膜厚依存性

kg/mm^2 程度に比べ,薄い場合は約 150 kg/mm^2 と著しく破断強度が低下する[2].すなわち,光ファイバの強度は表面の傷に大きく影響を受けるのである.

この微小な傷はクラックと呼ばれ,ぜい性材料の主要な強度低下要因である.また,小さい応力でも長時間加わるとクラックが成長して,応力が加わる前に比べ低強度で破断してしまうのである.ぜい性材料のクラック成長理論[3]から,初期強度 S_i のクラックに静的な応力 σ_s を加えたときの破断時間を t_s とすれば,近似的に次式が成立することが知られている.

$$\sigma_s^n t_s \fallingdotseq BS_i^{n-2}, \quad B \equiv \frac{2}{AY^2(n-2)K_{\mathrm{IG}}^{n-2}} \tag{4.1}$$

ここで,n と A は環境条件に依存するクラック成長のパラメータ,Y はクラック形状による係数,K_{IG} は破壊じん性である.特に n は疲労パラメータと呼ばれ,空気中で 23,水中で 20 の値をとる.この式 (4.1) は,大きさの等しいクラックが同一の環境に置かれた場合,破断時間 t_s が σ_s^n に反比例する,すなわち静的に加わる応力が大きくなると破断時間が急激に短くなることを示している.図 4.3 は,光ファイバにおいてこの関係を実測した結果[4]であるが,この式 (4.1) の関係はほかのぜい性材料でも一般に確認されている.

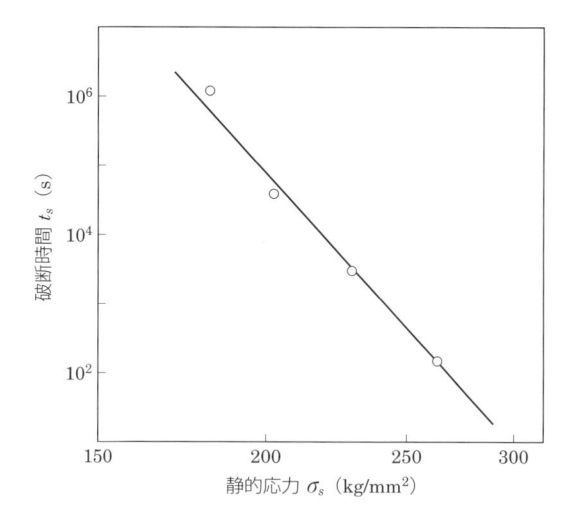

図 4.3 光ファイバの静疲労特性

光ファイバは長距離で使用されることから,その全長にわたる破断確率を知ることは極めて重要である.そこで,先に述べたクラックが,長手方向に分布している光ファイバの破断確率を求める手段として,スクリーニング試験が提唱された.このスクリーニング試験では,実用に先立ってあらかじめ応力を加え,低強度で破断するものを取り除くという考え方をベースとしている.この定式化の考え方を次に説明する.

単位長さ当りの強度 S 以下のクラック数が $N(S)$ である場合,長さ L の光ファイバの累積破断確率 $F(S,L)$ は次式で与えられる.

$$F(S,L) = 1 - \exp[-LN(S)] \tag{4.2}$$

初期の光ファイバの累積クラック数分布 $N(S_i)$ は,次式に示すワイブル分布で記述される.

$$N(S_i) = \left(\frac{S_i}{S_0}\right)^m \tag{4.3}$$

ここで,S_0 は $N(S_0)=1$ を与える強度,m は分布の広がりを示すパラメータである.前記2式と式 (4.1) からスクリーニング試験時の n 値,応力,時間,及び破断回数をそれぞれ n_p,σ_p,t_p 及び N_p とすると,長さ L_0 の光ファ

イバの使用時応力 σ_s, 時間 t_s における破断確率は次式のようになる．なお，このスクリーニング試験式の導出の詳細を本章末に示した．

$$F = 1 - \exp\left[N_p L_0 \left[1 - \left\{1 + \left(\frac{\sigma_s}{\sigma_p}\right)^n \cdot \left(\frac{t_s}{t_p}\right)\right\}^\alpha\right]\right], \quad \alpha = \frac{m}{n_p - 2}$$

(4.4)

ここでは，使用時に光ファイバの置かれる環境がスクリーニング試験時とほぼ等しく，加わる応力 σ_s が時間や長さ方向に対して均一に加わる場合を仮定しているが，光ファイバのおおよその破断確率を推し測るのに十分であることから，広く用いられている．一例として，0.17％のひずみが残留した状態[5]の光ファイバの破断確率が浸水で変化する様子について，式 (4.4) により求めた結果を図 4.4 に示す[6]．このように，浸水が光ファイバの破断確率を押し上げるのは，疲労パラメータ n が空気中に比べ減少することに起因している．更に，浸水は光ファイバの損失増加の原因となるため，光ファイバ

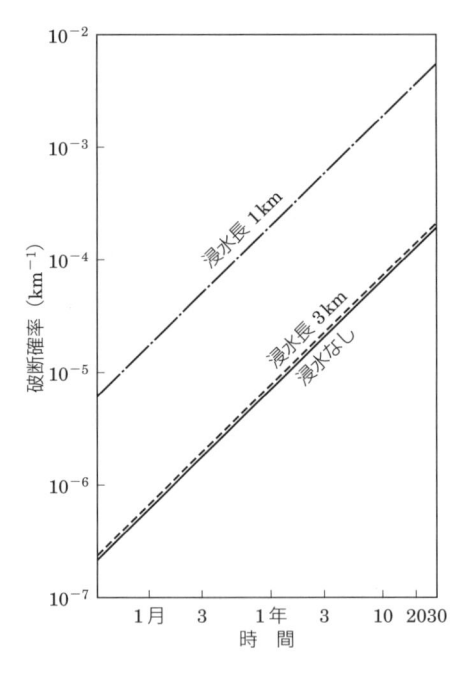

図 4.4　浸水による光ファイバ破断確率の変化

ケーブルでは防水の機能が必ず盛り込まれる．

4.3　光ファイバ心線

前節で述べたように，破断強度を低下させるクラックの発生を防ぐため，光ファイバには何らかの被覆が施される．更に，この被覆には，光ファイバに加わる外力を緩和させる効果がある．一方で被覆は，ガラスである光ファイバと被覆との熱膨張係数の違いから，特に低温時に被覆が収縮して光ファイバに曲がりを与えたり，心線として径が太くなるといった好ましくない事柄の原因にもなり得る．このように，被覆はその効果と悪影響とをバランスさせるように設計しなければならない．

光ファイバを被覆したものを光ファイバ心線と呼ぶ．その構造は，内側からガラス/比較的柔らかい被覆層（緩衝層と呼ばれる）/硬い被覆層（二次被覆と呼ばれる）の順になっている．代表的な光ファイバ心線の断面図を図**4.5**に示した．図中の3層構造光ファイバ心線[7]は，光通信の黎明期から現在に至るまで広く使用されているものであり，リボン構造のリボン心線[8]は，現在から将来にわたるアクセス系の光化で，広範な利用が予想されているものである．光ファイバ心線の構造を考える上で最も重要な点は，温度変化時（特に低温時）と外力が加わった場合の損失の安定性である．これら両要因の影響を考慮した構造設計について，3層構造光ファイバ心線を例に説明しよう．

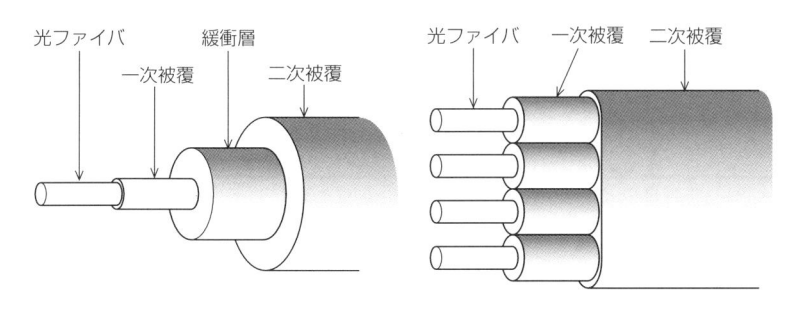

図**4.5**　光ファイバ心線の構造

（1） 低温特性

　低温環境では，被覆材料とガラスとの膨張係数の違い（被覆材料のほうが2～3桁以上大きい）から，光ファイバに対して圧縮方向に応力が加わる．比較的被覆が厚く，光ファイバが長い周期で曲がっている場合は，この圧縮方向の応力により曲げ半径が小さくなり，損失が増加する危険性がある．このような低温時の損失増加を防ぐためには，緩衝層のばね剛性を高めて，曲げ半径の減少を抑制すればよい．特に，比屈折率差が小さく，曲げ半径の減少により損失が急増する単一モードファイバでは，このばね剛性の設定が重要である．

（2） 側圧特性

　一般的に，外力が加わった場合のプラスチック材料の変形は，小さい場合の弾性変形と大変形である塑性変形とに大別される．3層構造の心線では，側面からの外力が大きく二次被覆が塑性変形を起こすと，側圧荷重が直接光ファイバに加わるため，損失増加や破断に至る恐れがある．また，二次被覆がいったん塑性変形すると，荷重を取り除いた後も変形が残るため好ましくない．そこで，加わると予想される外力が弾性変形の範囲になるように，二次被覆の寸法や材料定数を設計しなければならない．

　以上述べた温度及び外力に関する設計条件に基づく，緩衝層径と二次被覆

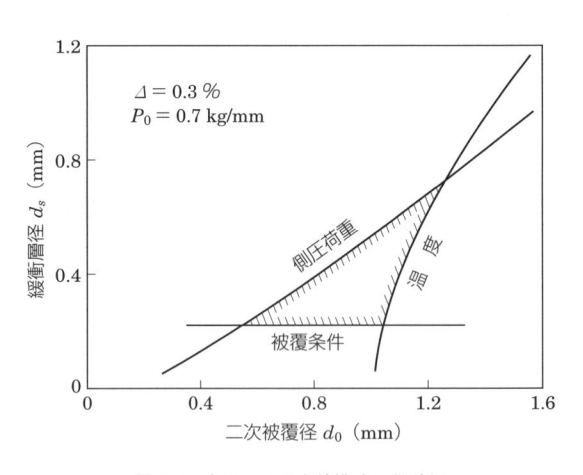

図 **4.6** 光ファイバ心線構造の設計例

径の設計条件の例[4]を図 **4.6** に示す．なお，リボン心線についても同様の考え方で心線構造が設計されているが，詳細は他の文献[9]を参照されたい．

4.4　光ファイバケーブル

　光ファイバケーブルは，必要な数の光ファイバ心線を束ねるとともに，外部からの外力や浸水などを防ぎ，損失を長期にわたり安定に維持することを目的に用いられる．その主な構成要素は，図4.1に示したように，光ファイバ心線，複数の光ファイバ心線を束ねたユニット，敷設などの際に加わる張力を分担する抗張力体，及び浸水や衝撃を防ぐ防水材とケーブル外被である．また，中継器への給電や送電用，若しくはテレビ信号伝送や連絡用のために，銅線を含む構造もある．このように，使用目的や環境条件の違いに対応して，種々の光ケーブル構造が検討・使用されているが，本節では光ファイバケーブルに共通の問題として，浸水時の光損失の長期安定性と光ファイバケーブル構成要素の関係について説明しよう．

　石英ガラスの損失は，第2章で既に述べたように，紫外吸収，赤外吸収，レイリー散乱，そしてOH基吸収による損失がある．このうち，OH基吸収は損失ピークが通信波長である $1.3\,\mu m$ や $1.55\,\mu m$ に近接しており影響が大きい．このことは，光ファイバの低損失化に当たって，OH基低減が鍵を握っていたことからも明らかである．ところが，光通信システムの初期，敷設された光ケーブルでOH基吸収が原因と思われる損失の増加が観測され，大きな問題となった．この損失増加は光ファイバ周囲の水素分子が引き起こす現象であるが，水素分圧の変化に対して，① 可逆的な損失増加と ② 不可逆的な損失増加の2種に大別される．① の可逆的変化は特に波長 $1.24\,\mu m$ でピークを示すことから，石英ガラスの SiO_2 ネットワークの中に水素分子がトラップされることにより発生していると考えられている．この水素分子をトラップする力は弱いため，光ファイバ周囲の水素分圧が低下すると石英ガラス中から離脱してもとの損失に戻る．一方，トラップされた一部の水素分子が SiO_2 ネットワークに存在する欠陥に化学的に結合して，Si-OH，Ge-OH，及びP-OHを形成する可能性がある．この欠陥には，① 酸素不足が原因のE′センタと呼ばれるダングリングボンド，② 酸素未結合が原因のダングリングボ

ンド，及び③酸素間の結合があり，特に①は比屈折率差を形成するGeの場合に形成されやすい．これらの欠陥に結合したOH基は$1.39\,\mu m$に損失ピークを生ずる．水素分圧が低下してもこの結合は残るため，②の不可逆的な損失増加が発生するのである．

それでは，このような損失増加の原因となる水素分子は，どのように発生するのであろうか．損失発生のメカニズム解明とともに精力的な検討が進められた結果，この原因は金属製（アルミニウムなど）のケーブル外被の酸化反応が主な原因（実際には水の電気分解中への光ファイバ放置や，高温水素雰囲気中への光ファイバ放置実験で損失増加現象が再現された）であることが分かった．現在では，酸化しにくい金属材料や非金属材料を使用したり，アルミニウム表面にコーティングするなどの対策がとられ，これらの水素分子による損失増加現象は解決されている．このように，光ケーブル材料の選定は，置かれる環境を勘案して注意深く行われなければならないのである．

4.5　最新の光ファイバケーブル

先に述べたように，安定な損失特性を維持するとともに，光ファイバケーブルは接続や敷設といった建設作業が容易であること，コストが低廉であることなど，使われる場所に応じた条件を満足する必要がある．例えば，LANなどのように室内での短距離の通信装置間を結ぶ場合には，光ファイバを数心だけ収容する光コードと呼ばれる簡易な構造のものが使われているが，多数の家庭に向けて屋外に敷設されるアクセス系の光ファイバケーブルでは，数多くの光ファイバ心線をコンパクトに収容するとともに，厳しい環境に耐えるものが必要となる．図4.7は，このアクセス系用の多心光ファイバケーブルを例に，代表的なケーブル構造例を示したものである．

ルースチューブ構造は，数本の光ファイバ心線を収容したチューブをユニットとしてより合わせたもので，英国や北米でアクセス系のケーブルに使用されている．また，ケーブル全体が一つのパイプとみなせるようなケーブル構造もあり，100数十心程度の心数用として北米で利用されている．一方，溝の付いたロッド（スロットロッド）に光ファイバ心線を収容するユニット構造もあり，フランス，北欧，及び日本で使用されている．溝の断面形状とし

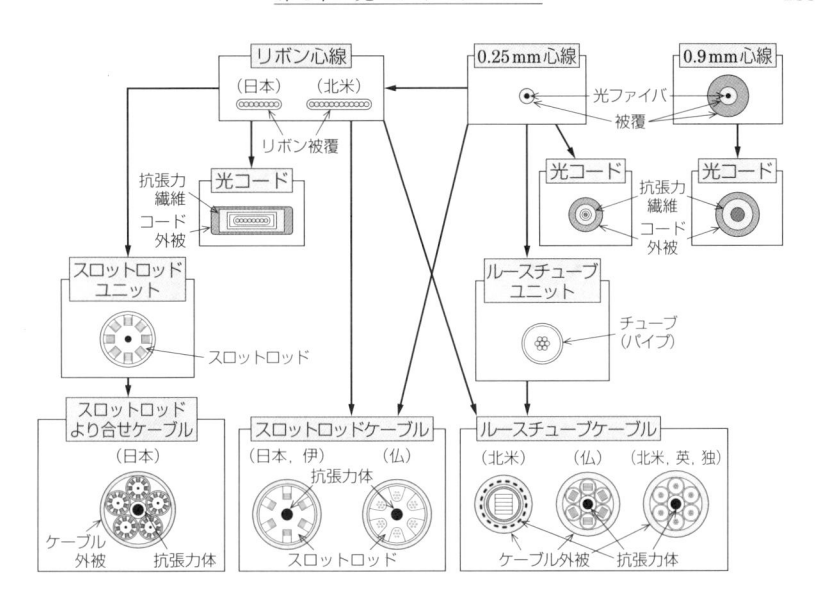

図 4.7　代表的な光ファイバケーブル

ては，リボン心線を収容する場合に四角形状が，単心の光ファイバ心線を用いる場合にはV形状の溝のロッドを用いる構造が一般的のようである．更に，1,000心単位の超高密度光ファイバケーブル用としては，リボン心線を収容するロッドをユニットとして，これをより合わせたケーブル構造が世界的に一般的になりつつある．この構造により3,000～4,000心程度の光ファイバを納められることが報告されており，この結果，メタリックケーブル（最も太いもので3,600対）と同規模の加入者数を一本の光ケーブルに収容することができる[10]．

ところで，アクセス系全体の光化は，今後のマルチメディア時代を支える情報インフラストラクチャのキーと考えられており，全世界で実現に向け開発競争が進められている．光ファイバケーブルも例外ではなく，前述の数千心規模から家の中の一心まで，更に，地下から電柱の間，家庭の中と多岐にわたる条件を満足すべく，種々の構造が提案・試験されている．図4.8は，近年NTTの研究所より報告された光ファイバケーブルの系列を，その使用される場所と合わせて示したものである[11]．光ファイバ心線として，心数の多

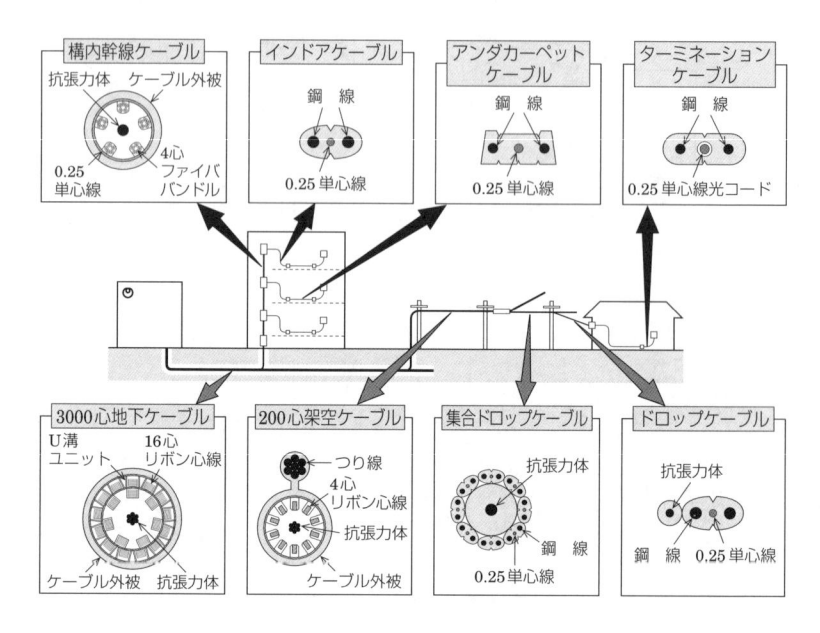

図 4.8 アクセス系光ファイバケーブルの例

い領域（局から加入者近傍のアクセス点まで）すべてにリボン心線が用いられ，アクセス点から加入者宅，そして宅内のように数心規模の領域には0.25 mm心線が適用されている．このように細径の光ファイバ心線を基本とする少心光ファイバケーブル構造は，世界に先がけた最新のものである．今後，更なる細径化，軽量化，そして次章で述べる接続技術と整合した光ファイバケーブルの実現に向けた，更なる研究開発が進められるものと思われる．

参考：スクリーニング試験式の導出

本文で述べたように，単位長さ当り強度S以下のクラックが$N(S)$存在する場合，長さLの光ファイバの累積破断確率$F(S, L)$は，式（4.2）で与えられる．

$$F(S, L) = 1 - \exp[-LN(S)] \tag{4.5}$$

そこで，光ファイバの長手方向を座標zで表し，微小区間Δzにクラック$N(S)$が存在する確率を求めると，式（4.5）より，

$$F(S, \Delta z) = 1 - \exp[-N(S) \cdot \Delta z] \tag{4.6}$$

となる．したがって，微小区間 Δz が連続した区間 L_0 の合成破断確率は，

$$F(S, L_0) = 1 - \exp\left[-\int_0^{L_0} N(S) dz\right] \tag{4.7}$$

で与えられ，累積クラック数分布 $N(S)$ を知れば破断確率が決定されることが分かる．

ところで，初期の光ファイバの累積クラック数分布 $N(S_i)$ は本文中の式 (4.3) にも述べたように，ワイブル分布で記述されることが知られており，

$$N(S_i) = \left(\frac{S_i}{S_0}\right)^m \tag{4.8}$$

で与えられる．ここで，S_0 は $N(S_0) = 1$ を与える強度，m は分布の広がりを示すパラメータである．一方，スクリーニング試験後の光ファイバの累積クラック数分布は，式 (4.7) から，

$$N(S) = \left[\left\{\left(1 + \frac{B_p S_p^{n_p-2}}{\sigma_p^{n_p} t_p}\right) \middle/ (1+C)\right\}^{m/(n_p-2)} - 1\right] \cdot N_p \tag{4.9}$$

となる．B_p と n_p はスクリーニング試験における B と n 値，σ_p と t_p はスクリーニング試験での応力と時間である．また C は，スクリーニング試験後の光ファイバの最低強度を表し，

$$C \equiv \frac{\gamma_u B_p}{\sigma_p^2 t_p} \tag{4.10}$$

で与えられる．γ_u はスクリーニング応力を外す際の疲労係数であり，1より小さい．

以上から，スクリーニング試験を通過した光ファイバ（長さ L_0）に，強度 $S(z)$ 以下のクラックが存在する確率は，次式のようになる．

$$F = 1 - \exp\left[-N_p \int_0^{L_0} \left[\left\{\left(1 + \frac{B_p S_p^{n_p-2}(z)}{\sigma_p^{n_p} t_p}\right) \middle/ (1+C)\right\}^{m/(n_p-2)} - 1\right] \cdot dz\right] \tag{4.11}$$

ここで，強度 $S(z)$ を有する光ファイバに，時間変化する応力 σ が加わった場合の破断条件が，式 (4.1) より，

$$\int_0^{t_s} \sigma^n(t,z) = BS^{n-2}(z) \qquad (4.12)$$

であることから,最終的に,$\sigma(t,z)$ と破断確率の関係は次式のように求められる.

$$F = 1 - \exp\left[-N_p \int_0^{L_0} \left[\left\{\left(1 + \frac{B_p \left(\int_0^{t_s} \sigma^n dt\right)^\beta}{B^\beta \sigma_p^{n_p} t_p}\right) \middle/ (1+C)\right\}^\alpha - 1\right] \cdot dz\right] \qquad (4.13)$$

ただし,$\alpha = m/(n_p - 2)$,$\beta = (n_p - 2)/(n - 2)$ である.このときの,単位長さ当りの破断率 λ は,

$$\lambda = N_p \int_0^{L_0} \left[\left\{\left(1 + \frac{B_p \left(\int_0^{t_s} \sigma^n dt\right)^\beta}{B^\beta \sigma_p^{n_p} t_p}\right) \middle/ (1+C)\right\}^\alpha - 1\right] \cdot dz/L_0 \qquad (4.14)$$

となる.

この式 (4.13) は,使用時に光ファイバの置かれる環境がスクリーニング試験時とほぼ等しく ($n = n_p$, $B = B_p$, よって $\beta = 1$),光ファイバに加わる応力 σ_s が時間や長さ方向に対して均一に加わる場合,$C \ll 1$ であることから,

$$F = 1 - \exp\left[N_p L_0 \left[1 - \left\{1 + \left(\frac{\sigma_s}{\sigma_p}\right)^n \cdot \left(\frac{t_s}{t_p}\right)\right\}^\alpha\right]\right] \qquad (4.15)$$

と書くことができ,本文中の式 (4.4) が導出される.

参考文献

[1] S. M. Wiederhorn, "Prevention of failure in glass by proof-testing," J. Am. Ceram. Soc., vol. 56, p. 227, 1973.
[2] 中原基博,坂口茂樹,宮下 忠,"光ファイバの線引き技術," 通研実報, vol. 26, no. 9, p. 2557, 1997.
[3] A. G. Evans, "Slow crack growth in brittle materials under dynamic loading conditions," Int. J. Fracture, vol. 10, p. 251, 1974.
[4] 満永 豊,"光ケーブルの強度設計および信頼性に関する研究," 東京工業大学学位論文, 1985.
[5] 満永 豊,勝山 豊,小林敬和,石田之則,"光ケーブル強度の信頼性設計," 信学論 (B), vol. J66-B, no. 8, p. 1051, 1983.
[6] 川瀬正明,"加入者光線路構成技術の研究," 北海道大学学位論文, 1991.

[7] 石田之則, 勝山 豊, 青海恵之, "中小容量光伝送方式用光ケーブルの設計と特性," 通研実報, vol. 30, no. 9, p.2167, 1981.
[8] 川瀬正明, 秦野諭示, 勝山 豊, 渕上建也, "加入者高密度光ファイバケーブル," 通研実報, vol. 34, no. 7, p. 1111, 1985.
[9] S. Hatano, T. Kokubun, S. Sumida, and Y. Katsuyama, "Optical coupling between coated fibers in a compact fiber ribbon," IEEE J. Lightwave Technol., vol. LT-4, no. 3, p. 335, 1986.
[10] S. Tomita, M. Matsumoto, T. Yabuta, and T. Uenoya, "Preliminaly research into ultra high density and high count optical fiber cables," 40th IWCS, p. 8, 1991.
[11] 廣岡 明, 藪田哲郎, 古川眞一, 寺澤正雄, "配線系・ユーザ系光配線システム技術の開発," NTT R & D, vol. 47, no. 1, p. 79, 1998.

第5章

光ファイバの接続

5.1 接続損失

　光ファイバは同心円状のコアとクラッドが連続しているものであるから，その接続においても同じ径と比屈折率差のコアどうしが精密につながれば，理想的な接続であると言える．しかし，このような理想的な接続は現実には不可能であり，その結果，接続損失や反射が生まれる．光ファイバの接続損失の原因を，接続される光ファイバ相互のパラメータ不一致によるものと，コア相互の位置ずれによるものに大別して表5.1に示した．前者は，コア位置ずれがない理想的な場合でも不可避なものであり，光ファイバの製造ばらつきが主な原因である．一方，後者はコア位置合せ精度と光ファイバ端面間の屈折率の不連続に起因し，全く同じパラメータを有する光ファイバ相互の接続においても起こり得るものである．ここでは後者について，コアの径方向の軸ずれ，角度ずれ，及び端面の間隔と接続損失の関係を説明する．

　光ファイバの接続損失を，入力側と出力側光ファイバの電磁界を用いて求める．入力側光ファイバの伝搬モードの電磁界を E_i, H_i, 出力側の固有モードの電磁界を e_n, h_n, 接続点において放射する電磁界を E_r, H_r とする．接続点の端面上で，電磁界の接線成分が連続であるため，次式が成り立つ．

$$E_i = \sum A_n e_n + E_r \quad \text{及び} \quad H_i = \sum A_n h_n + H_r \qquad (5.1)$$

第5章　光ファイバの接続

表 **5.1**　接続損失の原因

	単一モードファイバ	多モードファイバ
光ファイバの ばらつき （光ファイバの違い が原因で，接続が完 全でも発生する損失）	モードフィールド径の違い	・コア径の違い ・比屈折率差の違い ・コア内の屈折率分布形状の違い*1 ・コアの非円性
接続の不完全性 （同一の光ファイバ を接続しても発生す る接続自体の損失）	・コア軸の径方向のずれ（軸ずれ） 【光ファイバの外径の違い】*2 ・コア軸の傾き（角度ずれ） ・コア端面の隔たり（端面間隔） ・コア端面の不完全性（非鏡面や端面の傾斜など） ・コアの屈折率と端面間の屈折率の違い	

*1：屈折率分布形状がグレーデッド形状の場合
*2：外径を基準にコアの軸合せをする場合

ここで，A_n は伝搬モードの振幅を表す．モード間及び放射モードと固有モードは直交性を示すことから，z_o を伝搬方向の単位ベクトルとすれば，第 n 次モードの結合率 η_{sn} は次式のようになる．

$$\eta_{sn} = \frac{\left| \int_s (\boldsymbol{E}_i \times \boldsymbol{h}_n) \cdot \boldsymbol{z}_o dS \right|^2}{\int_s (\boldsymbol{e}_n \times \boldsymbol{h}_n) \cdot \boldsymbol{z}_o dS \cdot \int_s (\boldsymbol{E}_i \times \boldsymbol{H}_i) \cdot \boldsymbol{z}_o dS} \tag{5.2}$$

単一モードファイバの場合は，スカラ近似を用いても十分精度の良い結果が得られる．そこで，入力側と出力側の HE_{11} モードを $f(r)$，$g(r)$ と置き換えると，式（5.2）は次のように書くことができる．

$$\eta_s = \frac{\left| \int f(r) g(r) dS \right|^2}{\int f(r)^2 dS \cdot \int g(r)^2 dS} \tag{5.3}$$

単一モードファイバでは基本モードのみを考慮すればよく，これをガウス分布で近似して得られる接続損失の計算式を**表5.2**に示す[1]．なお，これらの計算式では，光ファイバ端面の不完全性の影響を無視している．

一方，多モードファイバでは多数の伝搬モードが存在することから，各モードの損失の合計を接続損失と定義することができる．ただし，各モードに分配される光パワー分布を考慮した，重み付けを行わなければならない．す

表 5.2　単一モードファイバの接続損失計算式

損失要因	結合率の計算式
軸ずれ (d)	$\eta_s = \left(\dfrac{2\omega_1\omega_2}{\omega_1{}^2 + \omega_2{}^2} \right)^2 \exp\left(-\dfrac{2d^2}{\omega_1{}^2 + \omega_2{}^2} \right)$
角度ずれ (θ)	$\eta_s = \left(\dfrac{2\omega_1\omega_2}{\omega_1{}^2 + \omega_2{}^2} \right)^2 \exp\left(-\dfrac{2(\pi n_2 \omega_1 \omega_2 \theta)^2}{(\omega_1{}^2 + \omega_2{}^2)\lambda^2} \right)$
端面間隔 (d_s)	$\eta_s = \dfrac{4[4Z^2 + \omega_1{}^2\omega_2{}^2]}{[4Z^2 + (\omega_1{}^2 + \omega_2{}^2)\omega_2{}^2]^2 + 4Z^2\omega_2{}^2\omega_1{}^2}$ ただし，$Z \equiv \dfrac{d_s \lambda}{2\pi n_2 \omega_1 \omega_2}$

なわち，第 n 次モードの損失とモードパワーをそれぞれ $L(n)$，$P(n)$ とすると，多モードファイバの全接続損失 L は次式で与えられる．

$$L = \sum_n L(n) \cdot P(n) \tag{5.4}$$

先に述べた各モードの光パワー分布は，光源の種類（発光ダイオードか半導体レーザか）や接続点と光源の距離などの諸条件に依存するため，実際に測定される接続損失値もこれらの条件で大きく異なる．例えば，すべての伝搬モードがほぼ等しく励振される発光ダイオードを用いた場合と，低次モードを強く励振する半導体レーザを用いた場合を比較すると，前者は後者の概ね 2 倍程度大きな値を示す．**表 5.3** に，屈折率分布形状がステップ形とグレーデッド形の接続損失の計算式を示した[2]．

5.2　反　　射

光ファイバの接続部は，屈折率が不均一若しくは不連続な領域と考えることができる．この不連続により伝搬する光の一部反射して反対方向に逆進し，① 反射損失，② レーザダイオードの特性劣化，及び ③ 双方向多重伝送での雑音といった問題を引き起こす．この結果，伝送品質が著しく劣化することも少なくないのである．

表 5.3 多モードファイバの接続損失計算式

損失要因	等号率の計算式
軸ずれ	［一様モード］ $\eta_{SI} = \dfrac{16k^2}{(1+k)^4} \dfrac{1}{\pi} \left\{ 2\cos^{-1}\left(\dfrac{x}{2a}\right) - \dfrac{x}{a}\left[1 - \left(\dfrac{x}{2a}\right)^2\right]^{1/2} \right\}$ $\eta_{GI} = \dfrac{16k^2}{(1+k)^4} \dfrac{1}{\pi} \left(2\cos^{-1}\dfrac{x}{2a} - \dfrac{x}{a}\sqrt{4-\left(\dfrac{x}{a}\right)^2} \left\{1 - \dfrac{1}{12}\left[2+\left(\dfrac{x}{a}\right)^2\right]\right\} \right)$ ［定常モード］ $\eta_{GI} = \dfrac{16k^2}{(1+k)^4}\left[1 - 2.35\left(\dfrac{x}{a}\right)^2\right]$
角度ずれ	［一様モード］ $\eta_{SI} = \dfrac{16k^2}{(1+k)^4}\left(1 - \dfrac{\theta}{\pi k\sqrt{2\varDelta}}\right)$ $\eta_{GI} \fallingdotseq \dfrac{16k^2}{(1+k)^4}\left(1 - \dfrac{8\theta}{3\pi k\sqrt{2\varDelta}}\right)$ ［定常モード］ $\eta_{GI} \fallingdotseq \dfrac{16k^2}{(1+k)^4}(1 - 1.68\theta^2)$
端面間隔	［一様モード］ $\eta_{SI} = \dfrac{16k^2}{(1+k)^4}\left[1 - \dfrac{s}{4a}k(2\varDelta)^{1/2}\right]$
備考	$\varDelta = \dfrac{n_1 - n_2}{n_1}$, $k = \dfrac{n_1}{n_0}$ n_0：光ファイバ間の屈折率 n_1：光ファイバコアの屈折率 n_2：光ファイバクラッドの屈折率

SIの一様モード損失：H. Tsuchiya, H. Nakagome, N. Shimizu, and S. Ohara, "Double eccentric connectors for optical fibers", Appl. Opt., vol. 16, no. 5, pp. 1323-1331 (1977)

屈折率の不連続面に光が垂直に入射する場合の反射係数は，偏光に依存せず次式で与えられる．

$$R=\left(\frac{n_A-n_B}{n_A+n_B}\right)^2 \tag{5.5}$$

ここで，n_Aとn_Bはそれぞれ不連続面を構成する二つの物質の屈折率である．光ファイバを伝搬する光は，厳密には屈折率不連続面に垂直に入射しないモードもあるが，その角度ずれが小さいことから，概ね上式で，反射特性を推し測ることができる．この反射して逆進する反射光は，透過光に対する損失とみなされる．光ファイバを溶かして1本の光ファイバ状にする融着接続の場合，屈折率の不連続量は比屈折率差Δの範囲と考えられることから，反射係数は式 (5.5) より，$\Delta^2/4$程度である．したがって，多モード及び単一モードファイバの反射係数はそれぞれ$-45\sim-60$ dBの範囲になり，反射損失 ① は十分小さい．一方，突合せ接続やコネクタ接続では，光ファイバ端面どうしが光学的に接触する場合と，わずかにすき間が存在する場合がある．前者の屈折率不連続量は，融着接続と同様に比屈折率差程度であることから反射損失は無視できるが，後者では，すき間の物質と光ファイバの屈折率の違いが不連続量になるため，反射損失 ① が無視できない．光ファイバのモードパワー分布を$P(x,y)$，式 (5.5) より求められる局所的な反射係数を$R(x,y)$とすると，反射係数は次式で与えられる．

$$R=\frac{\int P(x,y)\cdot R(x,y)dx\,dy}{\int P(x,y)dx\,dy} \tag{5.6}$$

端面間が空気（$n_B=1$）の場合，反射係数は約-15 dBであり，入射側と出射側の両光ファイバ端面で同じ反射が生ずると仮定すると，反射により0.3 dB程度の損失が生ずる．これはフレネル損失と呼ばれ，光ファイバ端面間に空気がある限り避けられない．更に，対向する光ファイバ端面は一種の干渉系を構成するため，反射損失が波長や端面の間隔に依存して変化する問題も発生する[3]．

光源として広く用いられているレーザダイオードでは，わずかな反射戻り光が逆注入すると，② のレーザ特性変化が発生する．この代表的な例として，(i) レーザ出力の強度雑音，(ii) 高調波変調ひずみ，及び (iii) 線幅の変化があげられる．レーザから離れた地点からの反射戻り光は，レーザのスペク

トル中に周期的なピークを引き起こし，このピークが（i）の強度雑音を引き起こす．一方，レーザに近い地点からの反射戻り光は，レーザダイオードの出力パワーを変化させ，電流・光電力特性に非線形性が現れる．この結果，出力パワーに（ii）の高調波変調ひずみが発生するのである．更に，反射戻り光はレーザダイオード中の屈折率変化を引き起こすため，（iii）の発振波長や線幅の変化を引き起こす．

1本の光ファイバで双方向通信を行う双方向多重伝送システムでは，反射戻り光が発光側の受光素子に入射して，③ 漏話雑音となる場合がある．この漏話雑音は最小受信感度を劣化させ，システム性能が低下する．特に伝送距離が長く，送受信レベル差の大きい場合には，反射戻り光の抑制が不可欠である．

以上述べた問題を解決するため，数種の抑制方法が検討・実用化されている．これらは，光コネクタを例として図 **5.1** に示すように，（a）すき間と光ファイバの屈折率を整合する方法，（b）すき間をなくす方法[4]，及び（c）端面を斜めに加工する方法[5]に大別される．（a），（b）は屈折率の不連続量を小さくする方法であり，式（5.5）の反射係数 R を直接抑制するものである．この方法を用いる場合，光ファイバの端面と内部とは屈折率が等しくなければならない．ガラスは，研磨の方法によっては内部に比べ表面の屈折率が上昇する場合があるので，研磨で端面を作製する場合に注意が必要である．一方，（c）は図5.1に示すように斜めに加工された端面により反射戻り光を放射モードに変換し，結果的に反射を抑制するものである．この方法は，ほかに比べ損失が大きく厳密な寸法管理が必要となるため，② と組み合わせて用いる構成も近年報告されつつある[6]．

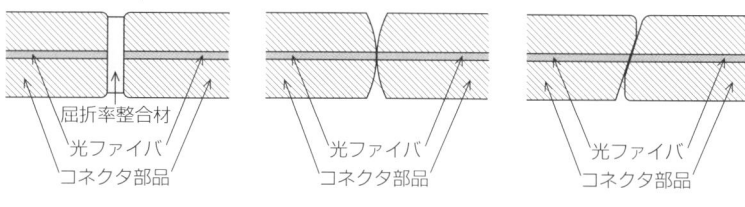

（a）屈折率を整合する方法　（b）すき間をなくす方法　（c）端面を斜めにする方法

図 **5.1**　反射戻り光の代表的な抑制方法

5.3　光ファイバ接続技術の代表例

　現在の主要な光ファイバ接続技術には，① 融着接続，② 突合せ接続，及び ③ コネクタ接続がある．いずれもメリット，デメリットがあり，場合に応じて使い分けられている．

　① の融着接続は，対向させた光ファイバの端面を加熱して溶融させ，更に押し付けて一体化させる接続方法である．接続点に屈折率不連続が存在せず，信頼性の高いことが特徴である．熱源としては，放電が一般的であり，更に予加熱融着[7]と高周波放電[8]と呼ばれる技術が用いられている．予加熱融着とは，押し付ける直前に光ファイバの端面をわずかに溶かすことを指し，これにより端面を整形して接続の成功率を高めることができる．一方，放電部分の熱分布を平たん化し，かつ広げるため，20 kHz程度の高周波放電が用いられている．現在では，1回の放電で1本から8本の光ファイバを融着接続できるようになっている．また，融着接続された光ファイバを保護するため，熱収縮スリーブを用いる補強方式[9]が広く使われているようである．この融着接続のプロセスを図5.2 (a) に示す．

　② の突合せ接続は，文字どおり光ファイバの端面を近接させた状態で固定・把持して接続する方法である．表面に凹凸のない直線状の溝と押さえ板の間にできる空間に，光ファイバを沿わせて固定し，端面の間に屈折率整合剤を注入して接続する．光ファイバの軸合せは光ファイバの外周を基準とするため，光ファイバのコアと外周に偏心があると接続損失が大きくなる．更に，温度変化時や振動などが加わっても，損失や反射が安定になるように，溝の材質や光ファイバの固定方法に工夫が必要である．この接続方法は融着接続より若干特性は劣るものの，作業の簡便さから広く使用されつつある．突合せ接続のプロセスを図5.2 (b) に示す．

　上記の二つの接続方法では，一端接続した光ファイバを外して別の光ファイバに接続替えすることは難しい．そこで，光ファイバの再接続が予想される接続箇所では，着脱可能な ③ の光コネクタ接続が必要となる．現在では，1本から複数本の光ファイバを接続できる光コネクタが実用に供されているが，何れも基本的には突合せ接続と同様に，光ファイバの軸を合わせて，端

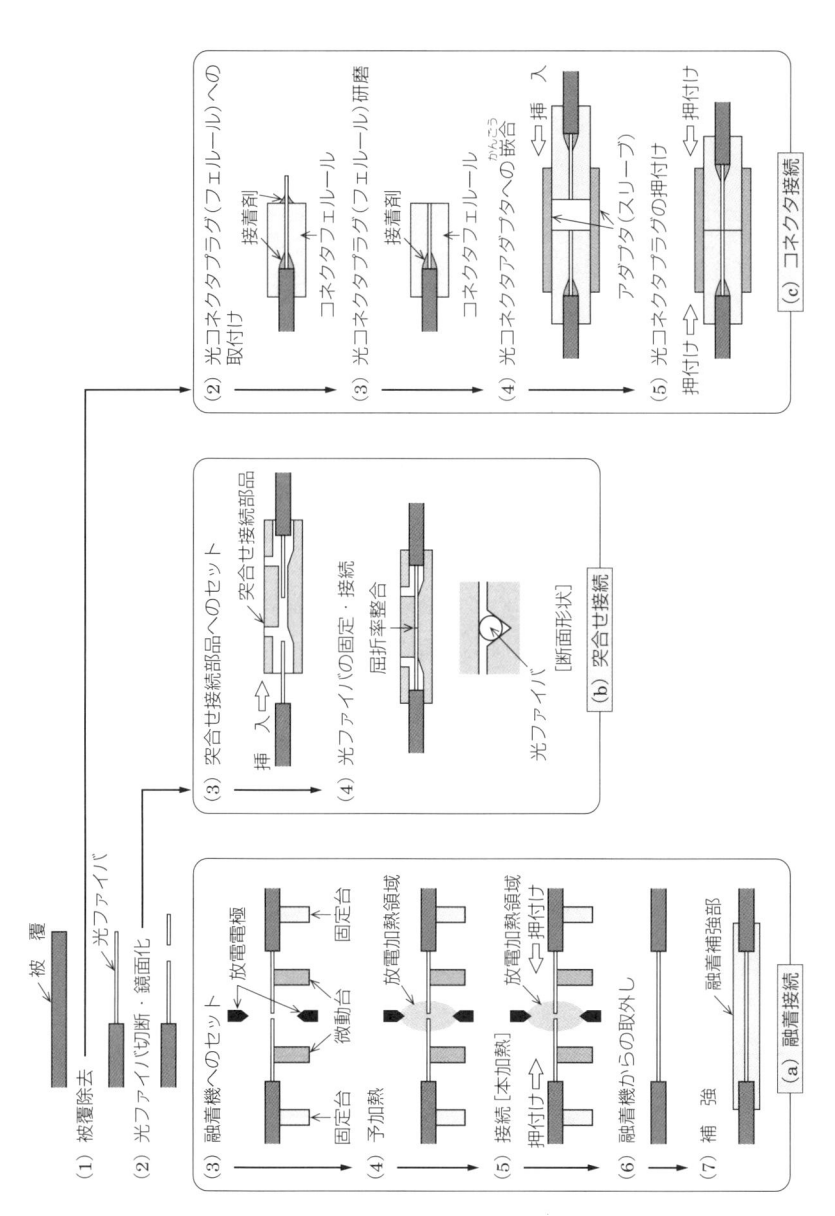

図 5.2 代表的な光ファイバ接続技術

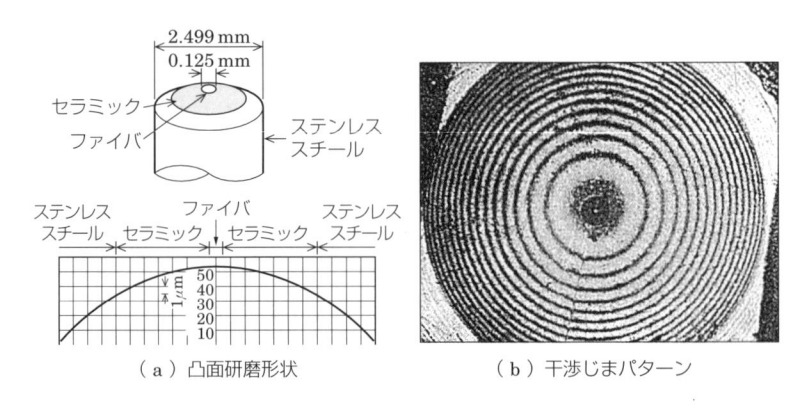

（a）凸面研磨形状　　　　　（b）干渉じまパターン

図 5.3　凸球面研磨された光コネクタの例

面を近接させることを基本構造としている．光コネクタのプロセスを図5.2(c)に示す．

先に述べたように，光コネクタでは反射を抑制するため，屈折率の整合，斜め研磨，及びすき間をなくすための凸球面状の研磨が使用されている．特に，図5.3に示すように凸球面研磨された光コネクタ[4]は，PC（physical contact）と呼ばれ，反射と接続損失を低減する有力な方法である．

5.4　最新の光ファイバ接続

今後，光通信技術が超長距離中継系やアクセス系を中心に広く使用されるに従い，光ファイバ接続技術も一段の進歩を遂げつつある．その研究開発の方向は，① 接続損失の一層の低減，② 多心化，そして ③ 作業の簡易化があげられる．以下，この代表的な例を説明しよう．

先の代表例で述べたように，光ファイバの軸合せには光ファイバの外周を用いるものが多い．しかし，実際の光ファイバではコアと外周にわずかながらも偏心があるため，低損失化の極限を狙う技術として，コア自身を軸合せの基準に使用する接続技術の開発が進められている．特に多心光ファイバの一括接続において，単心光ファイバ個別にコアを軸合せする新たな技術が最近報告された[10]．これは，図5.4に示すようにマイクロ機構と圧電素子，そして位置制御ソフトを組み合わせて，複数心の光ファイバの個別コア軸合せ

第5章 光ファイバの接続

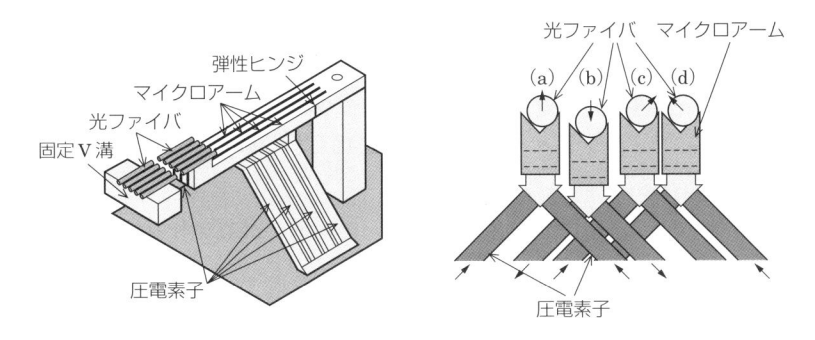

図 **5.4** 複数光ファイバの個別軸合せの例

を実現したもので，四心の分散シフト光ファイバを一括接続した場合に接続損失最大値を0.1 dB以下にできることが実証されている．今後，この低損失接続技術は光ファイバ相互接続以外にも，光導波路と光ファイバとの接続などへの応用が期待される．

　光ファイバがユーザ宅まで行き渡るようになると，数千心規模の光ファイバケーブルが必要になることから，その実現に向けた研究開発が進められていることは先に述べた．このように規模の大きな光ファイバケーブルを図5.2に示すこれまでの技術で接続すると，接続部全体の寸法は途方もなく大きくなり，また人手での作業では接続作業時間が長くなりすぎて，非現実であ

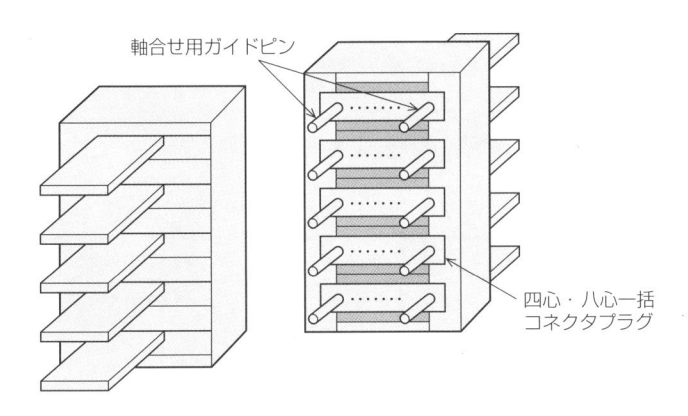

図 **5.5** 超多心光ファイバの一括接続技術の例

る．そこで，一括で接続する光ファイバの心数をできるだけ多くした超多心一括接続技術の研究が進められている．図5.5は，光コネクタを基本として検討されている技術の一例を示したものであるが，数百心の光ファイバを一括接続することができる[11]．今後，低損失化と，一層の接続規模の拡大が検討課題と思われる．

光コネクタは，自由に着脱できることから融通性の高い便利な接続技術である．しかし，図5.2に示したように，その組立てには接着固定や研磨などの工程が必要なことから，煩雑で時間がかかる欠点があった．そこで，同じく図5.2に示した突合せ接続の機構を光コネクタに取り込み，無接着，無研磨で光コネクタを作製する技術が注目を集めている．図5.6はその構造例であるが，あらかじめ光コネクタの中に接着・研磨された光ファイバが内蔵されている[12]．接続すべき光ファイバの端部を，この内蔵光ファイバと突合せ接続すれば光コネクタが完成するというものである．当然のことながら接続損失は，突合せ接続の分だけ増加するが，送受信レベル差が比較的緩い条件であったり，損失配分に若干気を配れば，十分実用性の高い光コネクタとなり得るものである．

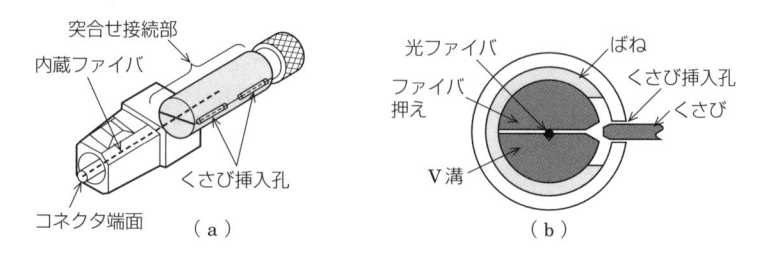

図5.6　無接着・無研磨光コネクタの例

以上説明したように，光ファイバ通信システムの利用範囲が広がるにつれて，接続技術に対する技術的要求は高度になり，合わせて多様化も進んできた．今後は更なる経済化や無人化といった方向での研究開発が活発化するものと想定される．

参 考 文 献

[1] D. Marcus, "Loss analysis of single-mode fiber splice," Bell Syst. Tech. J., vol. 56, no. 5, p. 703, 1977.
[2] 土屋治彦, 中込 弘, 清水延男, "2重偏心コネクタの損失特性," 信学会量エレ研資, vol. OQE 75-52, 1975.
[3] N. Kashima and I. Sankawa, "Reflection properties of splices in graded-index optical fibers," Appl. Opt., vol. 22, no. 23, p. 3820, 1983.
[4] N. Suzuki, M. Saruwatari, and M. Koyama, "Low insertion- and high return-loss optical connectors with spherically convex-polished end," Electron. Lett., vol. 22, no. 2, p. 110, 1986.
[5] N. Suzuki and O. Nagao, "Low insertion loss and high return-loss optical connectors for use in analog video transmission," Int. Conf. Integrated Opt. Fiber Commun., vol. A3-5, p. 30, 1983.
[6] S. Nagasawa, Y. Yokoyama, F. Ashiya, and T. Satake, "A high-performance single mode multifiber connector using oblique and direct endface contact between multiple fibers arranged in a plastic ferrule," IEEE Photon. Technol. Lett., vol. 3, no. 10, p. 937, 1991.
[7] M. Hirai, S. Seikai, N. Kashima, and N. Uchida, "Arc-fusion splice and splice machine for multi-mode fibers -Pre-fusion method," ECL Tech. J., vol. 27, p. 2467, 1978.
[8] N. Kashima and F. Nihei, "Optical fiber fusion splice using high frequency discharge with high voltage trigger," Trans. IEICE J. (E), vol. 64, p. 529, 1981.
[9] M. Miyauchi, M. Matsumoto, and T. Haibara, "Arc-fusion splice of optical fiber and its reliability in field," 31st IWCS, p. 169, 1982.
[10] 久保田 学, 吉田耕一, 三河正彦, 三川 泉, 古川眞一, "個別調心機構を用いた融着接続の検討," 1997年信学総全大, B-10-55.
[11] T. Haibara, S. Nagasawa, M. Matsumoto, S. Tomita, and T. Yabuta, "High-speed, low-loss connection techniques for high-count pre-connectorized cables," 40 th IWCS, p. 296, 1991.
[12] 古川眞一, 保苅和男, 三川 泉, 寺澤正雄, "ユーザ系光配線ケーブル接続技術," NTT R & D, vol. 47, no. 1, p. 103, 1998.

第 6 章

光ファイバの測定

6.1 光ファイバの測定項目

　光ファイバの測定は，表 **6.1** に示すように，構造パラメータ，伝送特性，非線形特性関連パラメータ，及び機械特性の測定に分類される．

　光ファイバの構造パラメータは，寸法である，コア径，クラッド径，コア非円率，クラッド非円率，及びコア/クラッド偏心率（モードフィールド偏心量）と，光学特性である，開口数（NA: numerical aperture），モードフィールド径（MFD: mode field diameter），及びカットオフ波長を総称した言葉である．また，光ファイバの各種寸法を定義するときに使用され，かつ光学特性や伝送特性を決定する重要なパラメータである屈折率分布も一般に構造パラメータに含める．

　これらの構造パラメータの測定は，光ファイバを光コネクタのフェルールに実装するときや，光ファイバの接続の際に問題となる光ファイバの寸法の均一性を保証するために必要である．伝送特性及び非線形特性関連パラメータの測定は，高品質な光伝送路の設計及び所要性能の保証に必要である．また，機械特性の試験は，光ケーブルの厳しい布設条件に対する信頼性を保証するために重要である．

　ここでは，互いに密接に関連する構造パラメータと伝送特性及び非線形特性関連パラメータの測定について説明する．光ファイバの機械特性試験につ

第6章 光ファイバの測定

表 **6.1** 光ファイバの測定

	多モードファイバ	単一モードファイバ
構造パラメータ	コア径	
	クラッド径	クラッド径
	コア非円率	
	クラッド非円率	クラッド非円率
	コア/クラッド偏心率	モードフィールド偏心量
	開口数	
		モードフィールド径
		カットオフ波長
	屈折率分布	屈折率分布
伝送特性	損 失	損 失
	帯域（主にモード分散）	波長分散
		偏波分散
非線形特性関連パラメータ		実効コア断面積
		非線形定数
機械特性	・スクリーニング試験　・衝撃試験　　　　・ねじり試験 ・引張試験　　　　　　・繰返し曲げ試験 ・圧壊試験　　　　　　・曲げ試験	

いては，別の文献[1]を参照されたい．

6.2 構造パラメータの測定

（1）多モードファイバの測定

多モードファイバのコア径，クラッド径，コア非円率，及びコア/クラッド偏心率の測定には，RNF法及びNFP法が一般的に使用される．また開口数の測定には，RNF法とNFP法に加え，FFP法が使用される．以下に，NFP法，RNF法，FFP法の順番に説明する．

（**a**）**NFP法**　　NFP（near field pattern）法[2]は，多モードファイバの屈折率分布，寸法，及び開口数（NA）の最も簡便な測定方法として広く使用されている方法であり，多モードファイバの伝搬モードがすべて均一に光ファイバへ結合されたとき，光ファイバ出射端面における強度分布 $P(r)$，すなわちNFPは，

$$P(r) = \frac{n_{\text{core}}^2(r) - n_2^2}{K_N} \cong \frac{2n_1(n_{\text{core}}(r) - n_2)}{K_N} \tag{6.1}$$

で与えられ，コアの屈折率分布$n_{\text{core}}(r)$と相似となることを測定原理としている．なお，rはコア中心からの距離である．また，n_1，n_2及びK_Nは，それぞれ，コア中心，クラッドの屈折率，及び定数である．

NFP法の測定系を図**6.1**に示す．白色光源，LEDなどのインコヒーレント光源と顕微鏡を使用してNFPを測定する．別に落射光で照明することにより，出射端面におけるクラッドの反射像も測定する．NFP及びクラッドの顕微鏡像から，光ファイバの寸法（コア径，クラッド径，コア非円率，クラッド非円率，コア/クラッド偏心率）を算出する．

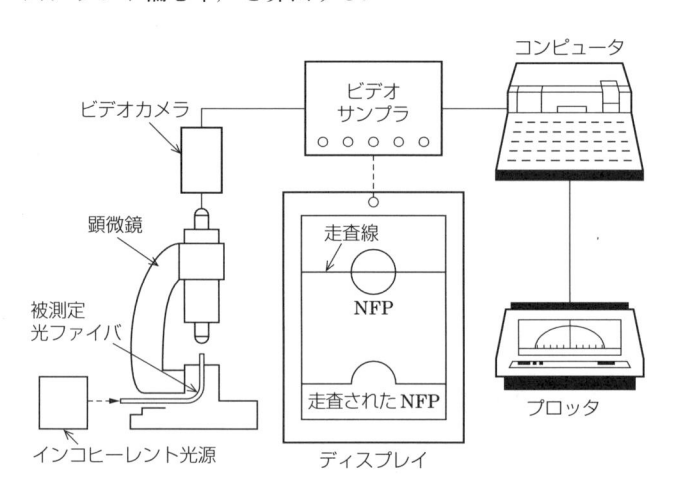

図**6.1** NFPの測定系

NAは，
$$\text{NA} = \sqrt{n_1^2 - n_2^2} \tag{6.2}$$
で与えられ，$(\text{NA})^2$はNFPの最大強度に比例する．したがって，NAが既知の光ファイバのNFP強度と比較することにより，NAが測定される．

顕微鏡像の画像処理方法にはいくつかの方法があるが，図に示すようなビデオカメラを用いる方法（ビデオアナライザ法）は自動化に適している．自動化により，目視で光ファイバのコア/クラッド境界を判断する方法で問題と

なる，作業者に依存した測定のあいまい度をなくすことが可能である．

なお，NFP法では，インコヒーレント光の照射時に，伝搬モード以外に漏えいモードも光ファイバに結合され，屈折率分布測定に誤差が生ずる．そのため，試料長は，漏えいモードは減衰し，伝搬モード間の減衰量差は無視できる長さに選ぶ必要がある[3]．

（**b**）**RNF法** [4]～[6]　　RNF（refracted near field）法は，NFP法を改良し，原理的に漏えいモードの影響を受けずに屈折率分布の測定を可能とした方法である．

NFP法では，光を光ファイバ端面に照射し，光ファイバを伝搬した光のパワーを測定したが，RNF法では，光ファイバのコアを伝搬せずに，クラッドへ漏れ出し，更に屈折率整合液（その屈折率n_Lはクラッドの屈折率n_2よりわずかに高く調整）を介して外に出た屈折光線（refracted mode）のパワーを測定する．RNF法で測定される光強度は，以下に示すように，NFP法で得られた光強度を反転したものとなる．

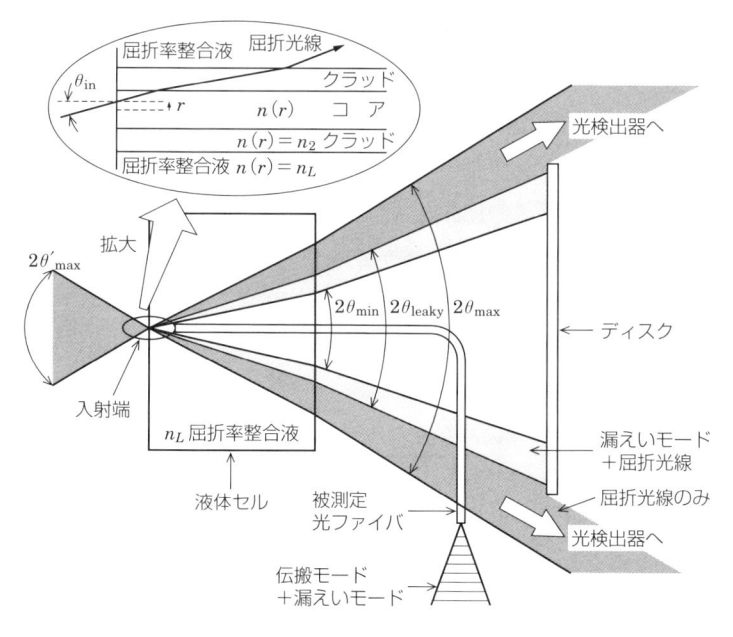

図 **6.2**　RNF法の測定原理

図 6.2 は，RNF 法の測定系を模式的に示したものである．十分大きな口径角 $2\theta'_{max}$ のコヒーレントな光を，屈折率整合液に浸した光ファイバの端面上に，位置を順次変えながら集光する．このとき，液体セルの背面から，最大外側頂角 $2\theta_{max} = 2\sin^{-1}\left(\sqrt{\sin^2\theta'_{max} + n_L^2 - n_2^2}\right)$，最小内側頂角 $2\theta_{min} = 2\sin^{-1}\left(\sqrt{n_L^2 - n_2^2}\right)$ のコーン状の光束が出射される．この中には，所望の屈折光線とともに漏えいモードも含まれている．しかし，光ファイバの屈折率が二乗分布の場合，漏えいモードは，

$$\theta_{leaky} = \sin^{-1}\left(\sqrt{n_L^2 + n_1^2 - 2n_2^2}\right) \quad (6.3)$$

で与えられる角度以下で空気中へ出射するため，液体セルの背面側に設置した適切な径のディスクにより，すべての漏えいモードを遮断可能である．そのとき一部の屈折光線もさえぎられるが，残りの屈折光線はディスクの外側を通過し，光検出器により受光される．

屈折光線が通過する各境界面にて繰返しスネルの法則を適用することにより，液体セルの前面への入射光の角度 θ_{in} と，背面からの出射光の角度 θ_{out} の関係式，

$$\sin^2\theta_{in} = \sin^2\theta_{out} + n^2(r) - n_L^2 \quad (6.4)$$

が得られる．ここで，$n(r)$ は光ファイバ端面の径方向の屈折率分布，r は光ファイバ端面に集光した光束のコア中心からの距離である．ディスクで制限される θ_{out} の最大値を式 (6.4) に代入することによって決定される θ_{in} 以上の入射角の光束が光検出器により受光されることから，その全受光パワー $P_d(r)$ と，屈折率 $n(r)$ の関係は次式で与えられることが分かる．

$$n^2(r) - n_L^2 = \frac{K_R(P_L - P_d(r))}{P_L} \quad (6.5)$$

ここで，P_L は光の集光位置を光ファイバ端面から外し，屈折率整合液部分としたときの受光パワーである．K_R は定数であり，屈折率が既知の光ファイバの測定などにより決定可能である．したがって，式 (6.5) を使用して，屈折率分布が求められる．なお，光ファイバの屈折率が二乗分布形からステップインデックス (SI) 形に近づくにつれて θ_{leaky} が増加するため，一部の漏えいモードが光検出器に入射するようになるが，適切に光学系を設計するこ

とにより，そのパワーは実効上，問題ない低いレベルに抑えられる．

RNF法は，上述のように，漏えいモードの影響を受けないという特長に加え，コア領域だけでなくクラッド領域やディプレストクラッド領域も含む光ファイバ全体の屈折率分布の測定が可能，更に，単一モードファイバにも適用可能など，NFP法にない特長を有する．

寸法及びNAは測定された屈折率分布から算出される．

（c） **FFP法** [7]　　FFP（far field pattern）法は，光ファイバからの出射光を，出射端面から，コア径に比較して十分離れた位置で観測することにより，出射角度に対する強度分布を測定する方法である．

NAは，測定された最大出射角度 θ_m から次式で算出される．

$$\mathrm{NA} = \sin\theta_m \tag{6.6}$$

FFPの測定系を図**6.3**に示す．光源には，干渉によるスペックルが生ずるのを避けるため，白色光源やLEDを使用する．入射NAは被測定光ファイバのNAよりも十分大きくする．試料長は，高NA入射により結合されやすいクラッドモードを十分に減衰させ，一方で，高次伝搬モードは減衰させないため，一般に1～2mとする．

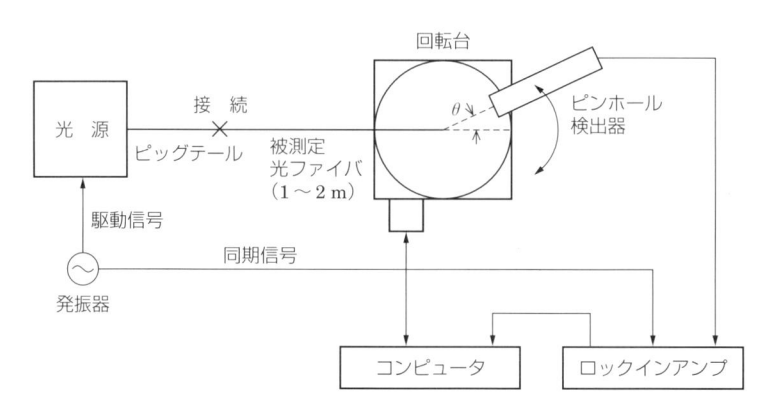

図**6.3**　FFPの測定系

（2）　**単一モードファイバの測定**

単一モードファイバのモードフィールド偏心量，クラッド径，及びクラッド非円率は，NFP法またはRNF法により測定可能である．また，屈折率分

布も多モードファイバと同様にRNF法により測定される．

単一モードファイバに特有な構造パラメータは，モードフィールド径（MFD）とカットオフ波長である．

MFDは，単一モードファイバを伝搬する光ビームの大きさを表し，多モードファイバのコア径に類似したパラメータである．接続される光ファイバに軸ずれや角度ずれがないとき，構造パラメータの違いにより発生する接続損失は，多モードファイバではコア径やNAなどで決定されるが，単一モードファイバでは，光強度パターンのみで決定される．またその強度パターンは，一般にガウス分布で近似でき，屈折率分布の違いはMFDの違いとして表すことが可能である．そのため，単一モードファイバではコア径よりもMFDが重要なパラメータとなる．更にMFDは，マイクロベンド損失や，電界分布の違いに起因する接続損失との相関も強く[8]，多モードファイバのNAにも相当する．

カットオフ波長は，二次の伝搬モード（LP_{11}モード）が伝搬不能となる波長である．これより短い波長の光を入射すると，高次モードも伝搬可能となり，モード分散による伝送帯域の劣化を生ずる．そのため，カットオフ波長は，MFDとともに単一モードファイバの重要なパラメータとなっている．そこで以下では，MFD，カットオフ波長の測定法について説明する．

　（a）**MFD**　　MFDの定義式として種々のものがこれまで提案，使用されてきたが，現在は，一般に次式でモードフィールド半径Wを定義し，MFD = $2W$となる[9]．

$$W^2 = \frac{2\int_0^\infty E^2(r) r dr}{\int_0^\infty \left(\frac{dE(r)}{dr}\right)^2 r dr} \tag{6.7}$$

これは，軸ずれによる接続損失と構造分散に強い相関をもつものとして提案され，当初Petermann IIと呼ばれたものである．

MFDのNFP法による測定系は，基本的には図6.1に示した多モードファイバのNFP測定系と同じである．測定された強度分布$E^2(r)$から，式（6.7）を使用してMFDを算出する．

MFDは，図6.3に示したFFP法の測定系によっても測定可能である．これ

は，NFPとFFPはハンケル変換により結ばれているからである[10]．光ファイバ軸からのFFP測定の角度をθ，測定波長をλ，FFPのパワー分布を$P(\theta)$とすると，電界分布$E(r)$は次式で与えられる．

$$E(r) = E_0 \int_0^\infty \mathrm{sign}(F(\theta))\sqrt{P(\theta)} J_0\left(r\left(\frac{2\pi}{\lambda}\right)\sin\theta\right)\sin(2\theta)d\theta \tag{6.8}$$

ここで，E_0は定数である．また$\mathrm{sign}(F(\theta))$は，FFPの電界分布$F(\theta)$の位相を表し，+1または-1の値をとる．式 (6.8) を式 (6.7) に代入することにより，MFDが求まる．

なお，FFPの測定系には50 dB以上のダイナミックレンジが要求される．しかし，多モードファイバのときと異なり，単一モードファイバではスペックルは生じないので，NFP法，FFP法の何れの場合も，光源には高出力のLDが使用可能である．また，入射条件や試料長によらずMFDの測定が可能である．ただし，測定波長がカットオフ波長より短い場合には，光ファイバを曲げて高次モードを除去する必要がある．また，クラッドモードが結合されやすい被覆材を使用した光ファイバの場合には，クラッドモード除去器を使用する．

（**b**）カットオフ波長　　カットオフ波長は透過パワー（TP: transmitted power）法により測定される．TP法では，入射波長を掃引しながら，単一モードファイバの透過パワーを測定する．このとき，カットオフ波長近傍の短波長側では基底（LP$_{01}$）モードと高次（LP$_{11}$）モードが光ファイバに結合可能であるが，長波長側ではLP$_{01}$モードのみが結合されるため，カットオフ波長において透過パワーが階段状に変化する．TP法はこの現象を利用して，次式で定義されているカットオフ波長λ_cを測定するものである．

$$10\log[P_{01}(\lambda_c) + P_{11}(\lambda_c)] - 10\log[P_{01}(\lambda_c)] = 0.1 \text{ dB} \tag{6.9}$$

ここで，$P_{01}(\lambda)$と$P_{11}(\lambda)$は，LP$_{01}$モードとLP$_{11}$モードの伝搬パワーの波長特性である．TP法は，式 (6.9) から分かるように，二モード励振の波長特性$P_{01}(\lambda) + P_{11}(\lambda)$と単一の基底モード励振の波長特性$P_{01}(\lambda)$を評価する必要がある．カットオフ波長近傍における$P_{01}(\lambda)$の評価方法の違いにより，TP法は，多モードファイバ参照法と曲げ法に分類される．

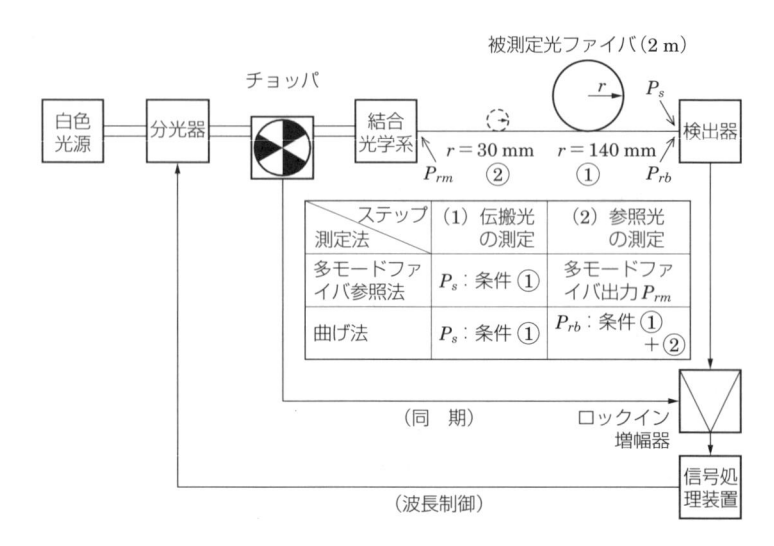

図6.4 カットオフ波長の測定系

TP法による代表的な測定系を図**6.4**に示す．被測定光ファイバには，曲げ半径 $r = 140$ mm で一回巻き，それ以外の部分は，可能な限り直線に保った，長さ2mのものを使用する．以上の状態を「実質的な直線状態」とみなす．LP$_{11}$モードも結合可能とするため，被測定光ファイバへの入射NA及びビーム径は十分大きくする．

多モードファイバ参照法では，結合光学系（励振器）に，長さ1〜2mの多モードファイバを使用して上記入射条件を実現する．また，「実質的な直線状態」にある被測定光ファイバの波長特性 $P_s(\lambda)$ を測定するとともに，参照用データとして多モードファイバの出力光の波長特性 $P_{rm}(\lambda)$ を測定することにより，測定系の概略の波長特性を校正する．多モードファイバ参照法による測定例を図**6.5**に示す．まず，LP$_{01}$モードのみが存在する長波長側のデータを直線で近似することにより，カットオフ波長近傍における，LP$_{01}$モードの透過パワー $P_{01}(\lambda)$ を外挿法により推定する．次にその近似直線を0.1 dB シフトさせた直線と，測定データとの交点からカットオフ波長 λ_c を求めている．

曲げ法[11]は，上記のように高次モードも励振したときの波長特性 $P_s(\lambda)$ の

第6章 光ファイバの測定

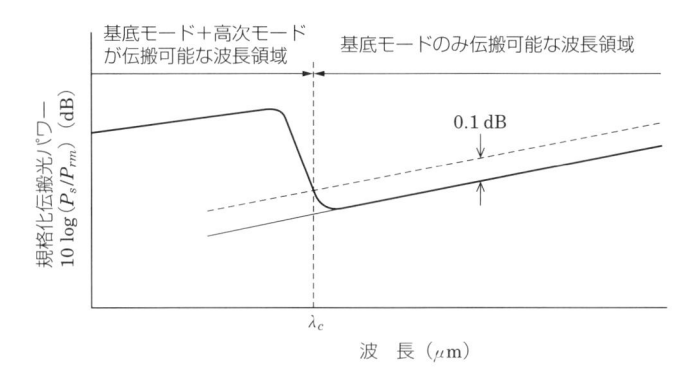

図6.5 カットオフ波長の測定例（多モードファイバ参照法）

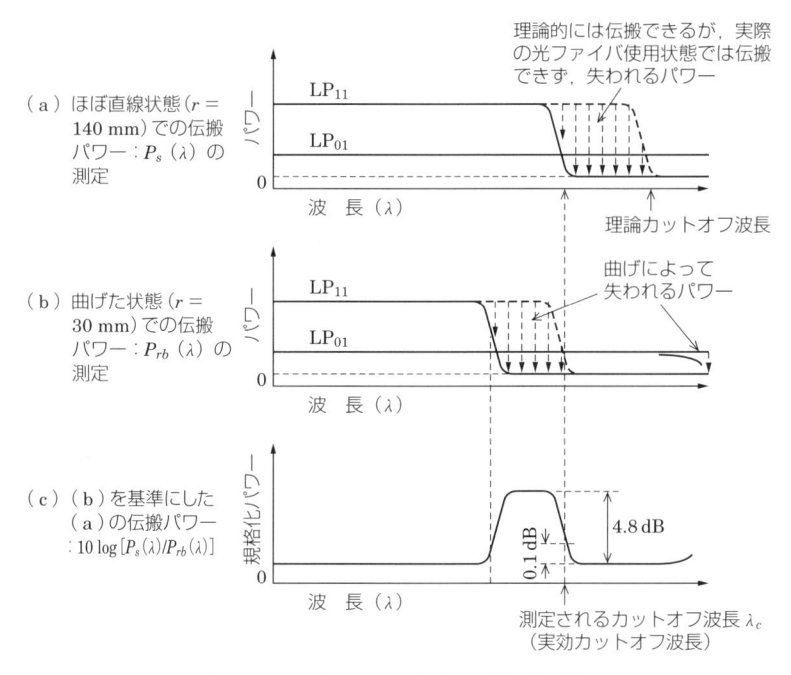

図6.6 曲げ法によるカットオフ波長測定の原理

(a) ほぼ直線状態（$r = 140$ mm）での伝搬パワー：$P_s(\lambda)$ の測定

(b) 曲げた状態（$r = 30$ mm）での伝搬パワー：$P_{rb}(\lambda)$ の測定

(c) (b)を基準にした(a)の伝搬パワー：$10 \log [P_s(\lambda)/P_{rb}(\lambda)]$

測定に加え，図6.4に示すように，更に短い半径（$r = 30$ mm）の曲げを与えたときの波長特性 $P_{rb}(\lambda)$ も測定する方法である．このとき，LP_{11} モードが伝搬可能な上限の波長は，カットオフ波長より短波長側にずれるため，カットオフ波長近傍においても LP_{01} モードの透過パワー $P_{01}(\lambda)$ を，直接測定する

ことが可能となる（図6.6（b））．したがって，カットオフ波長λ_cは，$10 \log [P_s(\lambda)/P_{rb}(\lambda)] = 0.1$ dBとなる波長から求まる（図6.6（c））．

以上説明したように，カットオフ波長の測定においては，被測定光ファイバの長さ，及び，曲げ半径と回数が規定されている．この理由は，カットオフ波長近傍では，LP_{11}モードはわずかな曲げによっても放射モードに変換されるためである．また光ファイバが長くなるとその確率が高くなるため，カットオフ波長は短い波長へ変化するからである．これらのことから理解されるように，ここで測定されるカットオフ波長は，実効カットオフ波長と呼ばれるものであり，構造パラメータから算出される理論カットオフ波長より一般に短くなる．したがって，使用目的に応じたカットオフ波長の取扱いが必要であることに注意されたい．

6.3 伝送特性の測定

光ファイバの基本的な伝送特性は，損失と帯域である．損失は，光ファイバ伝搬中の散乱，吸収や，導波モードから放射モードへの変換などにより，光パワーが減衰する量を表す．また帯域は，光パルス列が相互干渉せずに高速に伝搬することを可能とする性能を表すものであり，モード分散，波長分散，偏波分散によって決定される．多モードファイバの帯域は，各モードの遅延時間が異なることによるモード分散によって主に決定される．単一モードファイバでは，原理的にモード分散はなく，遅延時間の波長依存性による波長分散と，偏光状態依存性による偏波分散が帯域を決定する．以下では，これらの測定方法について説明する．

（1）損失の測定

損失の測定方法は，透過光の減衰量を測定するカットバック法と挿入損失法，及び，後方に散乱される光の減衰量を測定する後方散乱光法に分類される．

（a）カットバック法　カットバック法の測定系を図6.7に示す．光源には，LD，LED，または分光器と組み合わせた白色光源などを使用する．まず，被測定光ファイバから出射される光パワーP_{out}（W）を測定し，次に入射端から約2 mの位置で光ファイバを切断し，その位置の光パワーを測定する

第6章　光ファイバの測定

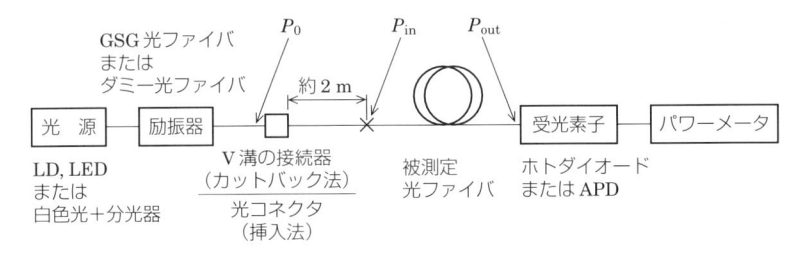

図 **6.7**　カットバック法及び挿入損失法による伝送損失測定系

ことにより，光ファイバへの入射パワーP_{in}（W）を評価する．2 m切断後の光ファイバの長さをL（km）とすると，損失は次式から算出される．

$$\alpha = \frac{10\log(P_{in}/P_{out})}{L} \text{ (dB/km)} \tag{6.10}$$

多モードファイバの損失は，入射するモードの分布に依存する．そこで，長い距離を伝搬し，モード変換が十分に起こることにより実現されるモード分布（ある距離以上では一定のモード分布となるため，これを定常モード分布と呼ぶ）で光を入射して損失測定を行う．このような評価を行うことにより，光伝送路を構成する個々の光ファイバの損失の和から，接続損を除いた光伝送路の全損失が推定可能となる．

定常モード分布を擬似的に実現し，被測定光ファイバに光を入射する手段（励振器）としては，図**6.8**に示すように，被測定光ファイバと同種で長尺の光ファイバ（ダミー光ファイバ）[12]，SI形光ファイバをGI形光ファイバではさんで構成したGSG光ファイバ[13],[14]，及び，光ファイバを曲げることにより作製したモードフィルタ，モードスクランブラなどがある．

単一モードファイバの損失測定では，モード分布の影響はない．一般に，励振器には長さ1～数十mで被測定光ファイバと同種の光ファイバを使用することが多い．

（**b**）**挿入損失法**　　挿入損失法は，光コネクタで終端されているため，カットバック法を適用できない光伝送路の損失測定に主に使用される．図6.7に示すように，励振器の出力光パワーをP_0（W），光ファイバの出力光パワーをP_{out}（W）とすると，損失は次式で与えられる．

(a) ダミー光ファイバ

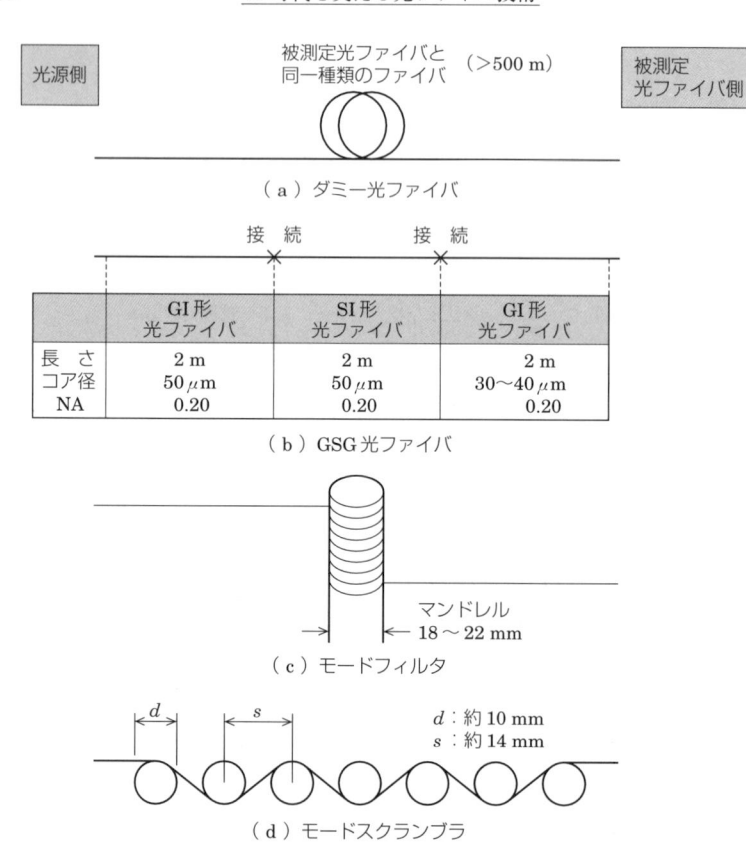

	GI形光ファイバ	SI形光ファイバ	GI形光ファイバ
長さ	2 m	2 m	2 m
コア径	50 μm	50 μm	30～40 μm
NA	0.20	0.20	0.20

(b) GSG光ファイバ

マンドレル 18～22 mm

(c) モードフィルタ

d：約 10 mm
s：約 14 mm

(d) モードスクランブラ

図 6.8 励振器の構成例

$$\alpha = \frac{10\log(P_0/P_{\text{out}})}{L} \quad (\text{dB/km}) \tag{6.11}$$

ただし，ここで L（km）は光伝送路の長さである．この損失測定値には，入射部の接続損失も含まれているが，一般にこの値を光伝送路の損失とみなすことが多い．なお，試験装置には，カットバック法の説明のときに述べた装置と同じものを使用する．

（c）後方散乱光法　　後方散乱光法は，光ファイバ中で後方に散乱され，入射点に戻ってくる光のパワーを時間の関数として測定する方法である．後方散乱光法に使用される代表的測定装置である OTDR（optical time domain reflectometer)[15]の構成を図**6.9**（a）に示す．光源には，短い光パルスが得られるLDなどを使用する．光ファイバで後方に反射あるいは散乱される光信号は一般に微弱なため，受光されたのち平均化処理などの信号処理が施され，波形として記録される．

　OTDRの信号波形を模式的に図6.9（b）に示す．図の横軸は，信号の遅延時間をτ，ファイバ中の光速をvとして，$L = v\tau/2$により算出したファイバ長である．OTDRの信号は2種類の信号からなっている．一つは，入射端及び

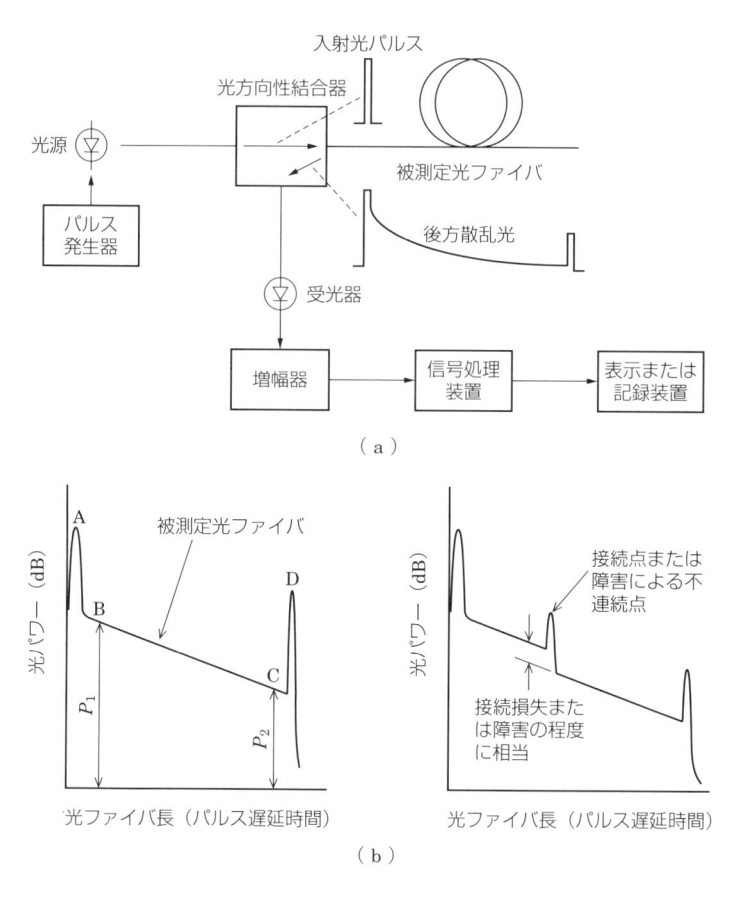

図 **6.9**　OTDRの構成（a）と測定波形例（b）

出射端の位置に観測されているフレネル反射A及びDである．もう一つは，AとDの間に連続的に観測されているレイリー後方散乱光である．フレネル反射は，屈折率が異なる媒体が接している面で発生する反射である．その反射係数は，接している媒体の屈折率に依存するため，A及びDのフレネル反射信号のパワーの違いから，2点間の損失を測定することはできない．一方，レイリー散乱光は，媒体（ここでは光ファイバ）の屈折率が波長以下のランダムな周期で微少に揺らいでいることにより発生するものである．光ファイバが長さ方向に均一に作製されているものとすると，後方散乱係数も均一であると仮定できる．したがって，B及びCのレイリー散乱光の相対光パワーをP_1 (dB) 及びP_2 (dB) とすると，光ファイバの損失は次式から求まる．

$$\alpha = \frac{P_1 - P_2}{2L} \quad \text{(dB/km)} \tag{6.12}$$

ここで，L (km) はBC間の光ファイバ長である．また分母の2は，光信号の往復を表している．

なお，厳密には，光ファイバの長さ方向で，後方散乱係数がわずかに変動していることを考慮する必要がある．また，接続損失をOTDRで測定するときには，通常，光ファイバごとの後方散乱係数のばらつきを無視することはできない．そこで，より正確な測定を行うときには，光ファイバの一端から光パルスを入射して測定したデータと，他端から入射して測定したデータの平均をとることにより，後方散乱係数の違いを補償する手法が取られる[16],[17]．

後方散乱光を測定するOTDRは，光ファイバの損失増加及び破断の位置を遠隔で測定可能なため，単なる損失測定器としてだけでなく，光伝送路の建設・保守時の主要測定器となっている[18]．各種後方散乱光測定器の性能を図**6.10**に示す．中距離伝送路用には，光源にLDを使用したOTDR[19]が，長距離伝送路用には，光ファイバ増幅器EDFA (erbium doped fiber amplifier) により光パルスパワーを増大させたOTDRや，Qスイッチファイバレーザなどの高出力光源を使用したOTDR[20]が開発されている．また，光増幅中継伝送路用には，光増幅器からのASE (amplified spontaneous emission) 雑音光に対する耐力が高く，受信感度にも優れるコヒーレント検波方式を採用

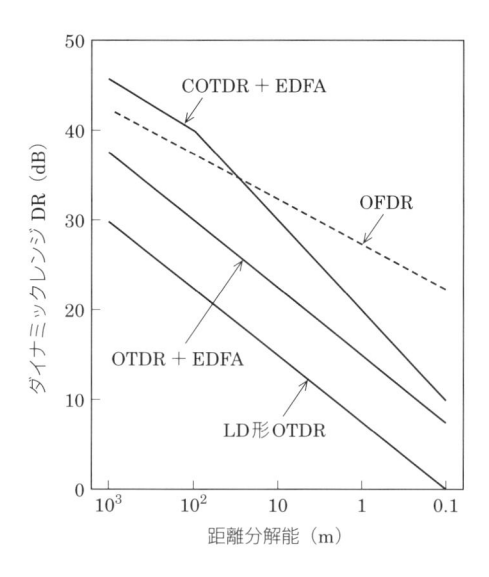

図 6.10　後方散乱光測定装置の特性

したCOTDR (coherent OTDR)[21]が実用化されている．光ファイバの接続間隔が短いアクセス系伝送路用には，OFDR (optical frequency domain reflectometer) などの研究が進められている．OFDRは，レーダで広く使われているFMCW (frequency modulated continuous wave) 方式を採用した測定器であり，障害位置探索の高分解能化が期待できる[22]．

以上の損失分布測定器はすべてレイリー後方散乱を利用しているが，ブリユアン散乱を利用する方法も提案されている[23]．また，ブリユアン後方散乱の周波数シフトが光ファイバに加わる応力によって変化することを利用し，損失とともに，光ファイバのひずみ分布も測定可能となっている[24]．

（2） 多モードファイバの帯域の測定

多モードファイバの帯域は，周波数領域の測定法である周波数掃引法[25]と，時間領域の測定法であるパルス法[26]に分類される．両測定方法は，原理的に等価であり，パルス法によって測定されるインパルス応答波形をフーリエ変換することにより，周波数掃引法で測定されるベースバンド周波数特性が得られる．布設された光ファイバケーブルを測定する場合のように，入出射端

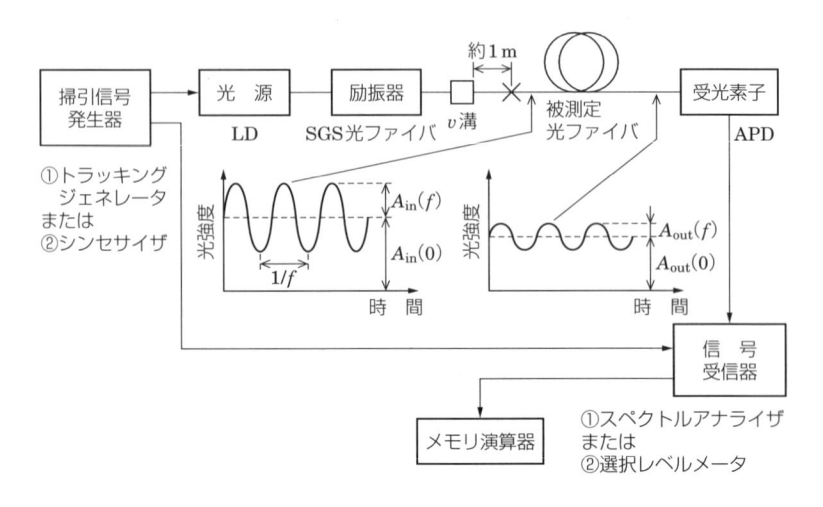

図 6.11　周波数掃引法による伝送帯域測定系

が離れた測定の場合は，パルス法と異なり，タイミングのためのトリガ信号を必要としない周波数掃引法が有利である．

（a）周波数掃引法　周波数掃引法の測定系を図 **6.11** に示す．被測定光ファイバの伝搬により，正弦波状に強度変調された光が減衰する量を測定する．変調周波数を掃引することにより，ベースバンド周波数特性を測定する．なお，変調に基づく減衰量のみを測定するために，各変調周波数成分に共通な減衰量（＝直流成分の減衰量）は除去する．このとき，ベースバンド周波数特性 $B(f)$ は次式で与えられる．

$$B(f) = 20\log\frac{A_{\text{in}}(f)}{A_{\text{out}}(f)} - 20\log\frac{A_{\text{in}}(0)}{A_{\text{out}}(0)} \quad (\text{dB}) \tag{6.13}$$

ここで，$A_{\text{in}}(f)$ と $A_{\text{out}}(f)$ は，それぞれ入射光と出射光に含まれる，周波数 f で変調された光信号成分の振幅である．伝送帯域幅 f_0 は，変調光の振幅が 3 dB 低下する周波数，すなわち，電気信号のパワーが 6 dB 低下する周波数（$B(f) = 6$ dB）で定義する．なお，実際の測定では，式（6.13）右辺第 2 項の直流成分の減衰量は，f_0 に比べて十分低い変調周波数成分の減衰量で代用される．

測定用光源には一般に直接変調が可能な LD を使用する．このとき，LD の

第6章　光ファイバの測定

コヒーレンスが高いために，光検出器面内の感度のわずかな不均一性や，光検出器に光ビームを結合させる際のわずかなビーム欠けなどにより，伝搬モード間の干渉に起因するモード雑音が発生することがある．この抑制には，測定のための変調信号以外に低周波信号あるいは高周波信号を加えた信号でLDを変調し，LDの波長を掃引することが有効である．この波長掃引により，干渉モード間の位相差を測定時間内に2π以上変化させ，モード雑音による測定誤差を低減することが可能となる[27]．

伝送帯域幅は，損失と同様に入射されるモード分布に依存する．そこで損失測定と同様，伝送帯域幅も定常モード分布で測定することが考えられる．しかし，個々の光ファイバのベースバンド周波数特性を加算したものが，接続された光ファイバの特性に一致することは保証されないため，定常モード分布で測定するメリットは少ない．一般には，測定の再現性に優れる全モード励振で伝送帯域の測定が行われる．また，全モード励振時の伝送帯域幅は，定常モード分布時の伝送帯域幅よりも狭くなるため，ユーザにとって安全サイドに評価されたものといえる．

GI形ファイバの測定において全モード励振を実現する簡易な方法として，励振器にSI形ファイバを用いる方法[28]や，更にそれを発展させた，SGS光ファイバを用いる方法[14], [29]がある．SGS光ファイバは，被測定光ファイバと同一のコア径と比屈折率差をもつSI形ファイバでGI形ファイバを挟んだものである（図**6.12**）．SI形ファイバのNAは，接続されるコア断面内の全位置において，被測定GI形ファイバのNA以上のため，励振器と被測定光ファイバの接続に多少の軸ずれがあっても，被測定GI形ファイバは全モード励振される．また，励振器を構成するSI形ファイバとGI形ファイバの接続面に

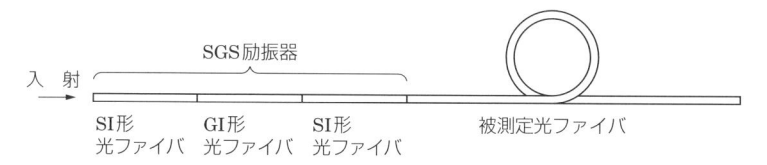

図 **6.12** SGS励振器．
　　　　SGS励振器を構成するSI形及びGI形光ファイバのコア径$2a$と比屈折率差Δは，被測定光ファイバと同一（例えば$2a = 50\ \mu m$，$\Delta = 1\%$）で，それぞれの長さは1〜2 mとする

おけるモード変換，及び，SI形ファイバ，GI形ファイバの主モード内モード変換の，2種類のモード変換により，SGS光ファイバ励振器はモードスクランブラとしての機能も有する．したがって，光源と励振器の軸ずれが生じた場合でも，被測定GI形ファイバへの励振モード分布の変化は少ない．

接続された光ファイバのベースバンド特性の推定は，光ファイバ内及び接続点におけるモード変換以外に，帯域改善効果（モード次数とともに遅延時間が増加する光ファイバと減少する光ファイバを接続したとき，モード遅延時間差が補償される効果）なども考慮して行う必要があり，一般に困難である．実用上，伝送帯域幅の推定には経験式[30]

$$F_T = \left(\sum F_i^{-1/\gamma} \right)^{-\gamma} \tag{6.14}$$

が広く使われる．ここで，F_T及びF_iは，それぞれ接続された，及び，個々の光ファイバの帯域幅を示す．γは伝送帯域幅の長さ依存性係数である．$\gamma = 1$のときは，モード変換がない場合に，$\gamma = 0.5$のときは，モード変換が十分起きている場合に相当する．一般に，γはその中間の値をとる．

（**b**）　**パルス法**　　パルス法の測定系を図**6.13**に示す．非常に狭い光パルスを被測定光ファイバに入射し，光ファイバからの出力光パルスを光検出器で光電変換したのち，波形を高速サンプリングスコープで検出，記録する．

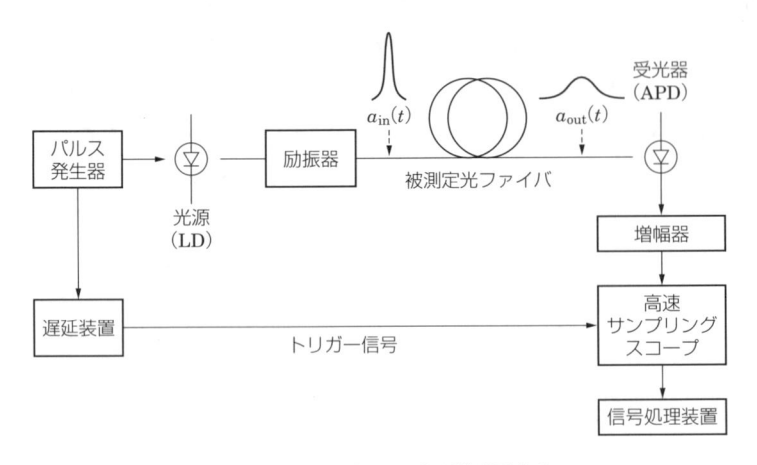

図 **6.13**　パルス法による伝送帯域測定系

入射及び出射パルス波形，$a_{in}(t)$ と $a_{out}(t)$ のフーリエ変換をそれぞれ，$A_{in}(f)$ と $A_{out}(f)$ とすると，式 (6.13) からベースバンド周波数特性が算出される．これから，周波数掃引法と同様に伝送帯域幅 f_0 が求まる．

（3） 波長分散（ゼロ分散波長）の測定

単一モードファイバの波長分散 D は，屈折率の波長依存性に基づく材料分散 D_m と，導波モードの伝搬定数の波長依存性に基づく構造分散 D_w の和で与えられるので，全分散と呼ばれることもある．

波長分散は，遅延時間 τ の波長微分を光ファイバの長さ L で規格化した

$$D = \frac{(1/L)d\tau}{d\lambda} \quad (\mathrm{ps/(km \cdot nm)}) \tag{6.15}$$

で与えられる．

遅延時間の測定方法により，波長分散の測定方法は，位相法，パルス法，干渉法に分類される．また，高速，波長多重伝送方式の性能を制限する，光非線形現象の発生効率は，伝送路の長さ方向の分散分布に大きく左右されるため，最近は，分散分布（あるいはゼロ分散波長分布）の測定法も研究されている．

以下では，分散の代表的な測定方法として，位相法とパルス法を紹介する．干渉法は，次項の偏波分散の測定にも適用されるのでそちらを参考にされたい．分散分布測定法としては，OTDR を使用した方法を紹介する．

（a） 位相法とパルス法　　位相法[31],[32] による波長分散の測定系を図 **6.14** に示す．周波数 f で正弦波状に変調された光が，長さ L の被測定光ファイバを伝搬することによる位相変化量 θ と単位長当りの遅延時間 τ の関係は次式で与えられる．

$$\theta = 2\pi f \tau L \tag{6.16}$$

すなわち，位相変化量 θ を測定することにより，遅延時間 τ が求められる．そこで，n 個の光源を切り換え，ある参照波長 λ_r での遅延時間 τ_r を基準にした，測定波長 λ_i での相対遅延時間 $\tau_{ir} = \tau_i - \tau_r$（$i = 1, 2, \cdots, n$）を測定する．次に，これらのデータを多項式で近似する．例えば，被測定光ファイバが，1,310 nm 付近にゼロ分散波長をもつ場合には，次に示すセルマイヤの式が一般に使われる．

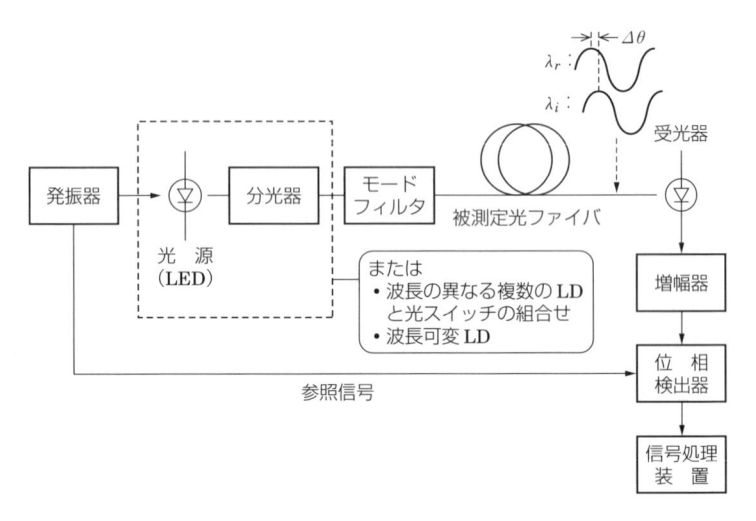

図 **6.14** 位相法による波長分散測定系

$$\tau(\lambda) = A\lambda^2 + B + C\lambda^{-2} \tag{6.17}$$

定数 A, B, C は最小二乗法により決定される．この値を使用して，分散 $D(\lambda)$ 及びゼロ分散波長 λ_0 は次式で与えられる．

$$D(\lambda) = 2(A\lambda - C\lambda^{-3}) \tag{6.18}$$

$$\lambda_0 = \left(\frac{C}{A}\right)^{1/4} \tag{6.19}$$

一方，1,550 nm 付近にゼロ分散波長をもつ分散シフトファイバでは，近似式として次式がよく使われる．

$$\tau(\lambda) = A'\lambda^2 + B'\lambda + C' \tag{6.20}$$

なお，パルス法[33]では，相対遅延時間を，波長が異なる複数のパルス光源と高速サンプリングスコープで測定する．その後のデータ処理は位相法の場合と同様である．

(**b**) 分散分布測定法　分散分布測定法には，分散と密接な関係のあるモードフィールド径の変化を，後方散乱光の強度変化から測定し，分散を間接的に求める方法[34]と，光非線形効果の分散依存性を利用して分散を直接的に求める方法に分類される．後者は更に MI (modulation instability)[35] を利用する方法と FWM (four wave mixing) を利用する方法[36], [37]に分類さ

れる．以下では，後方散乱光捕捉係数の違いから分散の変化を間接的に求める方法を紹介する．

波長分散は，材料分散D_mと構造分散D_wの和で表すことができる．

材料分散は，光ファイバのコアの屈折率をnとすると

$$D_m = -\frac{(\lambda/c)d^2n}{d^2\lambda} \tag{6.21}$$

で与えられる．同一母材から線引きした光ファイバでは，材料分散の長さ方向の変化は小さいと考えられるため，ここでは，コア材料に関するセルマイヤの式から計算した一定値を，光ファイバの長さ方向の位置に関係なく，D_mの値として使用できるものとする．

構造分散は，式（6.7）で与えられる光ファイバのモードフィールド半径Wと次式の関係にある．

$$D_w = \frac{\lambda}{2\pi c^2 n W^2}\left\{1 - \left(\frac{2\lambda}{W}\right)\left(\frac{dW}{d\lambda}\right)\right\} \tag{6.22}$$

そこで，複数の波長$\lambda_i\,(i=1,2,\cdots)$についてFFPの測定を行い，得られた$W(\lambda=\lambda_i, z=0)$のデータから，波長に関する$W$の分散近似式を得る．この近似式を式（6.22）に代入することにより，光ファイバ端部（$z=0$）のD_wを求めることが可能である．

また，各波長λ_iにおけるWの光ファイバ長さ方向の変化は，双方向OTDR測定から求められる後方散乱光捕捉係数SがW^2に反比例することを利用して，次式から得られる．

$$W(\lambda_i, z) = W(\lambda_i, 0)\sqrt{\frac{S(\lambda_i, 0)}{S(\lambda_i, z)}} \tag{6.23}$$

したがって，光ファイバ端部のD_wを求めたときと同様にして，データ$W(\lambda_i, z)\,(i=1,2,\cdots)$から任意の位置$z$における$D_w$が求められる．更に，式（6.21）の$D_m$との和を求めることにより波長分散の分布が計算される．

（4） 偏波分散の測定

光ファイバの製造時に生じたコアのだ円化や，被覆，ケーブル化，布設などの各段階で加わった応力により，光ファイバにはわずかな複屈折が発生する．偏波分散とは，この複屈折によって，直交する二つの偏波モード間に群

遅延時間差（DGD: differential group delay）$\Delta\tau$が発生することをいう．$\Delta\tau$の光ファイバの長さ依存性は，偏波モード間の結合の有無により大きく異なる．偏波保持ファイバのように，結合が無視できる場合，$\Delta\tau$は光ファイバ長Lに比例して増加する．一方，通信伝送路に使われている通常の光ファイバの場合，その長さが長くなると偏波モード間の結合は大きくなり，$\Delta\tau$は$\sqrt{L}$特性を示すことが知られている．そこで，モード結合の大きな光ファイバの偏波分散によるDGDは，長さの平方根で規格化した偏波分散係数，$\Delta\tau/\sqrt{L}$（ps/$\sqrt{\text{km}}$）で表す（偏波分散係数を単に偏波分散と呼ぶことも多い）．ファイバ1km当りのこの値は，0.1〜2 psという非常に小さなものであるが，近年，光通信システムの超高速化，長距離化が図られるにつれ，偏波分散の評価の重要性が増しつつある．

偏波分散の測定方法には，大別して，インパルス応答モデルに基づく干渉法[38],[39]と，直交する主偏光状態（PSP: principal state of polarization）の位相差モデル[40]に基づく，ポアンカレ球（PS: Poincaré sphere）法[40]，ジョーンズ行列（JME: Jones matrix eigenanalysis）法[41]，及び，固定アナライザ法（波長掃引法，インコヒーレント光源法）[42]がある．

（a）干渉法　干渉法[38],[39]は，低コヒーレンス干渉計を使用して，偏波分散によるDGDを測定するものである．干渉法の測定系を図**6.15**に示す．光源には発光波長幅の広いLEDなどを使用する．干渉計の二つのアームをそ

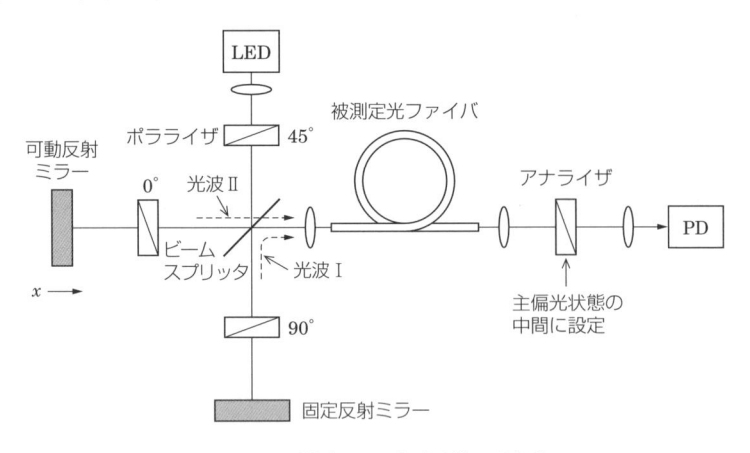

図**6.15**　干渉法による偏波分散の測定系

れぞれ通過した直交直線偏光状態の光波I，IIを光ファイバに入射する．光ファイバを出射するそれぞれの光波どうしの干渉信号を，検光子を通して検出する．光源のコヒーレンスは低いので，検光子を通過した波のうち，光源から光検出器までの伝搬遅延時間がほとんど一致する光波どうしだけが干渉する．そこで，干渉計の一方のアームに設置した可動ミラーを一方向に移動させ，光波I，IIの遅延時間差を掃引することにより，干渉信号の検出と，干渉信号が発生するときの遅延時間差を測定することが可能となる．ミラーの移動 Δx により発生させた遅延時間差 $2\Delta x/c$ は，光ファイバの偏波分散によるDGDを補償したものであることから，偏波分散によるDGD，$\Delta\tau$ は次式で与えられる．

$$\Delta\tau = \frac{2\Delta x}{c} \tag{6.24}$$

ここで，c は空気中の光速である．

偏波保持ファイバの場合のように，直交する偏光の軸が固定されているときの測定波形を図 **6.16**（a）に示す．図の横軸はミラーの移動量から求めた遅延時間差 τ，縦軸は干渉信号を包絡線検波したときの信号強度 $I(\tau)$ である．中央のピークは，干渉計を出た直交する二つの光波I，IIの中で，偏波保持ファイバの同一の偏光軸に結合したそれぞれの成分が干渉した結果得られる信号である．そのため，このピーク信号は，干渉計の二つのアームの光路長が等しくなったときに得られる．両側の二つの信号は，更に可動ミラーを移動させて光波I，IIに遅延時間差を発生させ，その値が，光ファイバの偏波分散

（a）被測定光ファイバの偏光軸が固定の場合　　（b）ランダム結合の場合

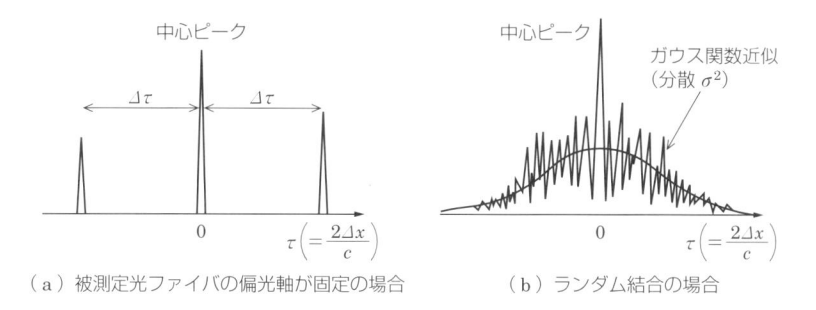

図 **6.16**　干渉法による偏波分散の測定例

によるDGDを打ち消すときに得られる．このとき，光波I，IIが，偏波保持ファイバの進相軸あるいは遅相軸にそれぞれ結合するときの組合せに依存して，干渉信号を得るために可動ミラーによって発生させる遅延時間差の極性が異なる．そのため測定信号は図に示したように，左右対象の位置に得られる．よって，中央のピークと両側の信号との遅延時間差が，偏波分散によるDGDを与える．

被測定光ファイバの偏波モードがランダム結合する場合の測定波形を図6.16（b）に示す．光ファイバの偏波分散に応じて，ある遅延時間幅を有する干渉信号$I(\tau)$が測定される．この$I(\tau)$は，干渉効果に基づくランダムな信号強度変化と中央のピークを除くと，被測定光ファイバのインパルス応答の電界の自己相関に対応する．そこで，遅延時間差の二乗平均の平方根（rms）

$$\sigma_I = \left[\frac{\int I(\tau) \tau^2 d\tau}{\int I(\tau) d\tau} \right]^{1/2} \tag{6.25}$$

により，光ファイバの偏波分散を評価することが提案された．ただし，式（6.25）の計算には，中央のピークデータは除くものとする．また，インパルス応答波形はガウス関数に非常に近いことから，式（6.25）右辺の計算において，$I(\tau)$をガウス関数$G(\tau) = \exp(-\tau^2/2\sigma^2)$で置き換え，その積分範囲も，$\tau$の測定データ範囲と同一として

$$\sigma_G = \left[\frac{\int G(\tau) \tau^2 d\tau}{\int G(\tau) d\tau} \right]^{1/2} \tag{6.26}$$

を評価し，$\sigma_G = \sigma_I$となるσにより，光ファイバの偏波分散を評価する方法も良く使用される．

（b） ポアンカレ球法　　ポアンカレ球法[40]，及び，引き続いて述べるJME法[41]と固定アナライザ法[42]は，入射光の周波数を変化させると光ファイバの偏波分散により，出射光の偏光状態（SOP: state of polarization）が変化することに着目した方法である．SOPの解析に基づく偏波分散の測定には，ポアンカレ球表示と主偏光状態（PSP）の概念の使用が便利である．

ポアンカレ球表示とは，直交座標系のO-x，O-y，O-z軸に，ストークスパ

ラメータ $S_1(=P_{LH}-P_{LV})$, $S_2(=P_{L+45}-P_{L-45})$, $S_3(=P_{RHC}-P_{LHC})$ をとり，SOPを表示する方法である．ここで，P_{LH}, P_{LV}, P_{L+45}, P_{L-45}はそれぞれ，水平，垂直，+45度，-45度方向の直線偏光成分のパワーである．また，P_{RHC}, P_{LHC}は右回り及び左回り円偏光成分のパワーである．各直線偏光のパワーは，直線偏光器（ポラライザ）の透過軸を各方向に置くことにより取り出せる．また左右円偏光は，λ/4板の後に配置したポラライザの透過軸を，λ/4板の光軸に対して±45°に置くことにより取り出せる．ストークスパラメータはこのようにすべてパワー測定により求められる．完全偏光の場合，全光パワー，$S_0=P_{LH}+P_{LV}$は，$\sqrt{S_1^2+S_2^2+S_3^2}$ と等しくなる．したがって，媒体の損失が無視できるとき，完全偏光のSOPを表示した点はすべて半径がS_0の球面上にある．更に，ポアンカレ球では，パワーが等しく偏光が直交している状態を表す点は，原点Oについて互いに対称である．

　一方，出射光及び入射光の主偏光状態（PSP）は，それぞれ，一次近似の範囲で周波数に依存しない，出射光の直交する偏光状態の組（それを表す単位振幅のジョーンズベクトルをe_{b+}とe_{b-}とする），及び，そのときの入射光の直交する偏光状態の組（同様にe_{a+}とe_{a-}とする）として定義されている[40]．PSPは直交しているため，任意のSOPを有する入射光のジョーンズベクトルE_aはe_{a+}とe_{a-}の線形結合で表すことができる．またその出射光のジョーンズベクトルE_bはそれぞれに対応したe_{b+}とe_{b-}の線形結合となる．PSPの定義から，入射光の周波数変化がわずかなとき，出射光のPSPを表すe_{b+}とe_{b-}は変わらない．しかしE_bをe_{b+}とe_{b-}で展開した成分間の位相差は光ファイバの偏波分散の効果により変わるため，出射光のSOPは一般的には変化する．

　この出射光のSOPの変化をポアンカレ球を使って表したものを図**6.17**に示す．入射光の周波数が$\Delta\omega$変化したとき，光ファイバ出射光のSOPを表した点は，二つの直交する偏光状態を表す点（P_{b+}とP_{b-}）を結ぶ軸（直径）を中心に$\Delta\phi$だけ回転する．点P_{b+}とP_{b-}は，出射光のPSPを表す点であり，それぞれジョーンズベクトル$\sqrt{S_0}e_{b+}$と$\sqrt{S_0}e_{b-}$に対応している．また，ポアンカレ球の特性から，$\Delta\phi$は，E_bをe_{b+}とe_{b-}で展開した成分間の相対位相変化と一致する．そこで，入射光の周波数を徐々に変化させ，出射光のSOPを表す点が，PSPの軸の周りを弧を描いて回転する速さ，

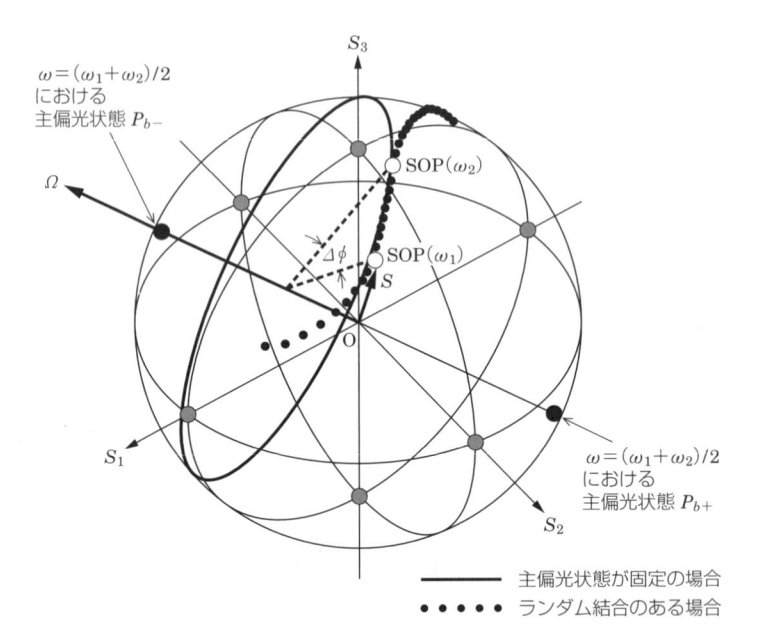

図 6.17 ポアンカレ球上に表した偏光状態（SOP）の変化

$$\Delta\tau = \frac{\Delta\phi}{\Delta\omega} \tag{6.27}$$

を求めることにより偏波分散のDGDを測定することができる．

なお，PSPの軸を表し，その大きさが$\Delta\tau$に等しいベクトルΩは偏波分散ベクトルと呼ばれ，ストークスパラメータを成分としてもつベクトル，$\boldsymbol{S} = (s_1, s_2, s_3)$を使って次式で定義される．

$$\frac{d\boldsymbol{S}}{d\omega} = \boldsymbol{\Omega} \times \boldsymbol{S} \tag{6.28}$$

ここで，×は外積を示す．Ωは，少なくとも二つの異なる入射偏光状態i, jで，周波数に対する出射光SOPの変化を測定することにより決定可能であり，次式で与えられる．

$$\boldsymbol{\Omega} = \frac{d\boldsymbol{S}_i/d\omega \times d\boldsymbol{S}_j/d\omega}{d\boldsymbol{S}_i/d\omega \cdot \boldsymbol{S}_j} \tag{6.29}$$

実際のランダム結合光ファイバのPSPは波長依存性があり，また，周囲温

度依存性もあるため，DGDを感度良く測定するためには，図6.17及び式(6.29)からも分かるように，入射光のSOPに注意する必要がある．

（c） **JME法** [41]　光ファイバによる偏光状態の伝達を表すジョーンズ行列を解析することにより，SOPの変化を求める測定法である．いまジョーンズ行列の周波数依存性を $T(\omega)$ とすると，行列 $T(\omega+\Delta\omega)\,T^{-1}(\omega)$ の固有ベクトルは，出射光のPSPを表すジョーンズベクトル e_{b+}, e_{b-} を与え，固有値 ρ_1, ρ_2 の比の位相項 $\arg(\rho_1/\rho_2)$ は，PSP間の相対位相変化 $\Delta\phi$ を与えることが示される．そこで偏波分散によるDGDは，

$$\Delta\tau = \frac{\arg(\rho_1/\rho_2)}{\Delta\omega} \quad (6.30)$$

から求まる．

なお，ジョーンズ行列 $T(\omega)$ は，3種類の直線偏光（方向角 $\psi=0°, 45°, 90°$）を光ファイバに入射したときの出力光ジョーンズベクトル $(E_x(\psi), E_y(\psi))$ を偏光計を使用して測定し，その成分比である，$K_1=E_x(0°)/E_y(0°)$，$K_2=E_x(90°)/E_y(90°)$，$K_3=E_x(45°)/E_y(45°)$ と，$K_4=(K_3-K_2)/(K_1-K_3)$ を使用して，次式から算出可能である．

$$T(\omega)=\begin{bmatrix} K_1K_4 & K_2 \\ K_4 & 1 \end{bmatrix} \quad (6.31)$$

以上述べたポアンカレ球を使用した方法やJME法では，偏波分散 $\Delta\tau$ の種々の統計的性質を調べることが可能である．ランダム結合がある場合，波長や周囲温度を順次変えて測定した平均値 $\langle\Delta\tau\rangle_\lambda$, $\langle\Delta\tau\rangle_T$ はマクスウェル分布に従うことが知られている．このとき，

$$\langle\Delta\tau^2\rangle^{1/2}=\sqrt{\frac{3\pi}{8}}\langle\Delta\tau\rangle \cong 1.085\langle\Delta\tau\rangle$$

の関係が成り立つ．

（d）**固定アナライザ法**　固定アナライザ法（波長掃引法，インコヒーレント光源法）[42] の測定系を図**6.18**(a)，(b)に示す．周波数を変化させたとき，出射光のSOPをポアンカレ球上に表した点が，図6.17に示すように主偏光状態の軸を中心に回転する速度を，光ファイバの出力側に設置した検光子を透過する光パワーの変動から測定するものである．測定例を模式的に図

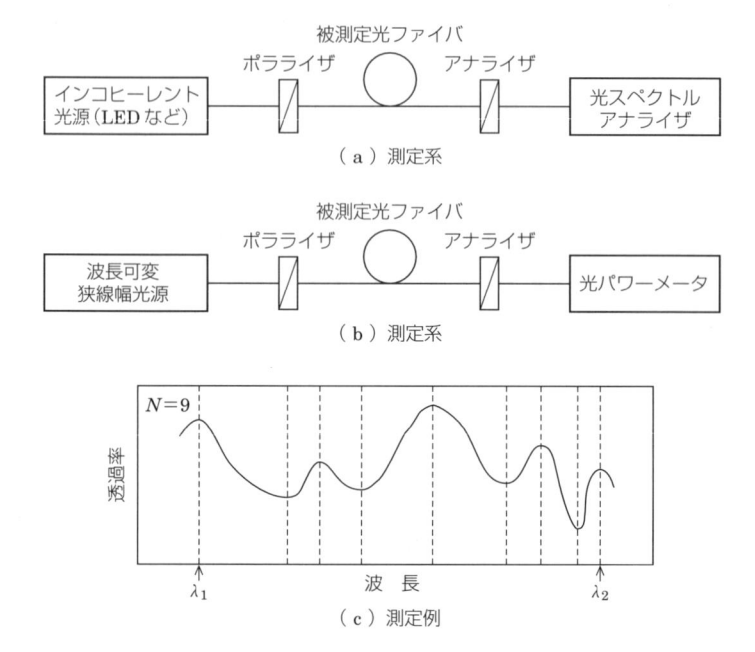

図6.18 固定アナライザ法による偏波分散の測定

6.18 (c) に示す．透過率の極値を示す最小及び最大の波長をそれぞれ λ_1, λ_2 とし，極値の数を N，光速を v とすると，測定波長スパンにおける DGD の平均値 $\langle \Delta\tau \rangle_\lambda$ は次式で与えられる．

$$\langle \Delta\tau \rangle_\lambda = \frac{k(N-1)\lambda_1\lambda_2}{2(\lambda_2 - \lambda_1)v} \tag{6.32}$$

ここで，係数 k は偏波モードの結合の有無により異なった値をとる．偏波保持ファイバのように主偏光状態が固定の場合は，$k=1$ となり，ランダム結合がある場合は，$k=0.824$ となる[42]．図6.17に示したポアンカレ球面上の偏光状態を表す点の動きから推定されるように，測定の再現性及び感度を高めるためには，入射光の偏光方向や検光子の方向を変えて繰り返し測定を行う必要がある．

(e) 各種測定法の関係　　ポアンカレ球法，JME法，及び，固定アナライザ法（波長掃引法，インコヒーレント光源法）は，同じPSPの位相差モデ

ルに基づくため，互いの測定値はよく一致することが示されている．しかし，これらの測定法と，インパルス応答モデルに基づく干渉法はモデルが違うことから，その測定値の比較に当たっては注意が必要である．

最近，JME法によって求めた偏波分散によるDGDのrms，$\langle\Delta\tau^2\rangle^{1/2}_{\text{PSP}}$，及び，平均，$\langle\Delta\tau\rangle_{\text{PSP}}$は，干渉法による測定値$\sigma$と一致しないことが指摘された．そこで，統計的解析及び数値シミュレーションに基づく以下の換算式が提案されている[43]．

$$\langle\Delta\tau^2\rangle^{1/2}_{\text{PSP}} = \sqrt{\frac{3}{4}}\,\sigma \cong 0.866\sigma \tag{6.33}$$

$$\langle\Delta\tau^2\rangle_{\text{PSP}} = \sqrt{\frac{2}{\pi}}\,\sigma \cong 0.798\sigma \tag{6.34}$$

また，光源の波長幅で制限される干渉法の時間分解能が，偏波分散によるDGDに対して無視できない場合には，その補正が必要である．簡易的に$\tilde{\sigma}=\sqrt{\sigma^2-\sigma_S^2}$で補正し，$\tilde{\sigma}$を偏波分散の評価値とすること，また，式(6.33)，式(6.34)におけるσの代わりに使用することが提案されている．ここでσ_S^2は，図6.15に示した測定系において被測定光ファイバを取り除き，光源自身の干渉信号を測定したときの遅延時間差τの分散である．

6.4　非線形特性関連パラメータの測定

光カー効果による屈折率変化は，自己位相変調（SPM: self phase modulation）や相互位相変調（XPM: cross phase modulation）を引き起こし，光ファイバの分散と結びついた信号波形の劣化をもたらす．また，同じく光カー効果に基づく四光波混合（FWM）は，WDM伝送システムにおけるチャネル間クロストークを発生させ，システムの性能を制限する支配的要因である．そのため，光ファイバ中の光カー効果の大きさを表す目安である，非線形屈折率n_2と実効コア断面積A_{eff}の比で定義された非線形定数（n_2/A_{eff}）の評価は重要である[44]．また，誘導ラマン散乱など，その他の光ファイバ中の非線形効果の大きさも，実効的なパワー密度（$\propto 1/A_{\text{eff}}$）に比例するため，A_{eff}を非線形定数から分離して評価することも重要である．そこで以下では，まずA_{eff}の測定方法について述べ，次に非線形定数の測定法を紹介する．

（1） 実効コア断面積

実効コア断面積 A_eff は光ファイバ伝搬光の電界分布 $E(r)$ を用いて次式で表される．

$$A_\text{eff} = 2\pi \left(\int_0^\infty E^2(r)\,r\,dr \right)^2 \bigg/ \int_0^\infty E^4(r)\,r\,dr \tag{6.35}$$

$E(r)$ は，FFP法で測定したファーフィールドパターンの逆ハンケル変換から算出可能である．得られた $E(r)$ を，式 (6.35) に代入することにより，A_eff を求めることができる．$E(r)$ は，RNF法などで測定した屈折率プロファイルから計算することも可能である．

$E(r)$ がガウス分布で表されるとき，A_eff は，πW^2（Wは，式 (6.7) で定義されたモードフィールド半径）と一致する．しかし，一般には両者の値は異なり，例えば分散シフトファイバの $A_\text{eff}/\pi W^2$ は，波長 1.55 μm において 0.96 程度の値となる．

（2） 非線形定数

非線形定数の測定方法には，利用する現象により大別して，SPM法[45],[46]，XPM法[47],[48]，及びFWM法[49]がある．ここでは，古くから使われている，SPM-光パルス法と，再現性に優れる，SPM-二周波連続光法について紹介する．

（a） SPM-光パルス法　　SPM-光パルス法[45]は，入射光パルス自身のパワーに基づくカー効果により，スペクトルが広がることを利用して非線形定数を簡易的に測定する方法である．その測定系を図 **6.19** に示す．プローブパルスには，幅が50 ps程度でガウス形の形状をしたものを使用する．パルス幅

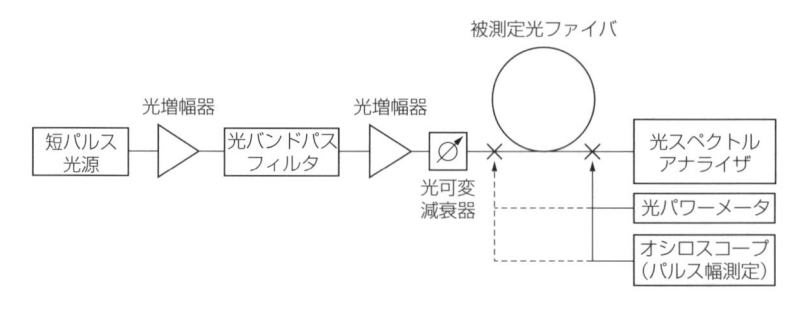

図 **6.19** SPM-光パルス法の測定系

は入出射端で測定し，光ファイバ伝搬中の平均パルス幅を評価する．入射ピークパワーは，パルス幅と平均パワーの測定値から算出する．光可変減衰器により入射パワーを変えながら，光スペクトルアナライザにより出射光のスペクトル変化を測定する．

カー効果に基づく屈折率の増加により，伝搬光自身が受ける位相変化ϕは，

$$\phi = \left(\frac{2\pi}{\lambda}\right)\left(\frac{n_{2\,\text{eff}}}{A_{\text{eff}}}\right) L_{\text{eff}}\, P \tag{6.36}$$

で与えられる．ここで，$n_{2\text{eff}}$は実効的な非線形屈折率であり，後述のように，偏光依存性がある．L_{eff}は実効的ファイバ長で，$L_{\text{eff}} = (1-\exp(-\alpha L))/\alpha$で与えられる．$L$はファイバ長，$\alpha$は損失係数である．$P$は入射パワーである．短パルスを入射したとき，パルスのすそやピークなどの各部分で受ける位相変化が異なるため，光ファイバからの出射光のスペクトルには図**6.20**に示すように多数のピークが現れる．入射光が波長チャープのないガウス状パルスのとき，このスペクトルのピークの数Mを用いて，入射光パルスのピークパワーによる最大の位相変化量$\phi_{\max}$は

$$\phi_{\max} \cong \left(M - \frac{1}{2}\right)\pi \tag{6.37}$$

で近似できるので，式（6.36）と式（6.37）から非線形定数を求めることがで

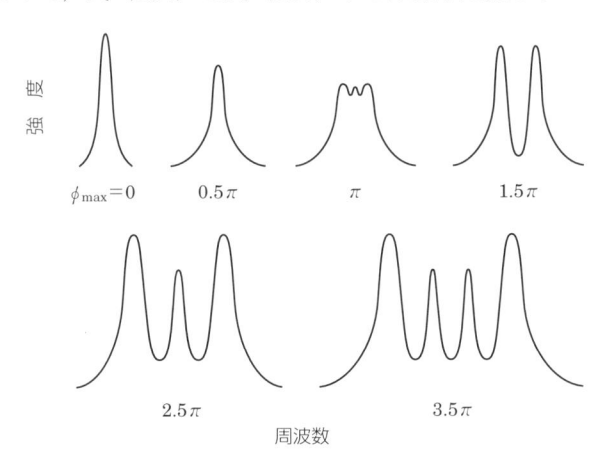

図**6.20** SPM-光パルス法による非線形定数の測定．
入射パルスピークパワーによる位相シフト$\phi_{\max}$と出力光のスペクトル

きる．スペクトルは，パルス波形，波長チャーピング，ファイバの分散などの影響も受けるため注意が必要である．

(b) SPM-二周波連続光法　SPM-二周波連続光法[46]は，光パルスの代わりに，偏光状態及びパワーが一致し，かつ，わずかに周波数の異なる二つの連続光を合波したものをプローブ光とする測定法である．SPM効果によって，プローブ光のサイドバンドに発生する光の相対パワーから非線形定数を求めることができる．

SPM-二周波連続光法の測定系を図 **6.21** に示す．ビート信号を発生させるために，光源に波長が可変な二台の連続光源を使用し，両光源の波長差を 1 nm 程度に制御する．また，偏波コントローラにより両者の偏光を一致させ，カップラで合波して光ファイバに入射する．出射光のスペクトルの変化は，光スペクトルアナライザで測定する．

今，入射する二つの連続光の周波数を ω_a と ω_b とし，またその中心周波数を $\omega_c = (\omega_a + \omega_b)/2$，周波数差を $2\Omega = \omega_b - \omega_a$ とする．また，それぞれの連続光のパワーを P_0，合波して合成したプローブ光の時間平均パワーを P_{av} ($= 2P_0$) とする．このとき光ファイバを伝搬するプローブ光のパワーは，$2P_{av}\cos^2(\Omega t)$ となるため，このビート信号により自ら位相変調を受けたプローブ光の電界 E は，次式で与えられる．

$$E = 2a\cos(\Omega t)\exp(i\omega_c t)\exp\left[i\phi_{CW}\cos^2(\Omega t)\right] \tag{6.38}$$

$$\phi_{CW} = \left(\frac{4\pi}{\lambda}\right)\left(\frac{n_{2\,\text{eff}}}{A_{\text{eff}}}\right)L_{\text{eff}}P_{av} \tag{6.39}$$

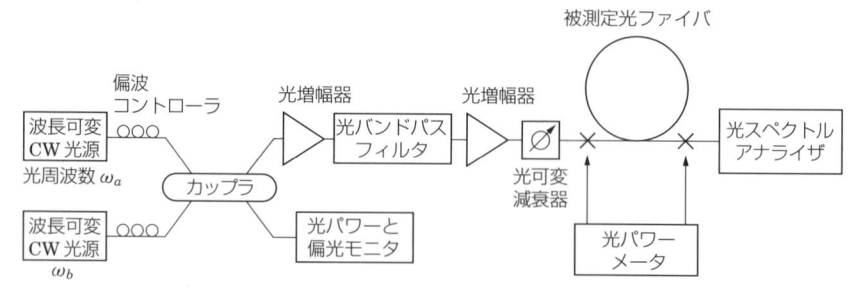

図 **6.21**　SPM-二周波連続光法の測定系

式 (6.36), (6.39) において, $P_{av}=P$ とした場合, $\phi_{CW}=2\phi$ となるのは, SPM-二周波連続光法におけるプローブ光のピークパワーは, その時間平均パワー P_{av} の2倍となるからである.

光ファイバ伝搬後のプローブ光のスペクトルを模式的に図**6.22**に示す. プローブ光には, 基本周波数 ω_a と ω_b の信号に加えて, 周波数 $2\omega_a-\omega_b$ と $2\omega_b-\omega_a$ の一次のサイドバンド信号及び更に高次の信号が発生する. このとき, 式 (6.38) をそれぞれの信号の周波数成分で展開することにより, 基本周波数の信号強度 I_0 と, 一次のサイドバンド信号の強度 I_1 との比は, 次式で与えられることが分かる.

$$\frac{I_0}{I_1}=\frac{J_0^2(\phi_{CW}/2)+J_1^2(\phi_{CW}/2)}{J_1^2(\phi_{CW}/2)+J_2^2(\phi_{CW}/2)} \qquad (6.40)$$

ここで, J_n は n 次のベッセル関数である. 式 (6.39) と式 (6.40) から, 非線形定数 n_{2eff}/A_{eff} が求められる. 以上の説明から分かるように, SPM-二周波連続光法は, 連続光を合波したものをプローブ光として使用するため, パルス波形の違いやチャーピングによる誤差, 及び, 分散によってパルス幅が広がることによるピークパワーのあいまい性の問題を回避することが可能である.

なお, 式 (6.36) と式 (6.39) における n_{2eff} は, プローブ光の偏光状態により変化する. 今, 直線偏光における非線形屈折率を n_2 とし, n_{2eff} を,

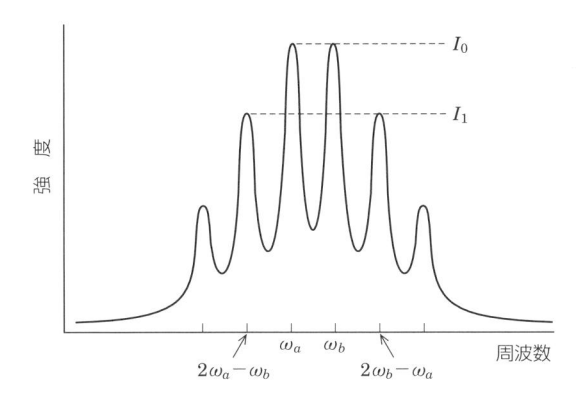

図 **6.22** SPM-二周波連続光法による非線形定数測定における出力光のスペクトル

$$n_{2\text{eff}} = bn_2 \tag{6.41}$$

で表すと,偏光依存性を表すパラメータbは,直線偏光及び円偏光のときは,それぞれ,1及び2/3となる.実際の光ファイバはわずかな複屈折を有し,その軸も一定ではないため,プローブ光の偏光状態は,伝搬とともにランダムに変化する.そこで,プローブ光の偏光状態の確率密度は,ポアンカレ球面上で一様であると仮定すると,bの値は,直線偏光及び円偏光のときの値の単なる平均ではなく,8/9となることが示される[50].このようにして評価された石英系単一モードファイバのn_2の値は,$2.3\sim2.5\times10^{-20}$ m^2/Wである.なお,およそ1 GHz以下の変調周波数では,本来のカー効果に加えて電気ひずみによる光弾性効果が起こり,非線形屈折率は上述の値よりも大きくなることに注意する必要がある[51].

参 考 文 献

[1] 川瀬正明(編集),"光ファイバ実用マニュアル,"日本規格協会,1994.
[2] D. Gloge and E. A. J. Marcatili, "Multimode theory of graded core fibers," Bell. Syst. Tech. J., vol. 52, no. 9, p. 1563, 1973.
[3] F. M. E. Sladen, D. N. Payne, and M. J. Adams, "Determination of optical fiber refractive index profiles by a near-field scanning technique," Appl. Phys. Lett., vol. 128, no. 5, p. 255, 1976.
[4] W. S. Stewart, "A new technique for measuring the refractive index profiles of graded optical fibers," IOOC'77, C2-2.
[5] K. I. White, "Practical application of the refracted near field technique for the measurement of optical fiber refractive index profiles," Opt. Quantum Electron., vol. 11, pp. 185-196, 1979.
[6] W. S. Stewart, "High resolution optical fiber index profiling," 8th ECOC, AVI-1, 1982.
[7] W. A. Gambling, D. N. Payne, H. Matsumura, and R. B. Dyott, "Determination of core diameter and refractive-index difference of single-mode fibers by observation of the far-field pattern," Micro. Opt. Ac., vol. 1, no. 1, p. 13, 1976.
[8] K. Petermann, "Fundamental mode microbending loss in graded index and W fibers," Opt. Quantum Electron., vol. 9, pp. 167-175, 1977.
[9] K. Petermann, "Constraints for fundamental-mode spot size for broadband dispersion-compensated single-mode fibers," Electron. Lett., vol. 19, no. 18, pp. 712-714, 1983.
[10] K. Hotate and T. Okoshi, "Measurement of refractive-index profile and transmission characteristics of a single-mode optical fiber from its exit-radiation pattern," Appl. Opt., vol. 18, no. 19, pp. 3265-3271, 1979.
[11] Y. Katsuyama, M. Tokuda, N. Uchida, and M. Nakahara, "A new method for measuring the V-value of a single-mode optical fiber," Electron. Lett., vol. 12, p. 669, 1976.

第6章 光ファイバの測定

[12] M. Tateda, T. Horiguchi, M. Tokuda, and N. Uchida, "Optical loss measurement in graded-index fiber using a dummy fiber," Appl. Opt., vol. 18, no. 19, pp. 3272-3275, 1979.

[13] 徳田正満, 堀口常雄, 植木明秀, 大島俊夫, 田中正夫, "励振用標準光ファイバの設計と特性," 信学論, vol. J65-B, no. 2, pp. 145-152, 1982-02.

[14] 小山田弥平, 堀口常雄, 徳田正満, 内田直也, "S・G接続を基本とした光ファイバモード励振器の理論解析," 信学論, vol. J67-B, no. 7, pp. 722-729, 1984-07.

[15] M. K. Barnoski and S. M. Jensen, "Fiber waveguides: A novel technique for investigating attenuation characteristics," Appl. Opt., vol. 15, pp. 2112-2115, 1976.

[16] B. Costa, F. Esposto, C. D'Orio, and P. Morra, "Splice loss evaluation by means of the backscattering technique," Electron. Lett., vol. 15, no. 18, pp. 550-551, 1979.

[17] N. Shibata, M. Tateda, S. Seikai, and N. Uchida, "Measurements of waveguide structure fluctuation in a multimode optical fiber by backscattering technique," IEEE J. Quantum Electron., vol. QE-17, no. 1, pp. 39-44, 1981.

[18] Y. Koyamada, N. Ohta, and N. Tomita, "Basic concepts of optic subscriber loop operation systems," Proc. Int. Conf. Commun., vol. 4, pp. 1540-1544, 1990.

[19] T. Horiguchi and M. Tokuda, "Optical time domain reflectometer for single-mode fibers," Trans. IECE Jpn., Section E, vol. E67, no. 9, pp. 509-515, 1984.

[20] T. Horiguchi, T. Sato, and Y. Koyamada, "A 1.6-μm-band OTDR using a Raman fiber laser pumped by a Q-switched Er^{3+}-doped fiber ring laser," Symp. on Opt. Fiber Meas. (OFM'92), pp. 18-30, 1992.

[21] Y. Koyamada and H. Nakamoto, "High performance single mode OTDR using coherent detection and fiber amplifiers," Electron. Lett., vol. 26, no. 9, pp. 573-574, 1990.

[22] K. Tsuji, K. Shimizu, T. Horiguchi, and Y. Koyamada, "Spatial-resolution improvement in long-range coherent optical frequency domain reflectometry by frequency-sweep linearisation," Electron. Lett., vol. 33, no. 5, pp. 408-410, 1997.

[23] T. Horiguchi and M. Tateda, "BOTDA-Nondestructive measurement of single-mode optical fiber attenuation characteristics using Brillouin interaction: Theory," J. Lightwave Technol., vol. 7, no. 8, pp. 1170-1176, 1989.

[24] T. Kurashima, T. Horiguchi, H. Izumita, S. Furukawa, and Y. Koyamada, "Brillouin optical-fiber time domain reflectometry," IEICE Trans. Commun., vol. E76-B, no. 4, pp. 382-390, 1993.

[25] 小林郁太郎, 小山正樹, "光ファイバの伝送特性と周波数掃引法による測定," 信学論, vol. J60-B, no. 6, p. 395, 1977.

[26] J. W. Dawnwolf, S. Gottfried, G. A. Sargent, and R. Strum, "Optical fiber impulse response measurement system," IEEE Trans. Instrum. Meas., vol. 25, p. 401, 1976.

[27] T. Tanifuji and M. Tokuda, "Amplitude fluctuation in laser signal transmitted through a long multimode fiber," IEEE J. Quantum Electron., vol. QE-17, no. 11, pp. 2228-2233, 1981.

[28] T. Horiguchi, T. Tanifuji, and M. Tokuda, "Baseband frequency response of a graded-index fiber excited by a step-index fiber," Appl. Opt., vol. 19, no. 15, pp. 2589-2596, 1980.

[29] W. F. Love, "Novel mode scrambler for use in optical-fiber bandwidth measurements," Topical Meeting on Opt. Fiber Commun., Washington D. C., 1979.

[30] T. Tanifuji, T. Horiguchi, M. Tokuda, T. Matsumoto, and K. Hashimoto, "An empirical formula for estimating the baseband bandwidth of spliced long optical fibers," Trans. IECE Jpn. (Section E), vol. E63, no. 1, pp. 39-40, 1980.

[31] 小山正樹, 小林郁太郎, "光ファイバにおける材料分散測定法," 信学論, vol. J59-C, no. 12, p. 817, 1976.

[32] B. Costa, D. Mazzoni, M. Puleo, and E. Vezzoni, "Phase shift technique for measurement of chromatic dispersion in optical fibers using LED's," IEEE J. Quantum Electron., vol. QE-18, pp. 1509-1515, 1982.

[33] L. G. Cohen and C. Lin, "Pulse delay measurements in the zero material dispersion wavelength region for optical fibers," Appl. Opt., vol. 12, p. 3136, 1977.

[34] M. Ohashi and M. Tateda, "Novel technique for measuring longitudinal chromatic dispersion distribution in single mode fibers," Electron. Lett., vol. 29, no. 5, pp. 426-428, 1993.

[35] S. Nishi and M. Saruwatari, "Technique for measuring the distributed zero dispersion wavelength of optical fibers using pulse amplification caused by modulation instability," Electron. Lett., vol. 31, no. 5, pp. 225-226, 1995.

[36] M. Eiselt, R. M. Jopson, and R. H. Stolen, "Nondestructive position-resolved measurement of the zero-dispersion wavelength in an optical fiber," J. Lightwave Technol., vol. 15, no. 1, pp. 135-143, 1997.

[37] L. F. Mollenauer, P. V. Mamyshev, and M. J. Neubelt, "Method for facile and accurate measurement of optical fiber dispersion maps," Opt. Lett., vol. 21, no. 21, pp. 1724-1726, 1996.

[38] Y. Namihira and H. Wakabayashi, "Fiber length dependence of polarization mode dispersion measurements in long-length optical fibers and installed optical submarine cables," J. Opt. Commun., vol. 12, no. 1, pp. 1-8, 1991.

[39] N. Gisin, R. Passy, and J. P. Von der Weid, "Definitions and measurements of polarization mode dispersion: Interferomatic versus fixed analyzer methods," IEEE Photon. Technol. Lett., vol. 6, no. 6, pp. 730-732, 1994.

[40] C. D. Poole, N. S. Bergano, R. E. Wagner, and H. J. Schulte, "Polarization dispersion and principal states in a 147-km undersea lightwave cable," J. Lightwave Technol., vol. 6, no. 7, pp. 1185-1190, 1988.

[41] B. L. Heffner, "Automated measurement of polarization mode dispersion using Jones matrix eigenanalysis," IEEE Photon. Technol. Lett., vol. 4, no. 9, pp. 1066-1069, 1992.

[42] C. D. Poole and D. L. Favin, "Polarization-mode dispersion measurements based on transmission spectra through a polarizer," J. Lightwave Technol., vol. 12, no. 6, pp. 917-929, 1994.

[43] B. L. Heffner, "Influence of optical source characteristics on the measurement of polarization-mode dispersion of highly mode-coupled fibers," Opt. Lett., vol. 21, no. 2, pp. 113-115, 1996.

[44] G. P. Agrawal, "Nonlinear Fiber Optics.," New York: Academic Press, 1989.

[45] R. H. Stolen and C. Lin, "Self-phase-modulation in silica optical fibers," Phys. Rev. A, vol. 17, no, 4, pp. 1448-1453, 1978.

[46] A. Boskovic, S. V. Chernikov, J. R. Taylor, L. Grunter-Nielsen, and O. A. Levring, "Direct continuous-wave measurement of n_2 in various types of telecommunication fiber at 1.55 μm," Opt. Lett., vol. 21, no, 24, pp. 1966-1968, 1996.

[47] A. Wada, T. -O. Tsun, and R. Yamauchi, "Meausurement of nonlinear-index coefficients of optical fibers through the cross-phase modulation using delayed-self-heterodyne technique," Proc. Europ. Conf. Opt. Commun., Mo B1.2, pp. 45-48, VDE-Verlag, Berlin, 1992.

[48] T. Kato, Y. Suetsugu, M. Takagi, E. Sasaoka, and M. Nishimura, "Highly repeatable measurement of nonlinear refractive index by cross phase modulation method using

depolarized pump light," Proc. Symp. on Opt. Fiber Meas., pp. 203-206, 1994.
[49] L. Prigent and J. -P. Hamaide, "Measurement of fiber nonlinear Kerr coefficient by four-wave mixing," IEEE Photon. Technol. Lett., vol. 5, no. 9, pp. 1092-1095, 1993.
[50] P. K. A. Wai, C. R. Menyuk, and H. H. Chen, "Stability of solitons in randomly varying birefringent fibers," Opt. Lett., vol. 16, no. 16, pp. 1231-1233, 1991.
[51] A. Fellegara, A. Melloni, and M. Martinelli, "Measurement of the frequency response induced by electrostriction in optical fibers," Opt. Lett., vol. 22, no. 21, pp. 1615-1617, 1997.

第 7 章

光ファイバ通信システムの実際

7.1 中継系光ファイバ通信システム

　多数の回線を束ねて長い距離を伝送する公衆通信ネットワークの中継系は，低損失，広帯域な光ファイバの特長を最も発揮できる領域である．日本国内だけでも既に数千万 km の光ファイバが導入され，ネットワークのディジタル化，経済化に寄与してきた．

　中継光ファイバ通信システムの基本的な構成を図 7.1 に示す．信号を長距

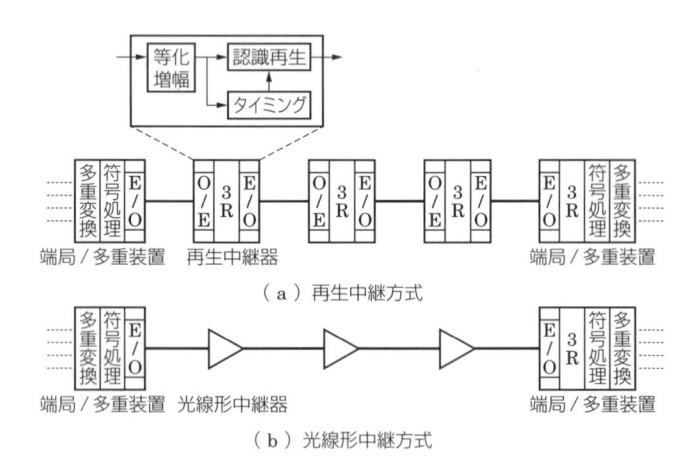

図 7.1 中継光ファイバ通信システムの基本構成

第7章 光ファイバ通信システムの実際

離伝送する場合には光電力の減衰や波形ひずみを補償するために中継器が必要であるが，従来は図7.1 (a) に示すような構成で各中継器内で光信号をいったん電気信号に変換し，等化増幅 (reshaping)，タイミング (retiming)，識別再生 (regenerating) のいわゆる3R処理を施した後，再び光信号に変換して送出していた．しかし，優れた光ファイバ増幅器が開発されたことにより，同図 (b) のように光信号のままで中継する方式が可能となった[1], [2]．この方式では，中継器の構成が簡略化されて低コストになり，しかも中継器はビットレートフリーであるので，端局装置を取り替えるだけでバージョンアップが可能という利点がある．図7.2に光線形中継器の構成例を示す[3]．増幅器を2段に分け，前段では0.98 μm励起で低雑音増幅，後段では1.48 μm励起で高出力増幅を実現している．また，常に入出力光の監視を行って励起レーザの制御を行い，安定した動作を保証している．更に，各中継器の状態に関する情報（監視信号）を主信号と異なる波長を使って転送し，システム全体の状態監視を可能にしている．

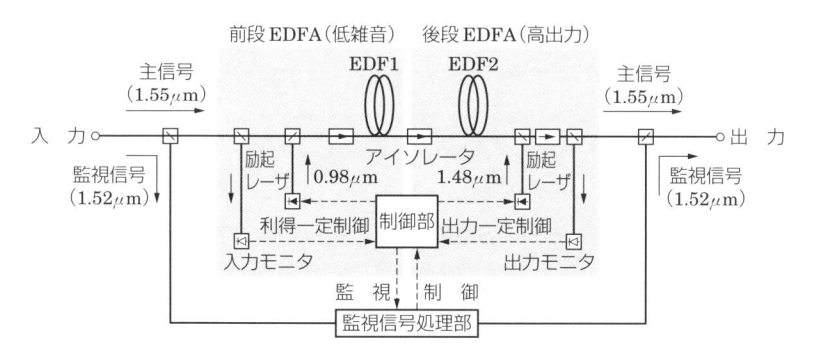

図7.2 光線形中継器の構成（宮本らによる[3]）

光ファイバ増幅器の出現により，波長多重技術 (WDM: wavelength division multiplexing) を用いた超大容量システムが可能になり，1996年頃から世界各地で積極的に導入が進められているが，本技術の詳細は，7.4節で説明する．

NTTにおける中継光通信システムの実用化の流れを**表7.1**に示す．表7.1において，FAシステムとFSAシステムが光線形中継方式を採用したシステム

表 7.1 中継系光ファイバ通信システム実用化の流れ

年	1980		1985		1990		1995	

陸上中継システム:
- F-6M / GIF/1.3μm / 20km
- F-6M / SMF/1.3μm / 40km
- F-32M / GIF/1.3μm / 20km
- F-32M / SMF/1.3μm / 40km
- F-100M / GIF/1.3μm / 10km
- F-100M / SMF/1.3μm / 40km
- F-400M / SMF/1.3μm / 40km
- FTM-150M / DSF/1.55μm / 80km
- FTM-150M / DSF/1.55μm / 120km
- FTM-600M / DSF/1.55μm / 80km
- FTM-600M / DSF/1.55μm / 160km
- F-1.6G / DSF/1.55μm / 80km
- FTM-2.4G / DSF/1.55μm / 80km
- FA-2.4G/10G / DSF/1.55μm / 640/320km(80km)

海底中継システム:
- FS-400M / SMF/1.3μm / 40km
- FS-400M / DSF/1.55μm / 120km
- FS-1.8G / DFS/1.55μm / 100km
- FTM-2.4G / DFS/1.55μm / 150km
- FTM-10G / DFS/1.55μm / 120km
- FSA-600M/2.4G/10G / DSF/1.55μm / 1,000km(100km)

凡例
- 方式名(数字は伝送速度を表す)
- 使用ファイバ/波長
- 再生中継間隔(線形中継間隔)

であり,その他は再生中継方式のシステムである.1981年にF-32 Mと100 Mが実用化されて以来,年々高速化が進められた.この間,使用するファイバと波長は(GIF/1.3 μm)→(SMF/1.3 μm)→(DSF/1.55 μm)と進展し,再生中継間隔は20 km→40 km→80 km(海底120 km)と延びた.続いて,高出力DFB-LDや低雑音APD,更には光ファイバ増幅器の開発により,120～160 kmに延長された.加えて,光線形中継方式が可能になって再生中継間隔は更に大幅に拡大された.NTTでは,当初,日本独自のディジタルハイアラーキ(digital hierarchy: ディジタル伝送の多重化系列)に従って光通信システム(F-6 M, 32 M, 100 M, 400 M, 1.6 G)を実用化した.しかし,1988年にITU(International Telecommunication Union: 国際通信連合)において156 Mbit/sを基本速度とする世界統一の新しい同期ディジタルハイアラーキ(SDH: Synchronous Digital Hierarchy)が勧告されたのを受け,これに準拠したシステム(FTM-150 M, 600 M, 2.5 G, 10 G)を実用化した.

表 7.2　SDH光ファイバ通信システムの主要諸元[4]

システム名	FTM-150M	FTM-600M	FTM-2.4G		FTM-10G	FA		FSA		
						FTM-2.4G	FTM-10G	FTM-600M	FTM-2.4G	FTM-10G
伝送速度 (Mbit/s)	155.52	622.08	2488.32		9953.28	2488.32	9953.28	622.08	2488.32	9953.28
伝送路符号	スクランブルド2値									
ファイバ	DSF(陸上)	DSF(陸上)	DSF(陸上)	DSF(海底)	DSF(海底)	DSF(陸上)		DSF(海底，分散制御)		
波長 (μm)	1.55									
光送信機 発光素子	InGaAsP-FP-LD	InGaAsP-DFB-LD				InGaAsP-DFB-LD (スペクトル幅制御)		InGaAsP-DFB-LD		
光送信機 変調方式	LD-直接変調					外部変調		LD-直接変調		
光送信機 ポストアンプ		EDFA			EDFA	EDFA				
線形中継器								EDFA		
光受信機 受光素子	InGaAsP-APD					InGaAsP-PD				
光受信機 プリアンプ								EDFA		
線形中継間隔 (km)						80		100		
再生中継間隔 (km)	120	160	80	150	120	640	320	1,000		
運用開始時期	1995	1994	1990	1995	1995	1995		1995		

　主に1994年から95年にかけて実用化されたSDH光ファイバ通信システムの概要を表7.2に示す[4]．表には示していないが，光線形中継を行わないシステムでは送信機の能力をフルに使って高レベルの光信号を送出し，再生中継間隔の拡大を図っている．一方，光線形中継を行うシステムでは高レベルの光信号を送出すると光ファイバの非線形光学効果による波形ひずみが顕著になるので，信号レベルを制限している．海底中継のFSAシステムでは非線形光学効果を抑圧するために図7.3に示すように光ファイバの分散を制御している[5]．高レベルの光信号が異常分散領域を長距離伝搬すると，非線形光学効果に起因する変調不安定性によって雑音が増加する．このため，光中継器の直後で光信号レベルの高い範囲では光ファイバの分散パラメータを負（正常分散）にし，中継区間の後半では正（異常分散）にして区間全体での分散を0にする．FSAシステムではこのような分散制御によって非線形光学効果を抑え，線形中継間隔100 km，再生中継間隔1,000 kmを達成している．陸上中継のFAシステムでは既に敷設されている光ファイバを使用するために

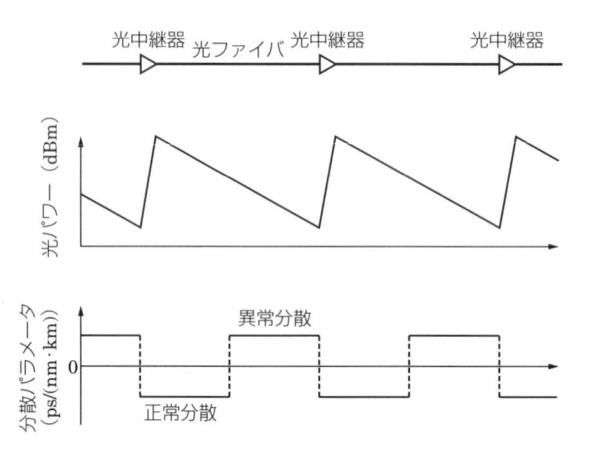

図 7.3　光線形中継方式における光ファイバの分散制御の例（今井らによる[5]）

表 7.3　太平洋横断光ケーブルの主要諸元 [6]〜[8]

ルート名	TPC-3	TPC-4	TPC-5
伝送速度（bit/s）	280M	560M	5G
波長（μm）	1.3μm	1.55μm	1.55μm
ファイバ	SMF	SMF	DSF(分散制御)
線形中継器			EDFA
線形中継間隔（km）			33/48/60/65/82/85
再生中継間隔（km）	50	120	8,600/6,580/4,200/2,920/1,170/1,050
運用開始年	1989	1992	1996

分散制御は行っていない．したがって，FSAシステムに比べると線形及び再生中継間隔は短い．

　太平洋には日本と米国を結ぶ太平洋横断ケーブル（TPC: Trans-Pacific Cable）が日本のKDD（現 KDDI）と米国のAT&Tの共同で敷設されている．光ファイバが使用されている第3，4，5ルート（TPC-3，4，5）の概要を表7.3に示す[6]〜[8]．TPC-3と4は再生中継方式であり，TPC-5は光線形中継方式である．TPC-5に次いで，WDM技術を使用した伝送速度160 Gbit/s

(10 Gbit/s × 16 WDM) のシステム[9]の施設が進められている.

7.2 アクセス系光ファイバ通信システム

公衆通信ネットワークにおけるアクセス系の設備量は中継系に比べてはるかに多いが，導入されている光ファイバの量はまだ少ない．アクセス系における光ファイバ通信システムの実用化の流れと各システムの概要を表 **7.4** と表 **7.5** に示す[10],[11]．また，アクセス系における光ファイバの適用イメージを図 **7.4** に示す．光ファイバは，これまでのところ主に事業所ユーザに対する高速ディジタルサービスと映像系サービスの提供，並びに電話やISDN基本インタフェースなど低速系サービスの多重伝送に利用されている．

アクセス系では，1987年までGIF（多モードグレーデッド形ファイバ）が導入され，1988年以降SMF（単一モードファイバ）が導入されるようになった．このため，広帯域を必要としないシステムは，地域の事情に応じて両方のファイバを使い分けている．アクセス系では伝送距離が短く（平均約2 km），波長$1.55\ \mu m$を使用する利点が少ないため，部品コストの安い$1.3\ \mu m$が専ら使用されている．一般に，アクセス系で使用する光源，受光素子，光ファイ

表 **7.4** アクセス系光ファイバ通信システム実用化の流れ

年	1980	1985	1990	1995
低速系サービス(多重伝送)	A：アナログ電話 I：ISDN基本インタフェース L：専用線		L 多重伝送 中容量 A/I 多重伝送	小容量 A/I/L 多重伝送 大容量 A/I 多重伝送
高速系サービス		高速ディジタル 専用線	INS 1500	超高速ディジタル 専用線
映像系サービス	FV-4M		FV-6M FV-150M	FV-450M FV-600M/2.4G

表 7.5 アクセス系光ファイバ通信システムの主要諸元 [10], [11]

(低速系サービス〔多重伝送/高速系サービス〕)

システム	ディジタル多重伝送			専用線	高速ディジタル	超高速ディジタル	INS 1500
	小容量	中容量	大容量				
提供サービス (ch 数)	アナログ電話 (32) ISDN 基本インタフェース (8) 低速専用線 (6)	アナログ電話 (448) ISDN 基本インタフェース (96)	アナログ電話 (1920) ISDN 基本インタフェース (128)	低速専用線 (65)	高速専用線：192 kbit/s～6.3 Mbit/s	超高速専用線：50,150 Mbit/s	ISDN 一次群インタフェース：1.5 Mbit/s
伝送速度 (bit/s)	6.3 M	32 M	156 M	6.3 M	6.3 M	156 M	1.5 M
ファイバ	GIF/SMF	SMF	SMF	GIF/SMF	SMF	SMF	GIF/SMF
波長 (μm)	1.3						
運用開始時期	1995	1988	1993	1989	1984	1993	1988

(映像系サービス)

システム	FV-4M-A FV-4M-P	FV-6M	FV-150M	FV-450M	FV-600M-H	FV-2.4G-H
適用例	交通情報監視	スーパーキャプテン	テレビ放送中継	CATV 幹線系	HDTV 配信	HDTV 素材伝送
変調方式	SWFM DPCM	PFM	直線PCM	AM	直線PCM	直線PCM
伝送速度 (bit/s)	32 M	—	156 M	—	622 M	2,488 M
ファイバ	GIF/SMF	SMF				
波長 (μm)	1.3					
運用開始時期	1982	1988	1990	1993	1994	1994

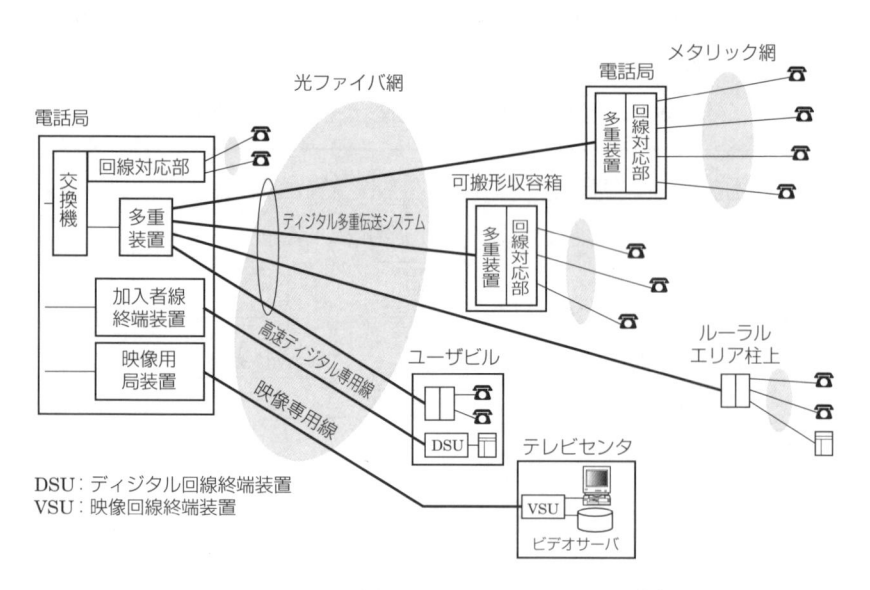

図 7.4 アクセス系光ファイバ通信システムの構成 [10]

バなどに対する要求条件は緩い．しかし，映像信号をアナログ伝送するシステムでは，中継系以上に厳しい条件が課せられることがある．CATVの幹線伝送に適用されるFV-450 Mは，52 chのテレビ信号をAM-FDMで伝送するシステムであるが，SN比及び非線形ひずみに対する要求条件は非常に厳しく，光源には低雑音，低ひずみのDFBレーザが使用される．また，光ファイバ伝送路における反射も低く抑える必要がある．

　一般家庭への伝送線としては現在は銅ペア線が使用されている．銅ペア線は電話やISDN基本インタフェースなど低速系サービスに対しては問題ない．しかし，映像を含むマルチメディアサービスを提供するためには不十分であり，光ファイバへの置換えが必要である．この際に問題となるのがコストである．光通信設備のコスト（光伝送装置と光ファイバが主体）は銅ペア線に比べて相当高いので，各ユーザへの負担が重くなる．そこで，各ユーザの負担を軽減するための研究が行われている．各設備コストの低減を図るとともに，複数ユーザによる設備共用で各ユーザの負担を減らす方式が検討がされている[12]．図 **7.5** にシステムの構成例を示す[13]．スターカップラを使用して光ファイバを分岐する方式で，PDS（passive double star）方式と呼ばれている．本方式では，電話局に置かれるSLT（加入者線終端装置）と，SLTからスターカップラ設置点までの光ファイバをユーザ間で共用する．PDS方式による3種類のシステムが研究されているが，各システムの概要を表 **7.6** にまとめて示す[14],[15]．STM-PDSは従来からの時分割多重方式により，電話やISDN基本インタフェースなど低速系サービスを提供する．ATM-PDSは，ATM技術を使用して低速系，高速系，映像系の多様なサービスを提供する．

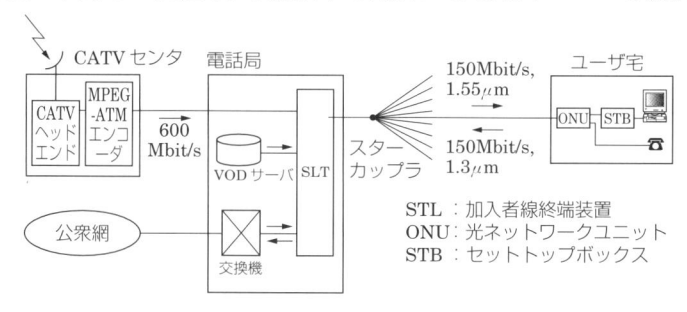

図 **7.5** PDSアクセスシステムの構成例（吉村らによる[13]）

表 7.6 PDS光アクセスシステムの主要諸元 [14],[15]

システム	STM-PDS	ATM-PDS	FDM-PDS
提供可能サービス	アナログ電話 ISDN基本インタフェース 低速専用線	ATM IPルーチング video on demand ディジタルCATV ISDN フレームリレー/セルリレー 高速専用線	アナログCATV ディジタルCATV video on demand
多重方式 サービス多重	時分割多重	セル多重	周波数分割多重
多重方式 ユーザ多重	時分割多重	セル多重	────
多重方式 上下方向	ピンポン方式	波長多重	（下り方向のみ）
映像提供方式	────	MPEG2（ATM）	NTSC（AM/FM） MPEG2（QAM）
伝送速度/帯域幅	30 Mbit/s	156 Mbit/s	1～2.4 GHz
光ファイバ		SMF	
光分岐数		～16	
波長	1.3 μm	上り：1.3 μm 下り：1.55 μm	1.55 μm

STM : synchronous transfer mode, ATM : asynchronous transfer mode, FDM : frequency division multiplexing

各ユーザ当りの伝送速度は平均約7 Mbit/sである．FDM-PDSは現行のCATVとの整合性に重点を置いた映像の一括伝送システムである．STM-PDSとFDM-PDSは波長多重方式により，1本のファイバを使用してサービスを提供することが可能である．各PDSシステムは，フィールドでの実験も行われ，実用化が進められている．

7.3 光CATVと光LAN

光ファイバ伝送技術は，公衆通信の分野以外にも利用されつつある．その代表的な例がケーブルテレビ（CATV）とLAN（local area network）である．いずれも，光ファイバの特徴である広帯域性と低損失性を活用し，同軸や平衡ケーブルなどのメタリック媒体より経済的な領域を中心に使われている．

CATVは，難視聴地域に近隣都市の地上波テレビ放送を分配するための方

第7章　光ファイバ通信システムの実際　　**197**

（a）同軸システム

（b）光・同軸ハイブリッドシステム

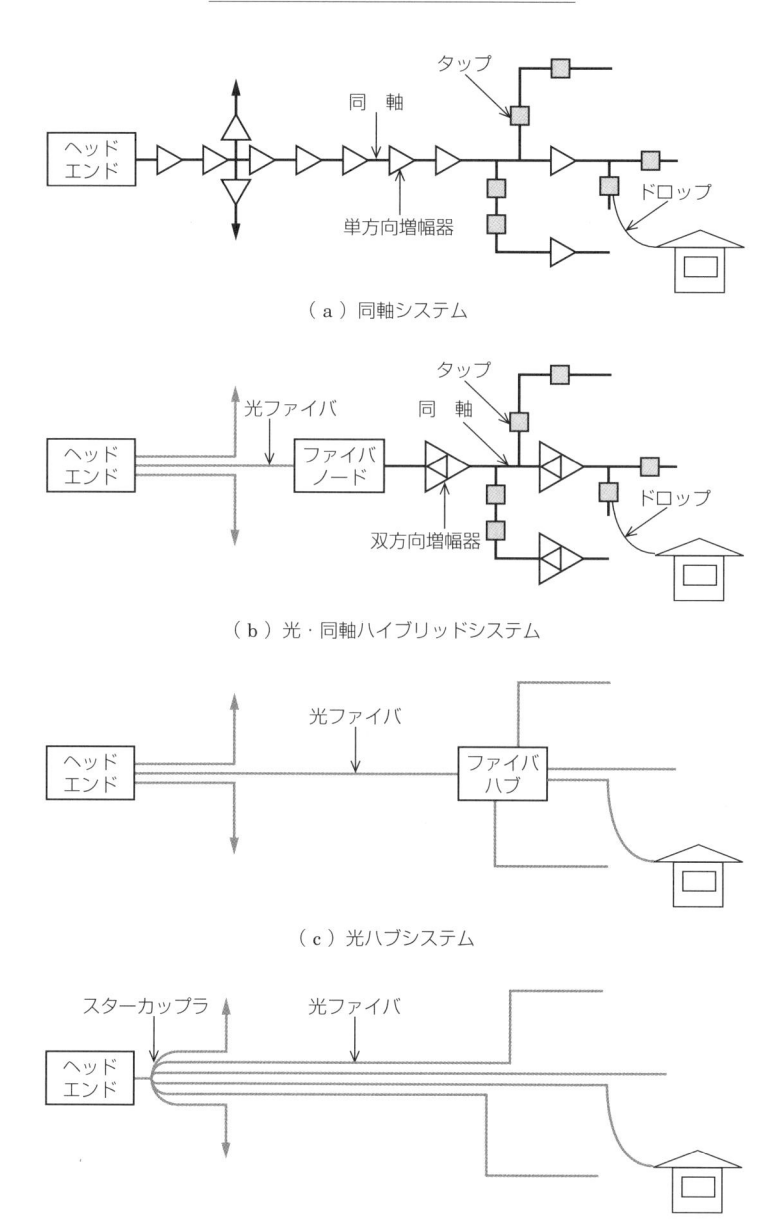

（c）光ハブシステム

（d）全光システム（PONシステム）

図 **7.6**　代表的なCATVシステムの構成

法として，米国で始まったといわれている．その後，衛星放送やCATV独自の番組を加え，数十～100チャネル規模の映像を分配する現在のシステムに至った．世界的にCATVが最も普及しているのは米国やドイツであり，日本でも急速に広がりつつある．図7.6（a）は，そのシステム構成を示すものであり，局（ヘッドエンド）の1本の同軸ケーブルから，分岐と増幅器とを繰り返して多数のユーザに同じ映像情報を分配する構成となっている．増幅器は概ね500～700mごとに置かれることから，システムが大規模化・長距離化すると増幅器の数が増加してしまう．更に，映像チャネル数を増すために高い周波数を利用すると，高周波数領域での同軸ケーブルの損失が大きいことから，増幅器の設置間隔を短くしなければならない．

光ファイバは，これらの課題を解決するとともに，将来のマルチメディアサービスに向けた次世代CATVシステムの主要技術として注目を集めている．代表的な3種のシステム構成と特徴を図7.6（b）～（d）と表7.7に示した．光・同軸ハイブリッドシステムは，最近，国内外で最も広く用いられているものである．幹線部に光ファイバを使用して直列につながる増幅器の数を減らし，雑音を低減して映像品質の向上を図っている．また，1組の発光・受光素子と光ファイバを多数のユーザが共通利用できることや，ユーザに近い分

表7.7 代表的なCATVシステムの特徴

	光・同軸ハイブリッド	光ハブ	全光（PON）
映像分配の特徴	・全ユーザに全映像を分配 ・ユーザ宅で映像を選択	・ハブまで全映像を分配 ・ハブでユーザが映像を選択 ・選択映像のみユーザに分配	・全ユーザに全映像を分配 ・ユーザ宅で映像を選択
ユーザ当り発光素子数	1/ユーザ数	1＋1/ユーザ数	1/ユーザ数
受光素子数			1
広帯域化・双方向化に必要な変更	・同軸の広帯域化 ・増幅器，タップとノードの双方向化 ・端末に送信機能，ヘッドエンドに受信機能を追加	・端末とハブに送信機能，ヘッドエンドに受信機能を追加	・端末に送信機能，ヘッドエンドに受信機能を追加

配系の同軸設備を変更する必要がないことから，システムを経済的に構築できることも有利な点であろう．更に現在では，video on demand（VOD）や高速インターネットアクセスに代表される双方向サービスを実現するため，ユーザからの上り信号を図7.7に示すように周波数多重する方式も検討され標準化も進みつつある．

上り信号（電話含む）

アナログCATV信号　　　　　　　　　　　　ディジタル映像信号および下り電話

5　50　　　　　　　　　　　　　　　　　　550　　　　　750
　　　　　　　　　　　　　　　　　　　　　　　　　　　MHz

図7.7　CATVシステムにおける周波数利用の例

　第二は光ハブシステムと呼ばれ，途中に光ハブと呼ばれるチャネル選択機能を設置する点が他の二つのシステムと異なる．光信号は光ハブでいったん電気信号に変換され，各ユーザからの希望に応じてチャネルを選択し，そのチャネルだけを再び光信号に変換し送信する．ユーザの管理を光ハブで行えることや，チューナ機能を集約できることが，このシステムの利点であろう．しかし，ユーザごとに発光・受光素子を設ける必要があることから，経済性の面で解決すべき課題も多い．

　第三は，全光システム若しくはPONシステム（passive optical network）と呼ばれるもので，全体が光ファイバで構成される点では光ハブと同じだが，途中にチャネル選択機能はない．チャネル選択は各ユーザ宅内で電気信号に変換された後に行われる．利点としては，発光・受光素子の途中に設けられたスターカップラにより信号光が各ユーザに分配されることから，発光素子を経済的にシェアできる点があげられる．更に，映像信号光と通信信号光を波長多重すれば，局から各ユーザまでの光ファイバを複数のサービスで共有することになり，光・同軸ハイブリッドシステムに匹敵する経済化も可能と目されている．なお，このシステムを用いて，最近試験サービスが開始されており，一般家庭までの光ファイバ導入例として注目を集めている．

　映像信号の代表的な光伝送技術としては，光AM-FDM方式，光ディジタル

キャリヤ方式，及び時分割多重方式があげられる．光AM-FDM方式は，従来のCATVの信号を光の輝度信号にそのまま変換するもので，最も経済的とされているが，発光・受光素子に課せられるひずみや雑音，及び送受信レベル差の要求条件が厳しい．一方，光ディジタルキャリヤ方式は，映像信号のA/D変換，帯域圧縮，キャリヤ変復調（多値変調）などを経た後に光・電気変換するもので，帯域の使用効率を高めることができ，多チャネルの映像伝送に有効である．また光AM-FDM方式に比べ，送受信レベル差の条件も緩和できる利点をもつ．各ユーザ宅に置かれる帯域伸長やキャリヤ復調用素子の経済化がこのシステムの普及を進める上での課題であろう．

また近年，FM一括変調方式と呼ばれる新しい技術が導入されつつある[16]．これは，AM変調やQAM変調の複数の映像信号を，一括して一つのFM信号に変換して伝送する方式である．振幅を用いる従来のAM方式に比べ，周波数の偏移を用いるFM変調は雑音に強いことから，多段に接続された光増幅器の影響を抑制でき，光ファイバ接続点での反射の影響を抑えることができる．すなわち，伝送品質を確保しやすいため，低強度の光信号でも十分な伝送品質を実現することが可能となり，より多くのユーザで一台のOLTを共有化できることから，経済的な手段として注目されている．今後，このような光ファイバ通信の特徴を生かした，新しい伝送方式の発展が期待される．

コンピュータが一般化するに従い，特にビジネスの分野で，オフィスビル内など比較的狭い区域の複数のコンピュータやワークステーションをつなぐLANや，広域のネットワークであるMANが急速に普及した．伝送速度も10 Mbit/sから100 Mbit/s，1 Gbit/s，そして10 Gbit/sと高速化が飛躍的に進みつつあり，この高速化・大容量化に対応するため伝送媒体に光ファイバを用いた光LANや光MANの重要性が認識されるようになった．この動きを反映して，従来の一般的光LANであるFDDI（fiber distributed data interface）に加え，さまざまな光LANの標準化・製品化が進められつつある．いったいどれが今後の主流になるかは，意見の分かれるところであるが，光LAN用の媒体としては当面多モード光ファイバ（グレーデッド形）が中心的に利用されるものと思われる．また長距離（例えば離れた建物間など）用では単一モード光ファイバの使用が普及しつつある模様である．

一方で，プラスチックを原料とする光ファイバ（POF: plastic optical fiber）が，その大きなコア径による接続容易性と大量生産時の低コスト性を期待され，最近注目を集めている．ATM Forumなどの通信標準化団体でも，短距離廉価版の媒体として取り上げる動きがあり，今後の動向が注目される．技術的には，従来の可視～近赤外域で損失最小の材料ではなく，1.3 μm 程度の長波長帯用材料とその光ファイバ化，グレーデッド構造の安定な製造技術の確立が課題と思われる．

LANは，多数のユーザ（端末）で限られた通信容量をシェアして利用することを基本としている．したがって，快適なマルチメディア通信環境を実現するために，次節で述べるような光ファイバ通信の特徴である波長軸の利用などを積極的に進める研究が今後一層進展するものと思われる．

7.4 光ファイバ通信技術の将来展望

7.1～7.3節で説明したように，光ファイバはあらゆる通信分野に導入され，強いインパクトを与えてきた．特に公衆通信ネットワークの中継系において導入効果は著しく，ネットワークのディジタル化と通信コストの低減に大きく貢献した．一方，携帯電話やインターネットの爆発的な展開に見られるように，通信サービスに対するユーザの需要は多様化しており，サービスの基盤となる通信ネットワークの拡充が必要となっている．21世紀に予想されるマルチメディア社会において，映像を含むマルチメディア通信が全家庭に行き渡ると仮定すると，通信ネットワークを流れる情報量は現在の100～1,000倍になると予想され，ネットワークの抜本的な再構築が必要である．電子回路による信号処理をベースとする現在のネットワーク技術の延長で100～1,000倍のトラヒック増に対応するのは不可能であり，伝送のみならず，信号処理の一部を光技術で行う超高速ネットワークの研究が進められている．

ここで，光ファイバ通信技術の進展に伴う中継通信システムのこれまでの変遷と，今後の展望を図**7.8**に示す．これまでのところ，図（b）～（d）のシステムが実用化されている．現在，超高速ネットワークの実現に向けて，（d）光多重方式の更なる高度化，及び光系でスイッチングやルーチングを行う（e）光波ネットワークの研究が活発に進められている[17]～[19]．以下，こ

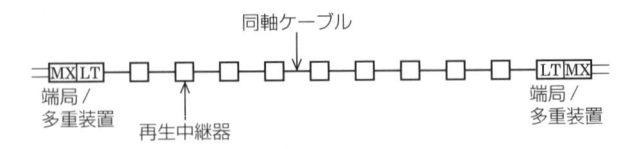

(a) 同軸ケーブル通信システム

(b) 光ファイバ通信システム（再生中継方式）

(c) 光ファイバ通信システム（光線形中継方式）

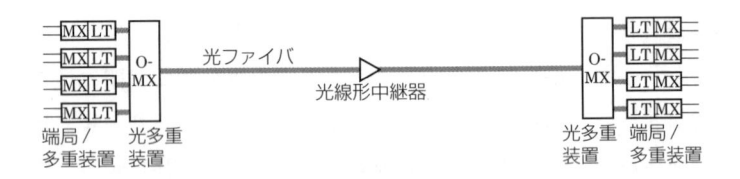

(d) 光ファイバ通信システム（光多重方式）

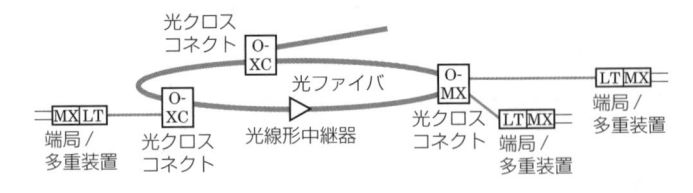

(e) 光波通信ネットワーク

図 7.8　中継通信システムの変遷：実績（(a)〜(d)）と今後の展開（(e)）．端局装置（LT）と再生中継器にはE/OとO/Eを含む

第7章 光ファイバ通信システムの実際

れらシステム並びにネットワークに関連した諸技術について説明する．

（1） 光多重・分離技術

光ファイバの伝送帯域が$1.5\,\mu\mathrm{m}$と$1.6\,\mu\mathrm{m}$の間だけでも約$12\,\mathrm{THz}$もあるのに対して，電気的に多重して達成できる伝送速度は高々数十$\mathrm{Gbit/s}$であり，そのギャップは非常に大きい．したがって，光ファイバの伝送能力を十分生かすためには，光レベルでの多重/分離技術が必要となる．光多重の方法としては波長多重（WDM: wavelength division multiplexing）と光時分割多重（OTDM: optical time division multiplexing）が研究され，前者については既に世界各地の通信ネットワークに大量に導入されている．

図7.9にWDMとOTDMの基本構成を示す．WDM-MUXを構成する合波器としては，1.7節で説明したAWGまたはスターカップラが用いられる．またWDM-DEMUXを構成する分波器は，AWGまたはスターカップラの各分岐にバンドパスフィルタを付加して構成される．それぞれの光増幅器は，合波器及び分波器で生じた損失を補償するために使用される．WDM伝送の考えは古くからあり，実用化された例もあるが，合分波器における損失のため

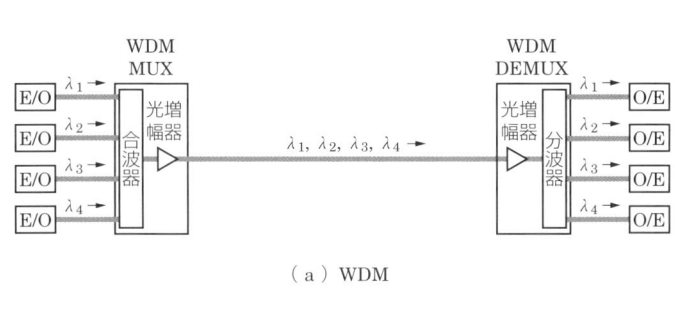

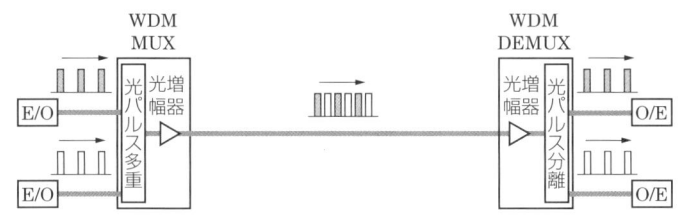

（a）WDM

（b）OTDM

図7.9　光多重通信の基本構成

に構成できるシステムは限られていた．しかし，高性能な光増幅器が開発されたことによって損失制限から解放され，多様なシステムが可能になった．既に64-WDMが実用レベルにあり，100波以上のWDM伝送実験も行われている[20]．

WDM技術に比べるとOTDM技術は複雑であり，まだ研究の域を出ていない．OTDM-MUXは，各光パルス列の位相を調整する可変光遅延線と，スターカップラ，及び光増幅器で構成する．ただし，実用的な可変光遅延線はまだ開発されていない．OTDM-DEMUXの構成を図7.10に示す．半導体光増幅器の利得飽和特性などを利用した光パルス同期回路によってクロックを抽出し[21]，これに同期した制御パルスを使って光パルスの分離を行う（図2.10参照[22]）．

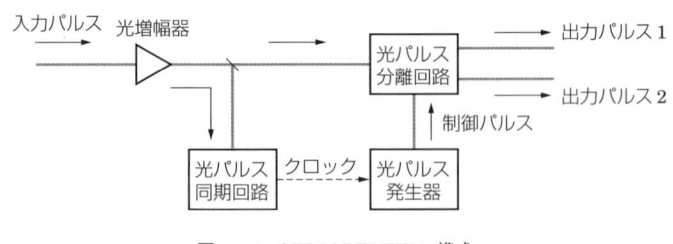

図7.10 OTDM-DEMUXの構成

WDM及びOTDMによる通信システムの研究が活発に進められており，1 Tbit/sを超す超大容量通信の実験も行われている[23]〜[26]．図7.11は，1波長当り20 Gbit/sの信号の55-WDMで，トータル1.1 Tbit/sの通信システムの実験系を示したものである[23]．50 km間隔に光中継を行い，150 kmの伝送を行っている．どのような多重技術を使用するにしても，高速化に伴って光ファイバ中での非線形光学効果が顕著になり，システム構成を制限するようになる．WDM伝送においては四光波混合が主要な非線形効果として現れるが，パラメトリックなプロセスで起きるので各波長間の位相整合条件が満たされると顕著になる．逆に位相整合から離れた条件で信号転送を行うことにより，四光波混合を抑圧することが可能である．図7.11に示した実験では，1.55 μm帯で信号転送を行うにもかかわらず，1.3 μmでゼロ分散となるSMFを

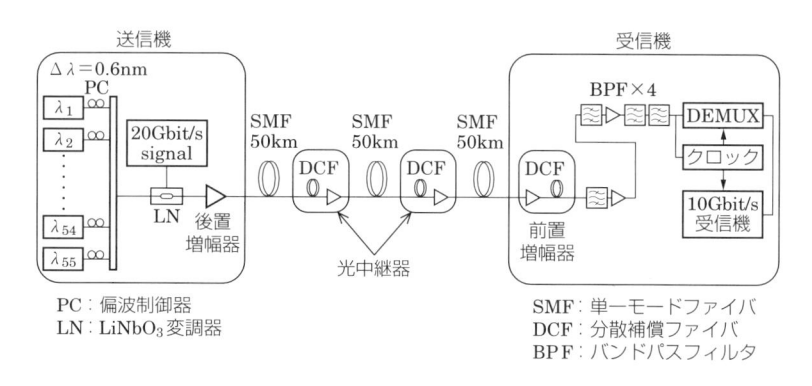

図 **7.11** 1.1 Tbit/s（55-wavelength × 20 Gbit/s）伝送実験系（Onakaらによる[23]）

使用することによって位相整合条件から回避し，四光波混合の発生を抑圧している．ただし，分散によるパルスの広がりを抑えるために，SMFと逆の分散特性をもつDCFを用いて分散補償を行い，中継区間のトータルの分散を0に近づけている．

（2） 光ソリトン通信技術

1波長で伝送する信号を高速化すると，信号パルスの急速な立上りと立下りによる自己位相変調が顕著になってパルスのスペクトルが広がり，ファイバ分散と相まって波形が広がる．ところが，2.2節で説明したように，ファイバの分散値とパルスの波形及び光電力を適切に設定すると，自己位相変調に起因する自己収縮とパルス本来の拡散性向がつり合うソリトンが形成され，波形は変化せずに伝搬する．光ソリトン通信はこの現象を利用する通信技術である．

全く波形が変化せずに伝搬する理想的なソリトンは無損失な線路でのみ存在するので，損失のある実際のファイバでは存在しない．しかし，図**7.12**に示すように，周期的に光中継器を配置してファイバ損失を補償してやることにより，周期的に波形を変えながら遠方まで伝搬する擬似的なソリトンを形成することが可能である．光ファイバの分散パラメータは平均で正（異常分散）となるように設定する．これは，ソリトンの伝搬を可能にするための必要条件である．異常分散性のファイバ中において，パルスは適当な光電力を

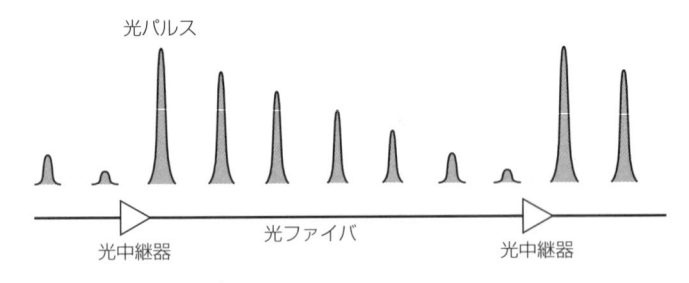

図 7.12 光ソリトンの伝搬．
光増幅器から出た後，しばらくは強い自己位相変調の効果によって伝搬とともにパルス幅は狭まり，その後再び広がり始める．もとと同じパルス幅になったところで繰り返し増幅してやれば，パルス幅の減少，増大を繰り返しながら遠方まで伝搬させることができる

もったときに自己収縮と拡散性向がつり合って，波形を変えずに伝搬するが，それより高い光電力においては自己収縮が勝って波形は狭まり，低い光電力においては拡散性向が勝って広がる．このような性質を考慮して，各光中継器からの光出力を自己収縮と拡散性向がつり合う光電力よりも大きく設定する．すると，中継器から出た後，しばらくは強い自己収縮によって波形は狭まる．しかし，光電力が低下するに従って自己収縮力は弱まり，途中から広がり始める．中継器から出たときと相似の波形になったところで中継してやれば，波形幅の減少，増大を繰り返しながら遠方まで伝搬することができる．

従来の線形伝送とソリトン伝送の違いは，タイムスロット幅に対するパルス幅の割合と光ファイバの分散配置である．表 **7.8** に比較して示す．現行システムの送出パルス波形はほとんどが線形の NRZ パルスで，タイムスロットいっぱいのパルス幅をもつ．OTDM で高速化する場合には RZ パルスになるが，線形伝送の場合の送出パルス幅はタイムスロット幅の約 1/2 である．これに対して，ソリトン伝送の場合の送出パルス幅はタイムスロット幅の約 1/5 と狭くする．これは，隣接するソリトン間の相互作用を避けるためである．分散配置に関しては，線形伝送の場合には中継区間トータルの分散が0になるように光ファイバを配置するが，ソリトン伝送の場合にはトータルの分散が正（異常分散）になるように配置する．

さて，ソリトン通信は，10 Gbit/s を超える高速信号を大洋横断のように長

表 7.8 光パルスの伝搬モード,パルス波形と分散配置

伝送モード		パルス波形	光伝送路の分散配置	
線形	NRZ	1 1 0 1	ファイバ 光中継器 ─── 光中継器 D (ps/nm·km)	・区間トータルの分散は0とする
	RZ			
非線形 (ソリトン)	RZ		D (ps/nm·km)	・区間トータルの分散を正(異常分散)にする

NRZ:non-return zero, RZ:return zero, D:分散パラメータ

距離伝送する場合に優位性を発揮することが期待され,各国で研究が行われている[27]～[30]．ただし,線形通信に比べて明確に優位性を示すデータはまだ得られておらず,実用化の見通しは今後の進展にかかっている．ソリトンは通常の線形波動とは異なる伝搬の仕方をするので,この性質を利用して,ソリトンとともに光中継器から発せられる自然放出光（線形波動）をソリトンから分離除去する研究が行われている[27],[30]．このようなソリトンならではの技術の実用的な見通しが得られるようになれば,ソリトン通信も展望が開かれることになろう．

（3） コヒーレント光通信技術

現在実用化されている光通信システムは,光の強度変化によって情報を伝達するいわゆる強度変調・直接検波方式である．この方式は,システムの構成が簡単で,光デバイスに対する要求が厳しくないことなどから,広く普及している．これに対し,コヒーレント光通信方式は,光の振幅,周波数,位相などに情報を乗せ,図7.13に示すようなヘテロダイン検波あるいはホモダイン検波によって受信を行う方式である[31],[32]．コヒーレント光通信方式の第一の特長は,ヘテロダイン検波あるいはホモダイン検波とFSK,PSKといったコヒーレント変復調によって受信感度の大幅な改善が可能なことであり,第二の特長は,光混合によって光周波数帯にある信号をベースバンドあるい

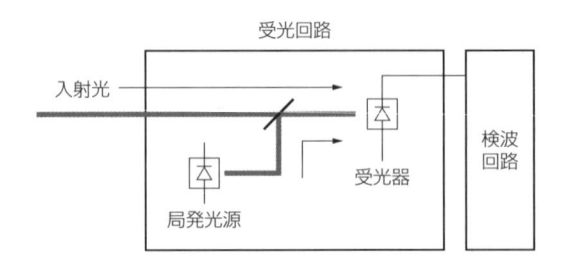

図 7.13 ヘテロダイン（ホモダイン）検波器の基本構成

は中間周波数帯へ変換するため，光学的フィルタに比べて周波数選択性のはるかに優れた電気的フィルタを使用でき，極めて狭い搬送波間隔による周波数多重が可能なことである．一方，コヒーレント光通信を実現するためには，信号光源及び局発光源に使用する半導体レーザの周波数や位相を極めて高精度に制御することなど光デバイスに対する要求条件が厳しく，方式的な技術課題も多い．

　一時期，将来の主要技術としてコヒーレント光通信技術に大きな期待が寄せられたが，技術課題が多く実用には至っていない．この間に高性能な光増幅器が開発され，光中継や前置増幅による受信感度の向上が可能になるにつれて，期待は光増幅器をベースとしたシステムに移っている．そのような中で，コヒーレント光通信の研究で養われた技術は各種のWDMデバイスや，センサなどの開発に生かされている．周波数や位相を高精度に制御できる半導体レーザが開発されれば，コヒーレント光通信技術が見直される時期が来よう．

（4）光波ネットワーク技術

　光多重によって2点間の伝送能力は飛躍的に拡大することが可能であるが，スイッチングあるいはルーチングを電気系で行う限りにおいては，ネットワークのスループット（疎通能力）の大幅な拡大は期待できない．そこで，スイッチングやルーチングも光系で行う光波ネットワークの研究が進められている．期待される光波ネットワークの特長としては，① 超高速，大容量，② 信号処理による遅延時間が小さい，③ 通信方式，プロトコルに依存せずフレ

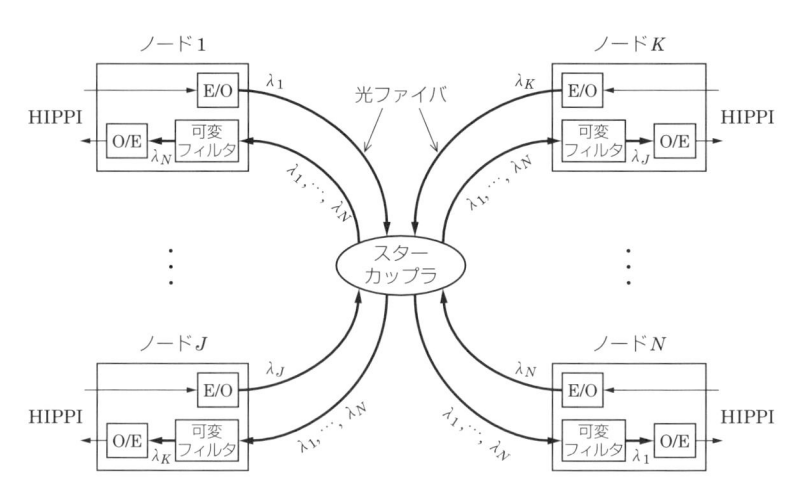

図 **7.14** 光波 MAN（Hall らによる[33]）

キシブル，④ 運用管理が簡易，といったことがあげられる．

　光波ネットワーク技術の適用としては，私設網から公衆網の基幹系に至る種々の分野が想定され，それぞれ勢力的に研究が進められている．図 **7.14** は光波 MAN（Metropolitan Area Network）の構成例である[33]．各ノードには 2 本のファイバが引かれ，それぞれ送信と受信に使用される．すべてのノード（N 個）に引かれた送信用ファイバ（N 本）と受信用ファイバ（N 本）はスターカップラ（N 対 N）を介して接続される．したがって，各ノードから出た信号はすべてのノードに分配される．各ノードにはそれぞれ波長の異なる DFB-LD，ファブリペロー形の波長可変フィルタ，及び APD が搭載されている．本ネットワークでは波長可変フィルタがスイッチの役目を果たす．波長可変フィルタの通過波長は，非通信時においては，各ノードからの通信要求の有無をチェックするためにすべてのノードの送信波長をカバーするように周期的に変化している．そして，通信要求を確認すると相手の送信波長に固定して通信を始める．各ノードの入出力信号は HIPPI（high-performance parallel interface）を介して各ホストと受渡しされる．通信速度が 1 Gbit/s のノードを 32 個用意して行った実験が報告されている．最大 16 組の通信が可能であり，このときのスループットは 16 Gbit/s である．

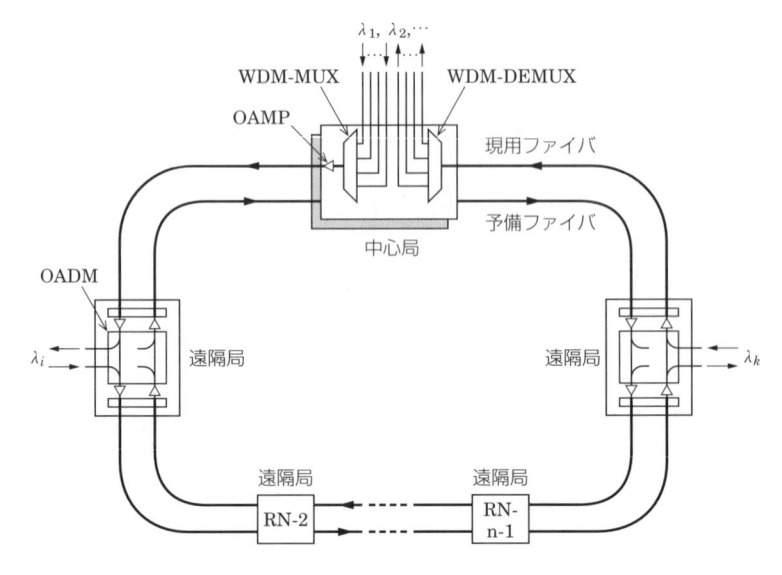

図7.15 光波リングネットワーク（Tobaらによる[34]）

図7.15はリング形の光波ネットワークで，公衆通信網における地域の中継系への適用が想定されている[34]．基幹網につながる中心局と複数の遠隔局をリング状につなぐことを想定しており，通信は中心局と各遠隔局との間で行う．現用と予備の2本のリングを構成し，信号は相互に反対回りに周回する．通常は，現用リング上の周回で中心局と各遠隔局間の双方向通信を行う．ただし，ケーブル故障が起きた場合には，現用，予備の両方を使用する．中心局と各遠隔局との通信はそれぞれ異なる波長を使用して行う．中心局にはWDM-MUXとDEMUXを置き，各遠隔局に向けた信号を多重して送信するとともに，各局から送られた信号を分離して受信する．各遠隔局にはOADM（optical add/drop multiplexer）が設置される．OADMは，入射した多重信号の中から特定の波長の信号を取り出し，同じ波長を使って当該局からの信号を送り出す機能をもつ．OADMは，図7.16に示すようにAWGを基本に構成される．入力ファイバからAWGに入るWDM信号は分波されてAWGの各出力ポートに現れるが，各ポートの出力をファイバを使って各入力ポートに戻すと，信号は再び多重されて出力ファイバに入る．入力ポートに戻さずに

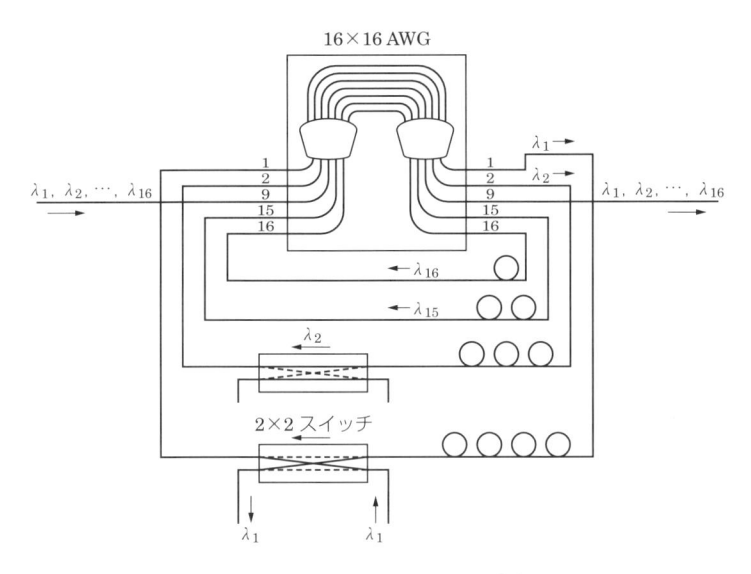

第7章　光ファイバ通信システムの実際　　　　　　　　　　　　　　211

図 **7.16**　OADM（Tobaらによる[34]）

当該局で受信し，当該局から発信する信号を同じ波長に乗せて入力ポートに入れることによってOADM機能を実現できる．図にあるように2×2スイッチを使用することにより，必要に応じて柔軟に伝送路を設定することが可能である．16波を使用した実験が報告されている．

　公衆通信網の基幹系への適用を想定した光波広域ネットワークの研究も活発に行われている．広域ネットワークの中心となる装置はOXC（optical cross connect）である．OXCはネットワークの合流・分岐点に設置され，WDM伝送される各信号をそれぞれ個別にルーチングする．ルーチングのイメージと，OXCの構成例を図**7.17**に示す[35]．光波広域ネットワークは，波長変換を行わずにルーチングするタイプ（図7.17（a））と，必要に応じて波長変換を行うタイプ（図7.17（b））に大別される．図7.17（c）は波長変換を行わないOXCである．入射するWDM信号をWDM-DEMUXで分離し，$N \times N$の空間スイッチで目的地別に振り分け，WDM-MUXで多重して送り出す．図7.17（d）は波長変換を行うOXCであり，WDM-MUXの手前に波長変換器が入っている．容易に想像されるように，波長変換を行うほうがネットワー

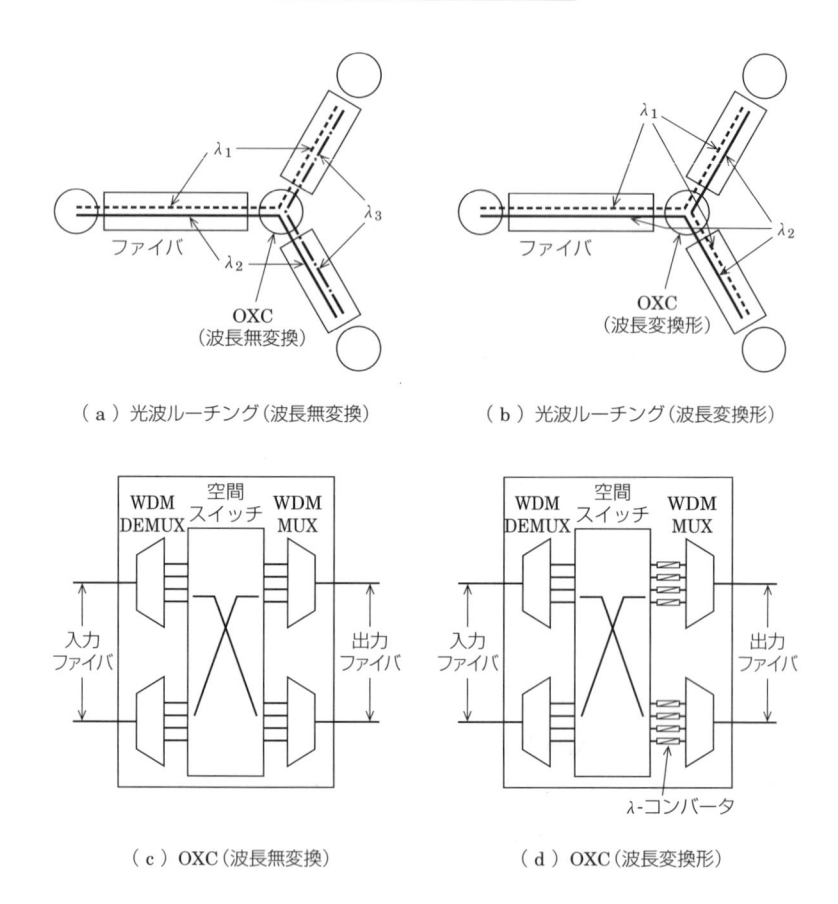

図 7.18 光波ルーチングのイメージとOXCの構成例（Bergerらによる[35]）

ク構成の自由度が高い．

　ここで紹介した光波ネットワークは，WDMをベースとした一部の例に過ぎず，OTDMをベースとするものも含めて種々の構成が検討されている．いずれも，まだ初期の研究段階であり，研究課題は山積している．主な課題を表7.9にまとめて示す[36]．いずれも重要な課題であるが，特にデバイス技術の進展が光波ネットワークの将来を左右することになろう．

表 7.9 光波ネットワークに関する研究課題(三木による[36])

項目	課題
ネットワークアーキテクチャ	物理トポロジー,ノード機能配備,電気処理と光処理の機能分担,光インタフェース(光ノードインタフェース,光MACプロトコルなど)
ネットワーク運用制御	光周波数運用技術(監視,周波数再利用技術),光パスルーチング技術(切換制御など),ネットワーク障害検出及び復旧制御
サブシステム	光多重分離,クロスコネクト,分岐挿入装置,光周波数安定化及び光ノード間周波数同期,装置監視及び障害検出,光波多中継伝送(光ファイバ非線形効果評価,光一括増幅など)
デバイス	広帯域周波数可変・狭線幅レーザ,広帯域光アンプ,固定及び可同調フィルタ,光空間分割スイッチ,光周波数変換

参考文献

[1] 石尾秀樹, 伊藤 武, 四十木守, "長スパン海底光伝送方式," NTT R & D, vol. 43, no. 11, pp. 1175-1180, 1994.

[2] 中川清司, 萩本和男, "超大容量FA-10G光伝送方式の開発," NTT R & D, vol. 44, no. 3, pp. 241-246, 1995.

[3] 宮本 裕, 片岡智由, 萩本和男, 相田一夫, "FA-10G方式光中継伝送技術," NTT R & D, vol. 44, no. 3, pp. 253-257, 1995.

[4] "光ネットワークシステム技術の動向," NTT Technology '95, 1995.

[5] 今井崇雅, 雨宮正樹, 深田陽一, 高橋哲夫, "海底光増幅中継伝送システム," NTT R & D, vol. 43, no. 11, pp. 1181-1190, 1994.

[6] Y. Niiro, "The OS-280M optical-fiber submarine cable system," J. Lightwave Technol., vol. LT-2, no. 6, pp. 767-772, 1984.

[7] 特集「OS-560M光海底ケーブル方式」," KDD R & D, no. 146, 1991.

[8] W. C. Barnett, H. Takahira, J. C. Barono, and Y. Ogi, "The TPC-5 Cable Network," IEEE Commun. Magazine, vol. 34, no. 2, pp. 36-40, 1996.

[9] M. Suzuki, H. Kidorf, N. Edagawa, H. Taga, N. Takeda, K. Imai, I. Morita, S. Yamamoto, E. Shibano, T. Miyakawa, E. Nazuka, M. Ma, F. Kerfoot, R. Maybach, H. Adelmann, V. Arya, C. Chen, S. Evangelides, D. Gray, B. Pedersen, and A. Puc, "170 Gb/s transmission over 10,850 km using large core transmission fiber," OFC '98, PD-17, 1998.

[10] "光アクセス系技術の動向," NTT Technology '95, 1995.

[11] "映像技術の動向," NTT Technology '95, 1995.

[12] "特集「光アクセスネットワークの研究開発」," NTT R & D, vol. 44, no. 12, pp. 1141-1176, 1995.

[13] 吉村勝仙, 原田和幸, 石井比呂志, 浦邊徹次, 奥村康行, "ATM-PONによるアクセスネットワークを用いたディジタルCATV及びVODシステム," 1996年信学大, SB-12-2.

[14] 金田哲也, 寺田紀之, "高速光(ATM-PDS)アクセスシステム," NTT R & D, vol. 44, no. 12, pp. 1157-1162, 1995.

[15] 張替一雄, 吉村勝仙, 三鬼準基, 吉永尚生, "通信/映像分配サービス用光アクセスシステム," NTT R & D, vol. 44, no. 12, pp. 1163-1170, 1995.

[16] 池田 智, 桜井尚也, 北村 守, "施工性の容易なCATV映像伝送システムを実現するFM一括変調方式の開発," Raisers, vol. 47, no. 12, p. 40-43, 1999.

[17] "Special issue on broad-band optical networks," J. Lightwave Technol.,vol. 11, no. 5/6, pp. 665-1124, 1993.

[18] "Special issue on multiwavelength optical technology and networks," J. Lightwave Technol., vol. 14, no. 6, pp. 932-1454, 1996.

[19] "Special issue on optical networks," IEEE J. Select. Areas Commun., vol. 14, no. 5, pp. 761-1056, 1996.

[20] 古賀正文, 高知尾昇, 宮本 裕, "波長多重光伝送システムの現状と将来," 信学誌, vol. 83, no. 7, pp. 569-575, 2000.

[21] 川西悟基, 高良秀彦, 猿渡正俊, "全光相関検出を用いた超高速光パルス同期技術," NTT R & D, vol. 42, no. 5, pp. 679-688, 1993.

[22] 盛岡敏夫, 森 邦彦, 内山健太郎, 猿渡正俊, "全光処理を用いた超高速光パルス分離技術," NTT R & D, vol. 42, no. 5, pp. 669-678, 1993.

[23] H. Onaka, H. Miyata, G. Ishikawa, K. Otsuka, H. Ooi, Y. Kai, S. Kinoshita, M. Seino, H. Nishimoto, and T. Chikama, "1.1 Tb/s WDM transmission over a 150 km 1.3 μm zero-dispersion single-mode fiber," OFC'96, PD19, 1996.

[24] A. H. Gnauck, A. R. Chraplyvy, R. W. Tkach, J. L. Zyskind, J. W. Sulhoff, A. J. Lucero, Y. Sun, R. M. Jopson, F. Forghieri, R. M. Derosier, C. Wolf, and A. R. McCormick, "One Terabit/s transmission experiment," OFC'96, PD20, 1996.

[25] T. Morioka, H. Takara, S. Kawanishi, O. Kamatani, K. Takiguchi, K. Uchiyama, M. Saruwatari, H. Takahashi, M. Yamada, T. Kanamori, and H. Ono, "100 Gbit/s × 10 channel OTDM/WDM transmission using a single supercontinuum WDM source," OFC'96, PD21, 1996.

[26] Y. Yano, T. Ono, K. Fukuchi, T. Ito, H. Yamazaki, M. Yamaguchi, and K. Emura, "2.6 Terabit/s WDM transmission experiment using optical duobinary coding," ECOC'96, PD,ThB. 3. 1, 1996.

[27] M. Nakazawa, K. Suzuki, and H. Kubota, "Single-channel 80 Gbit/s soliton transmission over 10 000 km using in-line synchronous modulation," Electron. Lett., vol. 35, no. 2, pp,162-164, 1999.

[28] I. Morita, K. Tanaka, N. Edagawa, and M. Suzuki, "40 Gbit/s single-channel soliton transmission over 10 200 km without active inline transmission control," ECOC'98, PD, p. 48, 1998.

[29] L. F. Mollenauer, P. V. Mamyshev, and M. J. Meubelt, "Demonstration of soliton WDM transmission at up to 8 × 10 Gbit/s, error free over transoceanic distances," OFC'96, PD22, 1996.

[30] J. P. Hamaide, F. Pitel, P. Nouchi, B. Biotteau, J. V. Wirth, P. Sanaonetti, and J. Chenoy, "Experimental 10 Gb/s sliding filter-guided soliton transmission up to 19 Mm with 63 km amplifier spacing using large effective-area fiber management," ECOC'95, PD, ThA. 3.7, 1995.

[31] 島田禎晉 (監修), "コヒーレント光通信," 電子情報通信学会, 1988.

[32] 大越孝敬, 菊池和朗, "コヒーレント光通信工学," オーム社, 1989.

[33] E. Hall, J. Kravitz, R. Ramaswami, M. Halvorson, S. Tenbrink, and R. Thomsen, "The Rainbow-II Gigabit optical network," IEEE J. Select. Areas Commun., vol. 14, no. 5, pp. 814-823, 1996.

[34] H. Toba, K. Oda, K. Inoue, K. Nosu, and T. Kitoh, "An optical FDM-based self-healing

ring network employing arrayed waveguide grating filters and EDFA's with level equalizers," IEEE J. Select. Areas Commun., vol. 14, no. 5, pp. 800-813, 1996.

[35] M. Berger, M. Chbat, A. Jourdan, M. Sotom, P. Demeester, B. V. Caenegem, P. Godsvang, B. Hein, M. Huber, R. Martz, A. Leclert, T. Olsen, G. Tobolka, and T. V. Broeck, "Pan-European optical networking using wavelength division multiplexing," IEEE Commun. Mag., vol. 35, no. 4, pp. 82-88, 1997.

[36] 三木哲也, "光波ネットワークの展望," 信学論 (B-1), vol. J77-B-1, no. 5, pp. 251-258, 1994.

索　引

あ

アクセス系光ファイバ通信システム
　………………………… 193
アクセプタ ………………… 23
アバランシホトダイオード（APD）
　………………………… 23
アポタイゼーション ……… 34
アレー形LD ……………… 111
アレー導波路格子（AWG）……… 30

い

イオン化係数 ……………… 27
位相法 …………………… 169
位相マスク法 ……………… 32
一次の電気光学効果 ……… 40
イッテルビウム …………… 111
井戸層 ……………………… 44
インコヒーレント光源法 … 172, 177
インラインアンプ ………… 95

え

液相エピタキシャル法 …… 48
エルビウム …………… 92, 93, 111
エルビウムイオン ………… 39
エルビウム添加光ファイバ増幅器
　………………………… 40

お

音響フォノン ……………… 75
温度センサ ………………… 82

か

開口数（NA） ………… 150, 151
回折格子 …………………… 19
カー効果 ………………… 180
過剰雑音指数 ……………… 27
活性層埋込み形 …………… 18
活性領域 …………………… 16
カットオフ波長 …… 56, 150, 156, 157
カットバック法 ………… 160
カップラ …………………… 28
価電子帯 …………………… 15
カルコゲナイドガラス …… 116
緩衝層 …………………… 129
干渉法 ……………… 169, 172

き

機械特性 ………………… 150
基底（LP_{01}）モード ……… 157
希土類イオン ……………… 92
奇モード …………………… 28
キャリヤ（電子，正孔） … 16
共振形 ……………………… 39

強度変調 …………………………… 40
強度保証 …………………………… 125
共鳴周波数 ………………………… 57

く

空乏層 ……………………………… 23
空乏領域 …………………………… 24
偶モード …………………………… 28
屈折光線 …………………………… 153
屈折率 ……………………………… 53
屈折率分布 ………………………… 151
クラック …………………………… 126
クラッド …………………………… 52
クラッド径 ……………… 150, 151, 155
クラッド非円率 ………… 150, 155
クラマース・クローニヒ（K-K）の
　関係 ……………………………… 43
グレーデッドインデックス形
　ファイバ ………………………… 61
群速度分散 ………………………… 58
群遅延時間差（DGD）…………… 171

け

結合係数 ……………………… 28, 33
ケーブル外被 ……………………… 131
研 磨 ……………………………… 143
研磨形カップラ …………………… 28

こ

コ ア ……………………………… 52
コア/クラッド偏心率 ……… 150, 151
コア拡大ファイバ ………………… 80
コア径 …………………… 150, 151
コア非円率 ……………… 150, 151
光学フォノン ……………………… 73

高次（LP$_{11}$）モード …………… 157
構造パラメータ …………………… 150
構造不完全損失 …………………… 86
構造分散 …………………… 60, 169
抗張力体 …………………………… 131
光波 MAN ………………………… 209
光波ネットワーク技術 …………… 208
光波リングネットワーク ………… 210
光波ルーチング …………………… 212
後方散乱係数 ……………………… 164
後方散乱光法 ……………………… 160
後方散乱光捕捉係数 ……………… 171
後方励起 …………………………… 95
高密度波長多重（DWDM）通信
　………………………………… 36
固定アナライザ法 ………… 172, 177
コネクタ接続 ……………… 142, 144
コヒーレンス ……………………… 167
コヒーレント検波方式 …………… 164
コヒーレント光通信 ……………… 207
個別コア軸合せ …………………… 146

さ

材料分散 …………………… 57, 169
雑 音 ……………………………… 10
雑音指数 …………………………… 102
サブキャリヤ多重（SCM）……… 10
酸化物系多成分ファイバ ………… 88
三準位系 …………………………… 96
三電極 DBR-LD ………………… 21

し

紫外吸収 …………………………… 86
自己位相変調（SPM）……… 66, 179
自然ブリユアン散乱 ……………… 73

自然放出 ………………………… 15
自然放出光間ビート雑音 ……… 102
自然ラマン散乱 ………………… 73
実効カットオフ波長 …………… 160
実効コア断面積 …… 70, 78, 179, 180
実効的ファイバ長 ………… 70, 181
時分割多重方式 ………………… 200
周波数変調 ……………………… 40
シュタルク分離 ………………… 104
主偏光状態（PSP）…… 172, 174, 175
純粋石英コアファイバ ………… 88
障壁層 …………………………… 44
ショット雑音 …………………… 102
ジョーンズ行列（JME）法
　………………………… 172, 177
ジョーンズベクトル ……… 175, 177
信号-自然放出光間ビート雑音 … 102
進行波形 ………………………… 39
振動子強度 ……………………… 57

す

スカラ波動方程式 ……………… 53
スクリーニング試験 …………… 125
ステップインデックス形
　ファイバ ……………………… 61
ストークス光 …………… 73, 82
ストークスパラメータ ………… 175
スネルの法則 …………………… 154
スペックル ……………………… 155
スポットサイズ ………………… 65
スロットロッド ………………… 132

せ

石英系光ファイバ ……………… 85
赤外吸収 ………………………… 86

セグメントコア形ファイバ …… 37
セルマイヤの式 …………… 57, 169
ゼロ分散波長 …………………… 170
遷移金属吸収 …………………… 86
前方励起 ………………………… 95
全モード励振 …………………… 167

そ

相互位相変調（XPM）……… 69, 179
挿入損失法 ……………………… 160
損　失 …………………………… 160

た

帯　域 …………………………… 160
ダイクロイックミラー ………… 110
多重方式 ………………………… 9
多重量子井戸（MQW）構造 …… 43
多心光ファイバケーブル ……… 132
多成分系光ファイバ …………… 85
多層膜形フィルタ ……………… 30
縦方向 …………………………… 18
ダブルヘテロ接合形LD ………… 17
ダミー光ファイバ ……………… 161
多モードファイバ ………… 61, 151
多モードファイバ参照法
　………………………… 157, 158
単一波長LD ……………………… 19
単一偏波光ファイバ …………… 61
単一モードファイバ ……… 56, 155

ち

遅延時間差 ……………………… 62
チャーピング ……………… 34, 66
中継系光ファイバ通信システム
　………………………………… 188

長周期グレーティング ………… 34
長周期ファイバグレーティング
　　　　　　　　　………………… 109
超多心一括接続技術 …………… 148

つ

突合せ接続 ……………… 142, 144
ツリウム ………………………… 111

て

低コヒーレンス干渉計 ………… 172
定常モード分布 ………… 161, 167
テイラー展開 …………………… 58
電界吸収形変調器 ……………… 43
電気光学係数 …………………… 40
電極ストライプ形 ……………… 18
電子なだれ現象 ………………… 26
伝送特性 ………………… 150, 160
伝導帯 …………………………… 15
伝搬速度 ………………………… 62
伝搬定数 ………………………… 55

と

透過パワー（TP）法 ………… 157
導波路分散 ………………… 57, 60
特性方程式 ……………………… 55
ドナー …………………………… 23

に

二光束干渉法 …………………… 32
二次被覆 ………………………… 129
二重るつぼ法 …………………… 88
二電極DBR-LD ………………… 21

ね

ネオジム ………………… 96, 111
熱雑音 …………………………… 28
熱膨張係数 ……………………… 129

の

ノイマン関数 …………………… 54

は

ハイブリッドモード …………… 55
波形ひずみ ……………………… 10
破断確率 ………………………… 127
波長掃引法 ……………… 172, 177
波長多重（WDM） …………… 203
波長多重通信 …………………… 30
波長分散 ………………… 57, 169
波長ルーチング ………………… 36
発光ダイオード（LED） ……… 15
パルス法 ………………………… 169
ハンケル変換 …………………… 157
反射係数 ………………………… 142
反射損失 ………………………… 140
反ストークス光 ………………… 82
反転分布 ………………………… 16
反転分布パラメータ …………… 99
半導体光増幅器 ………………… 38
半導体光変調器 ………………… 40
半導体レーザ増幅器 …………… 93

ひ

光・同軸ハイブリッドシステム
　　　　　　　　　………………… 198
光AM-FDM方式 ……………… 199
光アイソレータ ………… 45, 94

光カー効果 ……………… 65, 68, 179
光コード …………………… 132
光サーキュレータ ……………… 37, 48
光時分割多重（OTDM）……… 203
光線形中継器 ………………… 189
光増幅器 ……………………… 38
光ソリトン …………………… 68
光ソリトン通信 ……………… 205
光多重・分離 ………………… 203
光弾性効果 …………………… 184
光ディジタルキャリヤ方式 …… 199
光閉込め率 ………………… 19, 33
光ハブシステム ……………… 199
光パルス圧縮 ………………… 69
光バンドパスフィルタ ………… 94
光ファイバ増幅器 ……………… 38
光ファイバのひずみ分布 ……… 165
光変調 ………………………… 40
光変調器 ……………………… 40
光方向性結合器 ……………… 37
比屈折率差 …………………… 53
非線形感受率 ………………… 71
非線形屈折率 ……………… 78, 179
非線形光学効果 ……………… 64
非線形シュレディンガー方程式 … 68
非線形定数 ………………… 179, 180
非線形特性関連パラメータ …… 150
非線形分極 …………………… 68
ビデオアナライザ法 ………… 152
疲労パラメータ ……………… 126

ふ

ファイバブラッググレーティング
　（FBG）…………………… 30
ファイバレーザ ……………… 117

ファブリペロー（FP）LD ……… 18
ファブリペロー形フィルタ …… 30
ファブリペロー共振器 ………… 18
ファラデー回転子 ……………… 45
フィルタ・合分波器 …………… 30
フォノンエネルギー …………… 113
不純物吸収 …………………… 86
ブースタアンプ ……………… 95
フッ化物ファイバ ……………… 88
プッシュプル動作 ……………… 41
プラスチック系光ファイバ …… 85
プラセオジム ……………… 93, 111
ブラッグ回折条件 ……………… 19
ブラッグ波長 ………………… 20
フランツ・ケルディッシュ（F-K）
　効果 ………………………… 43
プリアンプ …………………… 95
ブリユアン散乱 ………… 72, 93, 165
プレーナ光波回路（PLC）……… 28
フレネル損失 ………………… 142
フレネル反射 ………………… 164
分散シフトファイバ ………… 60, 170
分散スロープ ………………… 37
分散補償器 …………………… 36

へ

平均化処理 …………………… 163
ベースバンド周波数特性 …… 166
ベッセル関数 ………………… 54
変形ベッセル関数 ……………… 54
偏光計 ………………………… 177
偏光状態（SOP）…………… 174
変調方式 ……………………… 9
偏波光合成器 ………………… 110
偏波分散 ……………… 46, 160, 171

偏波分散係数 …………………… 172
偏波分散によるDGD ………… 172
偏波分散ベクトル ……………… 176
偏波保持ファイバ ……………… 61
偏波無依存形光アイソレータ … 46
偏波モード分散 …………………… 60

ほ

ポアンカレ球（PS）法 …… 172, 174
ポアンカレ球表示 ……………… 174
方向性結合器 …………………… 28
防水材 …………………………… 131
飽和入力レベル ………………… 102
ポストアンプ …………………… 95
ポッケルス効果 ………………… 40
ホトダイオード（PD） ………… 23
ホモ接合LD …………………… 16
ボルツマン分布 ………………… 104
ホロミウム ……………………… 111

ま

マクスウェルの方程式 ………… 53
マクスウェル分布 ……………… 177
曲げ法 …………………… 157, 158
マッチドクラッド形ファイバ … 36
マッハツェンダ干渉回路 ……… 37

み

ミックストハライドガラス …… 116

も

モード結合 ……………………… 61
モードスクランブラ …………… 161
モード伝搬定数 ………………… 58
モードフィルタ ………………… 161

モードフィールド径（MFD）
……………………………… 150, 156
モードフィールド偏心量 … 150, 155
モード複屈折率 ………………… 60
モード分散 ……………………… 61
モード変換 ……………………… 168

ゆ

融着延伸形カップラ …………… 28
融着接続 ………………………… 144
誘電体多層膜干渉フィルタ …… 95
誘電率 …………………………… 53
誘導ブリユアン散乱 ……… 38, 73
誘導放出 ………………………… 15
誘導ラマン散乱 ……… 38, 73, 179
ユニット ………………………… 131

よ

予加熱融着 ……………………… 144
横方向 …………………………… 18
四光波混合（FWM）…… 38, 71, 179
四準位系 ………………………… 96

ら

ラマン効果 ……………………… 72
ラマン散乱 ………………… 72, 93
ランダム結合 …………………… 174

り

リーチスルー状態 ……………… 26
利得等化器 ……………………… 109
リボン心線 ……………………… 129
量子閉込めシュタルク効果
（QCSE）………………………… 43
理論カットオフ波長 …………… 160

る

ルースチューブ ……………… 132

れ

レイリー後方散乱光 …………… 164
レイリー散乱損失 ……………… 86
レイリー散乱光 ………………… 82
レーザダイオード（LD）……… 16
レート方程式 …………………… 97

ろ

漏えいモード …………………… 153
ローレンツ形スペクトル ……… 76

A

ADM ……………………………… 36
APD ……………………………… 26
ASE雑音光 ……………………… 164
ATM Forum ……………………… 201
ATM-PDS ………………………… 195
AWG ……………………………… 30

B

BOTDR …………………………… 84

C

COTDR …………………………… 165

D

DBR-LD ……………………… 19, 21
DFB-LD ………………………… 19
DGD ……………………………… 172
DWDM …………………………… 36

E

EA変調器 ………………………… 43

F

FBG ……………………………… 30
FDDI ……………………………… 200
FDM-PDS ………………………… 195
FFP法 ……………………… 151, 155
FMCW …………………………… 165
FM一括変調方式 ………………… 200
FWM …………………… 71, 170, 179
FWM法 …………………………… 180

G

GI形ファイバ …………………… 167
GSG光ファイバ ………………… 161

H

$HE_{11}x$モード ………………… 60
$HE_{11}y$モード ………………… 60

J

JME法 …………………… 172, 177

L

LD ………………………………… 16
LED ……………………………… 15
$LiNbO_3$（ニオブ酸リチウム/リチウムナイオベート）光変調器 ……… 40
LP_{01} …………………………… 56, 157
LP_{11} …………………………… 56, 157
LPE法 …………………………… 48
LPモード ………………………… 55

M

MFD ………………………… 150, 156
MI ………………………………… 170
MQW ……………………………… 43, 44

N

NA ………………………… 150, 151, 152
NFP法 …………………………… 151
NZ-DSF …………………………… 37

O

OADM …………………………… 211
OFDR …………………………… 165
OH基吸収 ………………………… 86
OTDM …………………………… 203
OTDR …………………………… 162
OXC ……………………………… 212

P

PC ………………………………… 146
PD ………………………………… 23
PDSアクセスシステム ………… 195
pin-PD …………………………… 24
PLC ……………………………… 28
pn接合 …………………………… 16
POF ………………………… 88, 201
PS ………………………………… 172
PSP ………………………… 172, 174

Q

QCSE ……………………………… 43

R

RNF法 ……………………… 151, 153

S

SCM ……………………………… 10
SGS光ファイバ ………………… 167
SI形ファイバ …………………… 167
SOP ……………………………… 174
SPM ……………………………… 179
SPM-二周波連続光法 ……… 180, 182
SPM-光パルス法 ………………… 180
SPM法 …………………………… 180
SSG-DBR-LD …………………… 22
STM-PDS ……………………… 195

T

TE波 ……………………………… 18
TEモード ………………………… 55
TM波 ……………………………… 18
TMモード ………………………… 55
TP ………………………………… 157

W

WDM …………………………… 203
W 形 ……………………………… 37

X

XPM ……………………………… 179
XPM法 …………………………… 180

Z

ZBLAN ………………………… 116

数字

1/4波長シフトDFB-LD ………… 21
3層構造光ファイバ心線 ……… 129

―――― 監修者・著者略歴 ――――

佐藤 登（さとう のぼる）
昭48北大・工・電子工学卒．同年日本電信電話公社（現NTT）入社．以来，技術局，人事部，資材調達部，画像通信事業本部，北海道法人営業本部長を歴任し，平12年6月よりNTTアクセスサービスシステム研究所所長，現在に至る．電子情報通信学会会員．

小山田 弥平（こやまだ やへい）
昭47阪大大学院基礎工学研究科電気工学修了．日本電信電話公社（現NTT）研究所を経て，平9年4月より，茨城大教授．光通信及び光計測に関する研究を行っている．電子情報通信学会，IEEE各会員．昭53工博．

堀口 常雄（ほりぐち つねお）
昭51東大・工・電子工学卒．同年，日本電信電話公社（現NTT）茨城電気通信研究所入社．以来，光ケーブル伝送特性評価技術の研究開発に従事．現在，NTTアクセスサービスシステム研究所勤務．平2年度電子情報通信学会論文賞，平7年IWCS最優秀論文賞受賞．電子情報通信学会，日本光学会，OSA各会員．IEEEシニア会員．昭63工博．

宮島 義昭（みやじま よしあき）
昭53九大大学院工学研究科電気工学修士了．同年，日本電信電話公社（現NTT）茨城電気通信研究所入社．以来，海底光ケーブルの開発，光ファイバ増幅技術の研究開発に従事．現在，NTTアクセスサービスシステム研究所勤務．電子情報通信学会，情報処理学会，IEEE各会員．昭61工博．

三川 泉（さんかわ いずみ）
昭54早大・理工・電気工学卒．同年日本電信電話公社（現NTT）茨城電気通信研究所入社．以来，光ファイバ接続技術や光試験システムの研究開発に従事．現在，NTTアクセスサービスシステム研究所勤務．電子情報通信学会，応用物理学会，日本物理学会各会員．平3工博．

IT時代を支える光ファイバ技術
Optical Fiber Technologies toward IT Era

平成13年7月20日　初版第1刷発行	編　者　㈳電子情報通信学会 発行者　家　田　信　明 印刷者　山　岡　景　仁 印刷所　三美印刷株式会社 〒116-0013　東京都荒川区西日暮里5-9-8 制　作　株式会社 エヌ・ピー・エス 〒111-0051　東京都台東区蔵前2-5-4 北条ビル

© 社団法人　電子情報通信学会 2001

発行所　社団法人　電子情報通信学会
〒105-0011　東京都港区芝公園3丁目5番8号（機械振興会館内）
電　話　(03)3433-6691（代）　振替口座　00120-0-35300
ホームページ　http://www.ieice.org/

取次販売所　株式会社　コロナ社
〒112-0011　東京都文京区千石4丁目46-10
電　話　(03)3941-3131（代）　振替口座　00140-8-14844
ホームページ　http://www.coronasha.co.jp

ISBN 4-88552-177-7　　　　　　　　　　　　　　Printed in Japan